基礎の化学

大 月 穰 著

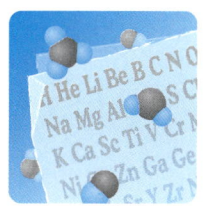

東京化学同人

はじめに

　化学は，物質とその変化を扱う科学である．本書は，化学の基礎をまとめたものであり，はじめて化学を学ぼうとする人でも，最初の一歩から順を追って読み進められるように書いた．化学とは何か，つまり，物質はどのようにできあがり，どのように変化するか，そして，なぜそのようにできあがり，なぜそのように変化するかを，予備知識なしでも理解できるように，基本的な原理から，できる限り論理的にわかりやすく説明した．

　本書では，高校の化学の復習から大学初年度の化学までを扱っている．化学の特徴の一つは，その多様性にあって，100種類を超える元素が組合わさって無数の物質ができるので，物質の種類や変化の仕方，つまり化学の対象は無限にあるといえる．そのため，高校の教科書などを見ても，ともすれば記述が網羅的になりがちである．そこで，本書では多くのことを詰め込むのではなく，化学の基本的かつ重要な事項に絞って取上げた．

　科学の本質は，ある現象に対して「なぜ？」という疑問を抱き，その理由を考えて仮説を立て，それが正しいかどうかを確認するために測定や実験を行い，その結果を論理的に説明することである．本書では，このような科学の側面を意識しながら，化学の本質についての解説を試みた．そのため，ページを繰っていくと，いたるところで「なぜ？」に出会うことになるが，そのたびに，自分自身の疑問として感じながら，読み進めてほしいと思う．そうすれば，本書を読み終えたときに，化学的な考え方がしっかりと身についているはずである．

　そんなわけで，本書に登場する物質の種類は他の教科書などに比べて，いくぶん少ないかもしれない．そのかわり，化学の基礎を根底から理解するために必要な内容をしっかりと盛り込んである．個々の原子の性質や反応について知るには，量子化学の世界の法則が必要であり，その一方で，多くの原子からなる物質の性質は熱力学という体系によって理解できるので，これらについても取上げて，重要な事項をきちんと説明した．ただし，これらの分野は読者によっては取りつきにくいと感じるかもしれない．そこで，なるべく身近な現象を題材として，「なぜ？」という疑問で始まり，興味をもって読み進めるなかで，その謎を解き明かすことができるように配慮した．

　本書は，高校の化学の教科書に理由もなしに書いてあることが，「なぜ？」そうなるかを知りたいという高校生，高校の先生，大学の化学系学科以外の教養としての化学あるいは化学系学科の初年度で化学の基礎を学ぶ方々などにきっと役立つはずである．また，自習できるように工夫してあるので，もう一度化学を学び直したい一般の方々にもお勧めできる．本書で取扱った範囲は，化学のテキストとしての標準的な内容をカバーしており，各章の冒頭に重要事項の「まとめ」，さらには例題，章末問題も掲載してあるので，高校の副読本，大学の講義用テキストとして十分に活用いただけると思う．

　本書によって，身のまわりの物質を新しい視点でとらえ，化学の考え方の本質を知っていただけたら幸いです．本書の企画をいただいた東京化学同人の山田豊さんには，執筆から本の完成まで大変お世話になりました．特に，取扱う内容，範囲が充実し，講義用テキストとして利用できるように仕上がったのは，山田さんのおかげです．

2014年1月

大　月　　穣

目　　次

1章　化学とは何か ……………………………………………………………… 1
- 1・1　物質の状態：固体，液体，気体 …… 2
- 1・2　物質は原子からできている …………… 3
  - 1・2・1　水 …………………………………… 3
  - 1・2・2　液体を混ぜると，50＋50＝96？ …… 4
  - 1・2・3　空　気 …………………………… 5
  - 1・2・4　原子が（ほぼ）無限に
       つながった物質 …… 6
  - 1・2・5　原子の構造と種類 ……………… 6
- 1・3　物質の表し方と数え方 ………………… 8
  - 1・3・1　元素記号で物質を表す ………… 8
  - 1・3・2　イオン …………………………… 9
  - 1・3・3　モルで数える …………………… 10
  - 1・3・4　原子のモル質量と原子量 ……… 11
  - 1・3・5　分子などのモル質量と
       分子量，式量 …… 12
- 1・4　物質は変化する ………………………… 12
  - 1・4・1　化学反応式 ……………………… 13
  - 1・4・2　化学量論係数の求め方 ………… 14
  - 1・4・3　化学反応の前後で質量は
       変わらない：質量保存の法則 …… 15
- 1・5　単位と有効数字 ………………………… 16
  - 1・5・1　単位と計算 ……………………… 16
  - 1・5・2　小さな長さの単位 ……………… 16
  - 1・5・3　有効数字 ………………………… 17
- 練習問題 …………………………………………… 18
- 発展問題 …………………………………………… 18

2章　原子の構造 ………………………………………………………………… 19
- 2・1　クーロン力 ……………………………… 19
- 2・2　水素からネオンまで …………………… 20
  - 2・2・1　水素原子 ………………………… 20
  - 2・2・2　原子軌道 ………………………… 22
  - 2・2・3　ヘリウム原子 …………………… 23
  - 2・2・4　リチウム原子 …………………… 24
  - 2・2・5　ベリリウムからネオンまで …… 25
- 2・3　原子軌道のエネルギーと電子配置
       および原子の大きさ …… 26
  - 2・3・1　原子軌道のエネルギー ………… 26
  - 2・3・2　電子配置 ………………………… 27
  - 2・3・3　原子の大きさ …………………… 28
- 2・4　周期表 …………………………………… 29
- 練習問題 …………………………………………… 31
- 発展問題 …………………………………………… 31

3章　原子から分子へ …………………………………………………………… 33
- 3・1　イオン結合 ……………………………… 34
  - 3・1・1　イオン化エネルギー …………… 34
  - 3・1・2　電子親和力 ……………………… 36
- 3・2　金属結合と金属結晶 …………………… 36
  - 3・2・1　金属結合 ………………………… 36
  - 3・2・2　金属元素 ………………………… 36
  - 3・2・3　金属結晶 ………………………… 37
- 3・3　共有結合──分子の形成 ……………… 39

3·3·1 分子軌道･････････････････39
3·3·2 オクテット則････････････41
3·4 電気陰性度･･･････････････････46
3·5 分子と分子も結合する･････････47
練習問題･････････････････････････49
発展問題･････････････････････････50

4章　気体と溶液･･51

4·1 力と圧力･････････････････････51
 4·1·1 力･･････････････････････52
 4·1·2 圧 力････････････････････53
4·2 エネルギー･･･････････････････54
 4·2·1 ポテンシャルエネルギー･･54
 4·2·2 運動エネルギー････････････54
 4·2·3 温 度････････････････････55
 4·2·4 熱･･････････････････････56
4·3 気体の温度と体積と圧力の関係：
    気体の状態方程式･･････56
 4·3·1 気体の圧力と体積の関係･････57
 4·3·2 気体の温度と圧力の関係････58
 4·3·3 気体の温度と体積の関係････58
 4·3·4 理想気体の状態方程式･････････59
4·4 モル分率と分圧･････････････････60
 4·4·1 モル分率･･････････････････60
 4·4·2 分 圧････････････････････61
4·4·3 ドルトンの分圧の法則･････････61
4·5 液体と溶液･･･････････････････62
 4·5·1 液 体････････････････････62
 4·5·2 溶 液････････････････････62
4·6 溶液の濃さの表し方：濃度････････63
 4·6·1 モル濃度･･････････････････64
 4·6·2 質量パーセント濃度･････････65
 4·6·3 モル濃度と
    質量パーセント濃度の換算･････65
 4·6·4 $1.00\ \text{mol L}^{-1}$のショ糖水溶液を
    つくる方法･････66
4·7 固体と気体の溶解･･･････････････66
 4·7·1 固体の溶解度･･･････････････66
 4·7·2 気体の溶解：ヘンリーの法則････67
練習問題･････････････････････････68
発展問題･････････････････････････68

5章　物質は変化する──エネルギーと変化の方向･････････････････････69

5·1 物質はエネルギーをもつ：
    化学エネルギー･･････69
5·2 発熱反応と吸熱反応･･････････････70
5·3 内部エネルギーと熱力学の第一法則･････71
 5·3·1 系と内部エネルギー････････71
 5·3·2 熱力学の第一法則･･････････71
 5·3·3 膨張，収縮の仕事･･････････72
5·4 エンタルピー･････････････････73
 5·4·1 エンタルピーの定義････････73
 5·4·2 なぜ熱の出入りが
    エンタルピーで表されるか･････74
5·5 エンタルピーの実例･･････････････75
 5·5·1 温度変化と相変化のエンタルピー･･75
5·5·2 化学反応のエンタルピー：
    生成エンタルピーとヘスの法則･････76
5·6 反応はエントロピーが
    増加する方向に進む･･････77
 5·6·1 気体は広がる･･････････････78
 5·6·2 温度は均一になる･･････････78
 5·6·3 エントロピーと熱力学の第二法則････79
5·7 エントロピーと熱･･････････････80
5·8 ギブズエネルギー･････････････80
5·9 エネルギーと安定，不安定･････････82
練習問題･････････････････････････83
発展問題･････････････････････････84

6章　物質は変化する——反応速度と平衡 ... 85
- 6・1　反応速度 ... 85
  - 6・1・1　一次反応 ... 85
  - 6・1・2　温度が高いほどエネルギッシュな分子が多い：ボルツマン分布 ... 88
  - 6・1・3　反応は温度が高いほど速く進む：アレニウスの式 ... 89
  - 6・1・4　遷移状態と活性化エネルギー ... 90
  - 6・1・5　触　媒 ... 91
  - 6・1・6　逐次反応と律速段階 ... 93
- 6・2　平衡状態 ... 94
  - 6・2・1　可逆反応と平衡状態 ... 94
  - 6・2・2　平衡定数 ... 95
  - 6・2・3　平衡定数とギブズエネルギー ... 97
  - 6・2・4　ル・シャトリエの原理 ... 98
- 練習問題 ... 100
- 発展問題 ... 100

7章　酸・塩基反応と酸化・還元反応 ... 101
- 7・1　酸・塩基反応 ... 101
  - 7・1・1　酸 ... 102
  - 7・1・2　塩　基 ... 102
  - 7・1・3　共役酸と共役塩基 ... 103
  - 7・1・4　酸・塩基反応の平衡定数 ... 104
  - 7・1・5　強酸と弱酸，強塩基と弱塩基 ... 105
  - 7・1・6　pHとは ... 106
  - 7・1・7　中　和 ... 106
  - 7・1・8　溶液のpHを求めてみよう ... 108
- 7・2　酸化・還元反応 ... 109
  - 7・2・1　酸化・還元と酸化数 ... 110
  - 7・2・2　硫酸銅水溶液に亜鉛を入れると ... 112
  - 7・2・3　電位，電位差，電流 ... 113
  - 7・2・4　電　池 ... 114
  - 7・2・5　ギブズエネルギー変化と電位差の関係 ... 116
  - 7・2・6　水の電気分解 ... 118
- 練習問題 ... 120
- 発展問題 ... 120

8章　さまざまな元素と無機物質 ... 121
- 8・1　第1周期の元素 ... 121
  - 8・1・1　水　素 ... 121
  - 8・1・2　ヘリウム ... 123
- 8・2　第2周期の元素 ... 123
- 8・3　炭素原子のつながり方：混成軌道 ... 129
- 8・4　第3周期の元素 ... 131
  - 8・4・1　第3周期の元素の性質 ... 131
  - 8・4・2　半導体 ... 135
- 8・5　第4周期以降の元素 ... 136
- 8・6　1族，2族と12族から18族の元素：主要族元素 ... 137
- 8・7　3族から11族の元素：遷移元素 ... 139
  - 8・7・1　遷移元素の電子配置 ... 139
  - 8・7・2　遷移元素の性質 ... 140
  - 8・7・3　金属錯体 ... 141
- 8・8　放射性同位体と放射線 ... 143
- 練習問題 ... 144
- 発展問題 ... 144

9章　炭素原子を含む分子：有機分子と生命 ... 145
- 9・1　炭化水素 ... 145
  - 9・1・1　メタン，エタン，エテン，エチン ... 145
  - 9・1・2　炭化水素の異性体 ... 148
  - 9・1・3　ベンゼン ... 149

9・2	官能基 …………………………… 150	9・4・3	脂　質 …………………………… 157
9・3	合成高分子 ……………………… 152	9・4・4	DNA: 遺伝情報の記録 ………… 159
9・4	生命の有機分子 ………………… 154	練習問題 …………………………………… 160
	9・4・1　アミノ酸とタンパク質 ……… 154	発展問題 …………………………………… 160
	9・4・2　糖 …………………………… 156		

練習問題の解答 …………………………………………………………………………… 161
索　　引 …………………………………………………………………………………… 164

1 化学とは何か

- 物質は原子でできている．
- 化学は，物質とその変化を対象とする科学である．
- 物質は，固体 ⇆ 液体 ⇆ 気体，という状態をとる．
- 原子は決まった数だけ，あるいはほぼ無限につながって，分子やその他の物質をつくりだす．
- 原子は核と電子からなり，核は陽子と中性子からなる．電子と陽子の数は同じである．
- 原子は陽子数で分類される．原子の種類のことを元素という．
- 原子番号が同じで，中性子数が異なる原子どうしを同位体という．
- 6.02×10^{23} 個の原子や分子の量を 1 モル（単位は mol）という．$6.02 \times 10^{23}\ \mathrm{mol}^{-1}$ をアボガドロ定数という．
- 1 mol の原子や分子の質量をモル質量という．
- 化学変化は原子のつながり方が変わる現象である．
- 化学反応の前後で原子数，質量は変化しない．

　世界は**物質**で満ちている．では，物質は何によってできているのだろうか？　この問いは，ずっと私たち人類が答えを追い求めてきた謎であるが，現在では，すべての物質は**原子**からできていることがわかっている．原子は目に見えない微小な粒子であり，すでに 100 種類を超えるものが知られている．それらがつながり，組合わさることで，物質はできあがる．ここでいう物質は，ありとあらゆるものを含んでいる．この本を構成する紙やインク，毎日の生活に欠かせない衣服，食べ物，電化製品など，身のまわりに存在するすべてのものは，原子からなる物質でできている．形が定まらずとも，水は原子でできているし，目に見えなくても，空気はいくつかの物質により構成されている．また，遠く夜空の星々も原子でできている．さらに，ヒトを含む，すべての生物も原子がもとになって創造されている．

　原子からできていないものを考えると，物質とは何か理解しやすいかもしれない．「光」は，太陽や蛍光灯などの光源から発せられて，明かりとして現れる．光がなければ，私たちは物体を見ることはできない．このような光は原子とは違って，"実体がない"．科学的には，光は"波"としての性質と"粒子"としての性質をあわせもつと理解されている．さらに，私たちの「心」も原子からなる物質と同じであるとはいえない．しかし，生物も原子をもとに成り立つ集合体であるとみなせば，それぞれの原子のもつ性質が非常に複雑にからみあって，「心」が生みだされると考えることもできるかもしれない．

　物質は変化する．時がたつと，紙は黄ばみ，インクは色あせてくる．水は，氷点下になると氷になり，火にかけると水蒸気になる．私たちは体内で食べ物を分解し，それらをもとに生きていくために必要な物質に変換する．このように，物質が

物質　matter

原子　atom

古代ギリシャの哲学者によって，「物質を構成する最小の単位は原子である」と考えられていた．しかし，彼らは自分たちの目で，実際にその答えを確かめることはできなかった．そして，原子の存在が実際に確認されたのは，2000 年以上たったのちの化学者達によってである．現在では，走査トンネル顕微鏡などによって直接，物質を構成する原子一つ一つを観察することができる（図 8・6 参照）．

1. 化学とは何か

化学は物質を対象とする科学である 物質は原子からできている. 物質であるものとそうでないもの.

変化するとき，原子どうしのつながり方や集まり方が変化している.

化学は，物質とその変化を知ろうとする**科学**である．物質の性質やその変化を原子や分子のレベルで理解しようという試みである．また，人間は，身のまわりの自然に存在している物質を改造する**技術**を開発し，より役に立つものに変えて利用しながら生活している．物質の性質やその変化の仕方を理解すると，新しい物質をつくりだしたり，より良い物質へ変換することができる．化学には，技術への応用と結びつきやすい側面もある．新しい物質には，予期しない性質が現れることもあるが，その原因を解き明かして，さまざまな分野で役立たせることも化学の役割である．

化学 chemistry
科学 science

技術 technology

1・1 物質の状態：固体，液体，気体

水はもっとも身近にある物質の一つであり，ここでは水を題材に物質の状態を調べてみよう．

まず，コップに入れた水を観察してみる．色はなく，無色である．それから，透明であり，水を通して向こう側が見える．

水の表面は平らである．グラスを持ち上げて，揺らしてみると表面が波打つ．しばらく待つと，また表面は平らになる．グラスをゆっくり傾けると，水の表面は，グラスと一緒には傾かず，水平を保っている．グラスを傾けすぎると，こぼれて流れ落ちる．どうやら水には決まった形がないようである．このように流動性がある

物質の状態を**液体**という．

このグラスを温度−20℃の冷凍庫に入れてみよう．数時間待つと水が凍って氷になる．無色な部分はまだ多いが，白いすじ状の模様が入っていて，向こう側が少し見えにくくなっている．氷の表面は相変わらず平らである．グラスを持ち上げて揺らしてみても，氷は動かない．グラスを傾けると氷の表面も一緒に傾き，グラスを逆さにしても氷が落ちることはない．このように流動性がない物質の状態を**固体**という．

氷の入ったグラスを冷凍庫から出してしばらく放置すると，氷の一部が溶けて再び水に戻る．液体の水と氷が両方存在しているとき，温度は0℃である．このように固体と液体が共存している状態の温度を**融点**という．すなわち，水の融点は0℃である．水の温度が低下していき，0℃になると氷ができ始める．逆に，氷の温度がマイナスから上昇する場合には，0℃になったときに氷が溶け始める．

今度は，グラスの水を鍋に移し替えて，火にかけてみる．ほどなくして泡が生じ，ついには沸騰が始まり，白い湯気がでる．湯気は水蒸気となって，空気中に消えゆく．液体の水は，決まった形をもたないが一箇所にまとまろうとしているように見える．一方，水蒸気となった水は自由に広がっていくように見える．このようにお互いに引きあうことがなく飛びまわる物質の状態を**気体**という．沸騰している最中の水の温度は100℃である．このように液体と気体が共存している状態の温度を**沸点**という．水を加熱していき，100℃に達したところで沸騰が始まる．

液体が固体になる変化を**固化**または**凝固**といい，固体が液体になる変化を**融解**という．液体が気体になる変化は**蒸発**といい，気体が液体になる変化は**液化**または**凝縮**という．これらの変化の過程を図1・1にまとめた．

液体 liquid

固体 solid

「温度」とは何かについては，4・2・3節で取上げる．

融点 melting point

目に見えている限り，湯気の粒子はかなり大きいと思われる．つまり湯気は，まだ気体ではなく，微細な水滴が集まった状態にある．

気体 gas

沸点 boiling point

凝固 solidification
融解 melting または fusion
蒸発 vaporization
凝縮 condensation

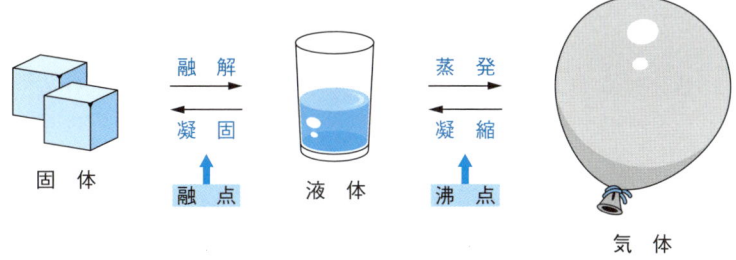

図1・1 固体，液体，気体と相互変換

1・2 物質は原子からできている
1・2・1 水

今度は，思考実験をしてみよう．図1・2のように，コップをたくさん用意して一列に並べる．一番左端のコップにだけ水を入れる．そして，そのちょうど半分の水を右隣りの2番目のコップに移す．つぎに，その半分だけ右隣りの3番目のコップに移す．この操作をつぎつぎと繰返す．

水は半分にしても，当然ながら，やはり水である．2番目，3番目のコップに入っ

思考実験とは，頭の中で考える実験である．実際には制約があってできない実験でも，頭の中なら自由にできる．

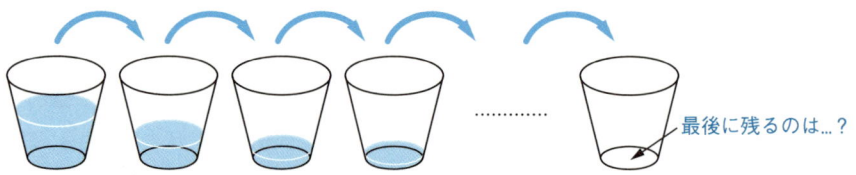

図 1・2 水をつぎつぎと半分にしていくと…

ているのは間違いなく水である．ただし，この操作は永遠に続けることはできない．コップ一杯の水なら，半分にする操作をだいたい 80 数回繰返すと，ついにはそれ以上分けられない水の最小単位に到達する．これはまだ原子ではない．水素原子二つと酸素原子一つが，「く」の字形に結合した，水の分子である（図 1・3a）．水素原子を H，酸素原子を O で表すと，H−O−H という具合いにつながっている．H−O 間の距離は 0.000 000 000 096 m である．H−O−H は直線ではなく，折れ曲がっており，角 H−O−H は 104° である．

分子 molecule

このように，2 個以上の原子がつながってできた粒子を**分子**という．分子は，物質のもつ特有な性質を表す基本粒子である．つまり，水の性質は個々の水素原子や酸素原子によるというよりも，これらの原子が結合してできた水分子によってもたらされる．

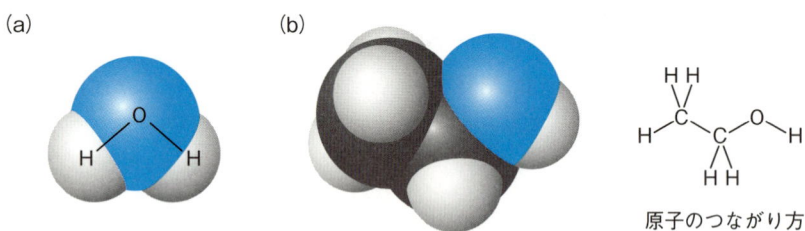

図 1・3 水分子(a)とエタノール分子(b)　C（黒）は炭素，H（白）は水素，O（青）は酸素

1・2・2 液体を混ぜると，50 + 50 = 96？

水のようになめらかで，いっけん連続的に見える物質でも，分子のような粒子からできている．このことが原因となって起こる現象を一つ紹介しよう．お酒には水分子以外に，アルコールの一種のエタノール分子が入っている．エタノールは，炭素（C）2 個，水素（H）6 個，酸素（O）1 個が図 1・3(b)のようにつながった分子である．エタノール分子のほうが水分子よりも，ひとまわり大きい．

mL は体積の単位でミリリットルと読む．1 mL は 1 cm × 1 cm × 1 cm の立方体の体積に等しい．また，1 mL は 1 L（リットル）の 1/1000 である．

水 50 mL と水 50 mL を混ぜると，当然，水 100 mL になる．エタノール 50 mL とエタノール 50 mL を混ぜても，エタノール 100 mL になる．ところが，水 50 mL とエタノール 50 mL を混ぜると，100 mL にはならず，96 mL になる．水とエタノールの分子のサイズが少し違うので，エタノール分子の隙間に少し水分子が入り込むために，全体の体積が 4 mL 減るのである．

図 1・4 のように適当な筒を二つ用意して，一方にはある高さまでテニスボール

を入れ，もう一方の容器には，それと同じ高さまでゴルフボールを入れる．そして，このゴルフボールとテニスボールを両方とも一つの容器に移し替えてよく混ぜる．大きなテニスボールの隙間に小さなゴルフボールが入り込むので，高さはもとの2倍よりも低くなる．テニスボールをエタノール分子，ゴルフボールを水分子と考えればよい．

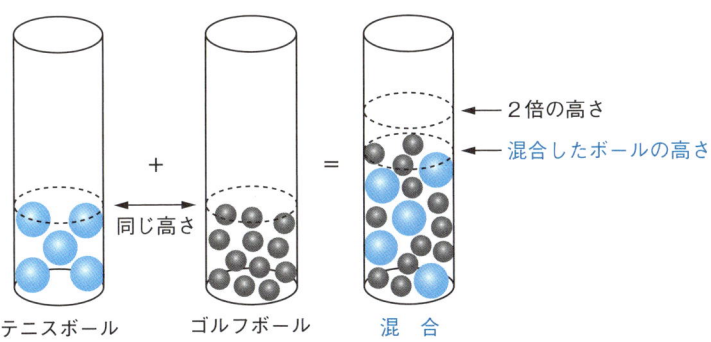

図1・4 **物質は粒子でできている** 同じ高さまで入れたテニスボールとゴルフボールを一緒にすると，高さはもとの2倍よりも低くなる．

1・2・3 空　気

空気は見えないし，触れることもできないと思うかもしれないが，水の中では泡として見ることができ，風を感じれば，確かにそこに物質があることがわかる．空気は気体であり，乾燥した空気であるなら，窒素78 %，酸素21 %，アルゴン1 %，二酸化炭素0.04 %からなっている．加えて水蒸気として，水が含まれている．このうち，窒素，酸素，二酸化炭素，そして水は分子である．これらの分子を図1・5に示す．窒素分子は窒素原子（N）二つがつながってできている．酸素分子も二つの酸素原子（O）がつながってできている．二酸化炭素は，一つの炭素原子（C）をはさんで酸素原子が一つずつその両側につながってできている．水分子と違って，二酸化炭素分子の三つの原子は直線状に並んでおり，角O−C−Oは180°である．アルゴンは，分子をつくらず，アルゴン原子そのままで存在している．

> 大気中の二酸化炭素の割合は，人類が誕生するはるか以前の40万年前から10万年周期で0.02 %と0.03 %の間で変動していたと推定されているが，18世紀後半の産業革命以来増加し始め，特に最近50年間で急激に上昇し，0.04 %を超えようとしている．このような急激な増加は，化石燃料の消費などの人間活動が原因とされる．

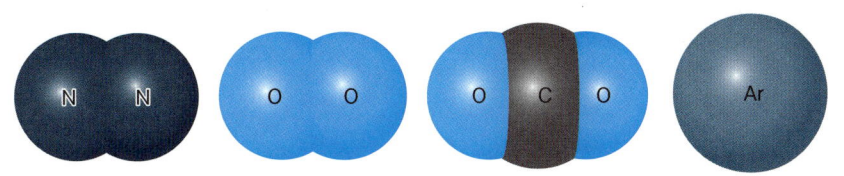

図1・5 **空気の分子と原子** 左から，窒素，酸素，二酸化炭素，アルゴン

これらの空気の成分は，水を除いて常温では気体であるが，非常に低温では，液体になる．窒素は沸点が−196 ℃で，この温度より低い温度では液体になる．液体窒素は，生物試料の凍結保存や低温実験を行う際の冷却剤として用いられる．

二酸化炭素を冷やすと，−79 ℃で，気体から，液体にならずに，固体になる．

> 常温とは，身のまわりの通常の温度のこと．25 ℃程度をさす．

凝結 solidification from gas
昇華 sublimation

気体から固体への変化も昇華とよばれることがあるが、字面と意味がまったく一致しないので適当ではないだろう。

固体の二酸化炭素はドライアイスとして食品の保冷剤などにも使われている。ドライアイスの温度が上昇して $-79\,°C$ に達すると、やはり液体にはならずに、気体となる。このような、気体から固体への直接の変化を**凝結**といい、固体から気体への直接の変化を**昇華**という。

1・2・4 原子が（ほぼ）無限につながった物質

世の中のすべての物質が分子とよばれる基本粒子をもつわけではない。原子がほぼ無限につながった物質もある。

鉄は棒や板などの断片として、食塩は一粒一粒で存在しているわけだから、実際のところ無限につながっているわけではないが、1・3・3節で述べるように、これらの物質に含まれている原子の数は莫大である。

金属の固体は、分子という単位ではなく、金属の原子がつぎつぎと規則正しく並んだ結晶になっている。鉄の例を図1・6(a)に示した。食塩は塩化ナトリウム NaCl という物質であり、ナトリウム原子と塩素原子が、図1・6(b)のようにつぎつぎと交互に規則正しく積み重なった結晶をつくり、やはり分子という単位は存在しない。ナトリウムと塩素はそれぞれ"イオン"になっている（1・3・2節参照）。

結晶 crystal

結晶の構造については、3・2・3節で少し詳しくふれる。

結晶というのは、固体のうちでも原子が規則正しく配列した構造をいう。もう少し正確には、すべての原子を一定の距離だけ平行移動したときに、端以外のすべての原子がもとの位置と一致するような並び方をしている構造である。

また、ガラスも分子という単位をもたない。ガラス中には、主成分としてケイ素原子と酸素原子が 1:2 の割合で含まれる。図1・6(c)に示すように、ケイ素原子（Si）には4個の酸素原子（O）が結合し、酸素原子には2個のケイ素原子が結合している。ケイ素原子と酸素原子がつぎつぎと交互につながっており、分子に相当するような決まった単位をもたない。ただし、上記の結晶とは異なり、不規則な網目構造をしている。

これらの三つの物質中の原子のつながり方、つまり結合の仕方は異なっており、鉄は金属結合、塩化ナトリウムはイオン結合、ガラスは共有結合によってつながっている。また、先ほどの空気の分子は共有結合でできている。これらの結合については、具体的に3章で述べる。

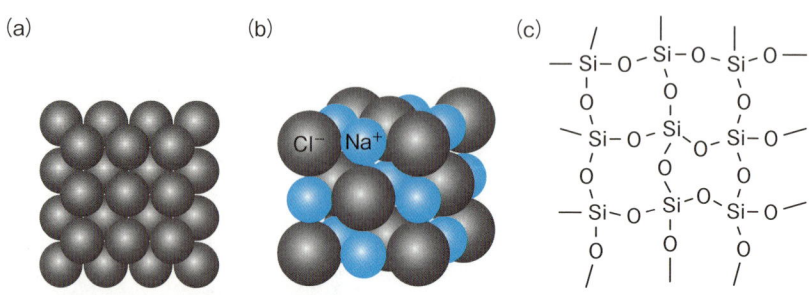

図 1・6 原子がほぼ無限につながった物質 (a) 鉄, (b) 塩化ナトリウム, (c) ガラス. 平面に書いてあるが、実際は立体的につながっている.

1・2・5 原子の構造と種類

ここまで、原子がつながって分子やその他の物質ができることを見てきた。そこで、原子とはどのようなものか、もう少し詳しく見ておこう。

原子は、物質を構成する最小の単位である。実体としての原子を示すときには「原子」という言葉を用いるが、「原子の種類」を表すときには、**元素**という言葉を用いる。現在100種類を超える元素が知られているが、それぞれの元素は**元素記号**

元素 element
元素記号 symbol of elements

によって表される．元素記号は，一つあるいは二つのアルファベットからなる．たとえば，水素は H，ナトリウムは Na，鉄は Fe と表される．

実は原子の中にも構造があり，これらを知ることによって，原子の性質を理解することができる．基本的には，原子の種類とその性質が分子やその他の物質の構造や性質を決めている．

原子は，中心に**原子核**あるいは単に**核**とよばれる粒子と，そのまわりを動き回っている 1 個以上の**電子**という粒子からなっている．核は，さらにいくつかの**陽子**という粒子といくつかの**中性子**という粒子からなっている．

陽子は，質量が 1.67×10^{-27} kg で，$+1.60 \times 10^{-19}$ C の正電荷をもつ粒子である．中性子は，質量が陽子と同じ 1.67×10^{-27} kg で，電荷をもたない粒子である．電子は，陽子と大きさは同じで符号が逆の -1.60×10^{-19} C の負電荷をもつ粒子であるが，その質量は陽子の 1800 分の 1 程度の 9.11×10^{-31} kg である．表 1・1 に原子をつくる粒子の電荷と質量をまとめた．

元素記号は元素の外国語名の最初の 1 文字または 2 文字の，ときには最初の 1 文字と名称中の適当な 1 文字との組合わせからなる．水素 H は英語名 hydrogen，ナトリウム Na はドイツ語 Natrium，鉄 Fe はラテン語 Ferrum に由来する．

原子核 atomic nucleus
電子 electron
陽子 proton
中性子 neutron

質量については 4・1・1 節を，電荷については 2・1 節を参照．C は電荷の単位で，クーロンと読む．

表 1・1 原子を構成する粒子

粒子		電荷	質量
核	陽子	$+1.60 \times 10^{-19}$ C	1.67×10^{-27} kg
	中性子	0	1.67×10^{-27} kg
電子		-1.60×10^{-19} C	9.11×10^{-31} kg

原子中に含まれる陽子の数と電子の数は等しい．したがって，ちょうど正負の電荷が打ち消しあって，原子は**電気的に中性**である．原子の種類によって陽子の数（電子の数）は決まっており，それらの数が同じである原子は同一の元素であり，それらの数が同じでない原子は異なる元素であるといえる．この陽子の数（電子の数）を**原子番号**といい，元素は原子番号によって区別される．

図 1・7 に，原子番号が 1 から 3 の原子の模式図を示す．原子番号 1 は水素 H で，陽子 1 個だけからなる核と電子 1 個からなる．原子番号 2 はヘリウム He で，陽子が 2 個と中性子が 2 個の核と電子 2 個からなる．原子番号 3 はリチウム Li で，陽子が 3 個と中性子が 4 個の核と電子 3 個からなる．

原子番号 atomic number
原子番号 ＝ 陽子数 ＝ 電子数

元素を原子番号順に並べると，化学的性質の似た元素が周期的に現れる "周期表" がつくられる（2・4 節参照）．

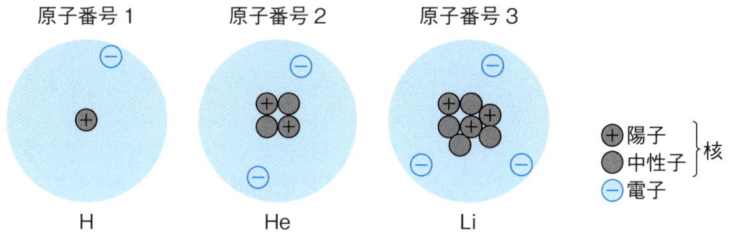

図 1・7 **原子番号 1～3：H，He，Li**

多くの原子についてはこの説明は正しいが，もう少し正確に説明しておこう．99.985 ％の水素原子の核は陽子だけからなっているが，実は，0.015 ％の水素原子の核は陽子 1 個と中性子 1 個からなる．このように同じ元素で中性子数だけが異な

同位体 isotope
質量数 mass number
質量数 = 陽子数 + 中性子数

る原子どうしを**同位体**という．陽子と中性子の数の和を**質量数**というので，同位体どうしは質量数が異なるということになる．同位体を区別したいときには，質量数を元素記号の左上に付けて表す．水素の例でいえば，前者の水素は ^{1}H であり，後者は ^{2}H である．

同位体の例を図 1・8 に示す．ほとんどの元素に同位体は存在し，3 種類以上の同位体が存在する元素も多い（表 1・2 参照）．

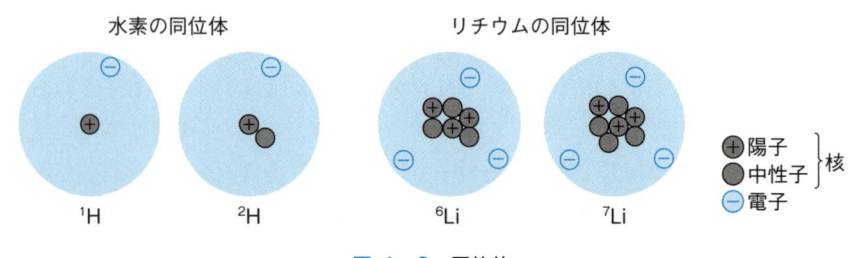

図 1・8　同位体

> **例題**　炭素の原子番号は 6 である．99 % の炭素原子の核には中性子が 6 個含まれ，1 % の炭素原子の核には中性子が 7 個含まれる．それぞれの炭素の質量数はいくらか．また，それぞれの炭素を元素記号で表せ．
>
> **解答**　原子番号は陽子数と一致するので，炭素の核には陽子が 6 個含まれる．したがって前者の炭素の質量数は，陽子数＋中性子数＝6＋6＝12 であり，後者の炭素の質量数は，陽子数＋中性子数＝6＋7＝13 である．質量数を左上に記して，前者は ^{12}C，後者は ^{13}C となる．

1・3　物質の表し方と数え方
1・3・1　元素記号で物質を表す

物質がどのような元素からなり，いくつ含まれているかについて，一目でわかる便利な表記法を学ぼう．

分子は，何種類かの原子が決まった数だけ結合してできている．すでに図 1・3 で示した水分子は，水素原子（H）2 個と酸素原子（O）1 個が結合してできるので，H_2O と表す．エタノール分子は，炭素原子（C）2 個と水素原子（H）6 個と酸素原子（O）1 個が結合してできるので，C_2H_6O と表す．このような表記を**分子式**という．

分子式 molecular formula

分子式では，含まれる元素の数を元素記号の後に，それぞれ下付きの数字で示す．

> **例題**　窒素分子は窒素原子 2 個からなり，二酸化炭素分子は炭素原子 1 個と酸素分子 2 個からなる．それぞれを分子式で表せ．また，酸素分子の分子式を書け．
>
> **解答**　酸素分子は酸素原子 2 個からなる．N_2, CO_2, O_2

分子という単位をもたない物質の場合は，つぎのように表す．すでに図 1・6 で示したガラスの主成分である二酸化ケイ素は，ケイ素原子(Si) と酸素原子(O) とがつぎつぎと結合しているが，ケイ素と酸素の割合が 1：2 であるので，SiO_2 と表す．鉄は，鉄原子（Fe）だけが無限につながっており，単に Fe と表す．塩化ナト

リウムは，ナトリウム Na と塩素 Cl が 1：1 であるので，NaCl と表す．このように，構成元素の種類と数を，もっとも簡単な整数比で表したものを**組成式**という．

組成式　compositional formula

> **例題**　マグネシウムおよび酸化カルシウム（カルシウム Ca と酸素 O が 1：1 で含まれる）をそれぞれ組成式で表せ．また，塩化マグネシウムの組成式は $MgCl_2$ である．構成元素数の比はいくらか．
> **解答**　Mg，CaO．Mg：Cl＝1：2

1・3・2　イ オ ン

原子または分子が電子を失ったり，受取ったりして，電荷を帯びた粒子のことを**イオン**という．

イオン　ion

ナトリウム原子は，$+11e$ の電荷をもつ核と 11 個の電荷 $-e$ をもつ電子からなり，電気的に中性である．理由は後で述べるとして，ナトリウム原子は電子 1 個を放出しやすい．電子が 1 個放出されると，$-e$ の分だけ電荷が減るので，正味 $+e$ の正電荷をもつことになる．このように，電子を失って正電荷をもった原子を**陽イオン（カチオン）**という．電子を 1 個失ったイオンを 1 価の陽イオン，電子を 2 個失ったイオンを 2 価の陽イオンという．

電荷 e については，表 1・1 および 2・1 節参照．

陽イオン　cation

塩素原子は，電荷 $+17e$ をもつ核と 17 個の電荷 $-e$ をもつ電子からなり，電気的に中性であるが，電子 1 個を受取りやすい．電子 1 個を受取ると，正味 $-e$ の負電荷をもつ．このように，電子を受取って負電荷をもつ原子を**陰イオン（アニオン）**という．電子 1 個を受取ったイオンを 1 価の陰イオン，電子 2 個受取ったイオンを 2 価の陰イオンという．

陰イオン　anion

上記のような，イオンのもつ電荷の数を**価数**という．イオンを表すときは，元素記号の右上に価数に電荷の符号を付けて示す．ただし，価数 1 は省略する．たとえば，ナトリウムの 1 価陽イオン，カルシウムの 2 価陽イオン，塩素の 1 価陰イオン，酸素の 2 価陰イオンは，以下のように表される．

価数　valency

$$Na^+,\ Ca^{2+},\ Cl^-,\ O^{2-}$$

一般に，陽イオンの名称は，元素名の後に「イオン」を付ければよいが，単原子からなる陰イオンの場合は，「○化物イオン」とよばれる．たとえば，上の例は，ナトリウムイオン，カルシウムイオン，塩化物イオン（塩素イオンではない），酸化物イオンである（酸素イオンではない）．

イオンには OH^-，NH_4^+，SO_4^{2-} など，2 個以上の原子からなるものがある．このようなイオンには，それぞれ特別な名前が付けられている．このようなイオンは，本書の後半でいくつか登場する．

> **例題**　Ca^{2+}，O^{2-} のもつ電荷はそれぞれいくらか．
> **解答**　Ca^{2+} では電子 2 個分の負電荷が少ないから，$+2e$ の電荷をもつ．よって，$+2 \times (1.60 \times 10^{-19}\,C) = +3.20 \times 10^{-19}\,C$．$O^{2-}$ では $-2e$ の負電荷を余分にもつので，$-2 \times (1.60 \times 10^{-19}\,C) = -3.20 \times 10^{-19}\,C$．

塩化ナトリウムの結晶は，ナトリウムイオン Na^+ と塩化物イオン Cl^- が 1：1 で交互に並んでいるが，イオンであることを特には示さず，NaCl と表す．

1・3・3 モルで数える

水分子の質量は 3.0×10^{-23} g であるので，1 g の水の中に水分子は，
$$(1\,\text{g})/(3.0\times10^{-23}\,\text{g}) = 3.3\times10^{22}\,(\text{個})$$
含まれる．このように，普通に目にする物質中に含まれる原子の数は莫大である．

物質を扱うときには，多くの場合，莫大な数の原子や分子を対象とすることになる．そのため，いつも「10 の何乗」と表すのは面倒であるので，6.02×10^{23} 個の原子や分子の数を **1 モル**（単位の記号は mol で表される）として，まとめて扱うように決めた（図 1・9）．これは，12 本の鉛筆をまとめて 1 ダースとよぶのと同じことである．

モル mole（単位の記号は mol）

このように，粒子の数を基本とした量を**物質量**（amount of substance）という．モルは物質量の基本単位である．物質は原子や分子からできているので，その変化を取扱うとき，物質量を用いると理解しやすくなる．

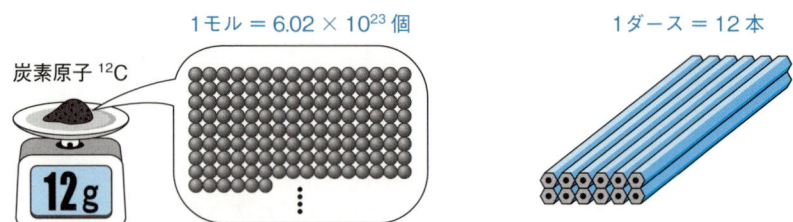

1 モル（mol）⟺ 原子や分子の 6.02×10^{23} 個

図 1・9 **モル** 物質 1 mol には 6.02×10^{23} 個の原子あるいは分子が含まれる．これは鉛筆の 1 ダースを 12 本とするのと同じことである．

例題 0.5 ダースの鉛筆は何本か？ 0.5 mol の酸素分子は何個か？
解答 0.5 ダースの鉛筆は，1 ダース＝12 本であるから，
$$0.5\times 1\,\text{ダース} = 0.5\times 12\,\text{本} = 6\,\text{本}$$
同様に，0.5 mol の酸素分子は，1 mol＝6.02×10^{23} 個であるから，
$$0.5\times 1\,\text{mol} = 0.5\times 6.02\times10^{23}\,\text{個} = 3.01\times10^{23}\,\text{個}$$

アボガドロ数
Avogadro's number
アボガドロ定数
Avogadro constant

この 6.02×10^{23} という数値を**アボガドロ数**という．また，原子や分子が「1 mol あたり」6.02×10^{23} 個含まれるという意味の 6.02×10^{23} mol^{-1} を**アボガドロ定数**という．アボガドロ数は文字通り「数」であるが，アボガドロ定数には単位「mol^{-1}」が付く．計算に用いるのは，もっぱら単位の付いたアボガドロ定数である．

同位体の存在度については表 1・2 参照．

なぜ，このような中途半端な数を基準にすることになったのだろう．炭素原子にはいくつか同位体があるが，かつて 1 モルは，そのうちほぼ 99 % を占める同位体である ^{12}C を 12 g としたときに，そこに含まれる ^{12}C の原子数と定義され，実験によって求められていた．1 個の ^{12}C の質量は $1.992\cdots\times10^{-23}$ g であるので，12 g あたりの原子数は，
$$\frac{12\,\text{g}}{1.992\cdots\times10^{-23}\,\text{g}} = 6.022\cdots\times10^{23}\,(\text{個})$$
となる．しかしこの方式では，1 モルの値が実験による影響を受けるため，現在では，1 モルとは 6.02214076×10^{23} 個の原子や分子などの粒子数であるとして，アボガドロ数の正確な値そのものが定義として用いられる．

1・3・4 原子のモル質量と原子量

原子は核と電子からなる．電子は非常に軽いので，原子の質量は，ほぼ核の質量に近い．核に含まれる陽子と中性子の質量は等しいので，陽子と中性子をあわせた数，すなわち質量数に，原子の質量はほぼ比例することになる．

つまり，1 mol の ^{12}C の質量が 12 g であるから，1 mol の水素 ^{1}H の質量は 1 g であり，1 mol の ^{23}Na の質量は 23 g である．

ただし，原子の集団には，質量数の異なる同位体が含まれるので，原子の質量を考えるときにはその分を考慮する必要がある．たとえば塩素には ^{35}Cl が 76 %，^{37}Cl が 24 %含まれる（表 1・2 参照）．1 mol の ^{35}Cl の質量は 35 g であり，1 mol の ^{37}Cl の質量は 37 g である．したがって，「塩素 1 mol」の質量は，

$$35\text{ g mol}^{-1} \times \frac{76}{100} + 37\text{ g mol}^{-1} \times \frac{24}{100} = 35.5\text{ g mol}^{-1}$$

となる．物質の 1 mol あたりの質量を**モル質量**というが，原子のモル質量は，このように同位体が考慮されている．よく使われるモル質量の単位は g mol^{-1} である．

少し有効数字を増やして計算すると，炭素は 98.90 %が ^{12}C であるが，1.10 %の ^{13}C が含まれる．したがって，炭素のモル質量は，

$$12.00\text{ g mol}^{-1} \times \frac{98.90}{100} + 13.00\text{ g mol}^{-1} \times \frac{1.10}{100} = 12.01\text{ g mol}^{-1}$$

となり，12 から少しずれる．

また，^{12}C の質量を 12 としたときの各原子の相対的な質量を**原子量**という．結局のところ，原子量は，モル質量から単位 g mol^{-1} を除いた数値と同じことになる．たとえば，水素，炭素，塩素の原子量はそれぞれ，1.0, 12.0, 35.5 である．表 1・2

原子 1 mol の質量(g) ≒ 質量数

モル質量 molar mass

有効数字については 1・5・3 節で説明する．

表 1・2 同位体存在度と原子量 同位体は 1 %以上含まれるもののみ示した

原子番号	元素名	同位体	存在度	原子量	原子番号	元素名	同位体	存在度	原子量
1	水素	^{1}H		1.0	12	マグネシウム	^{24}Mg	79 %	24.3
2	ヘリウム	^{4}He		4.0			^{25}Mg	10 %	
3	リチウム	^{6}Li	8 %	6.9			^{26}Mg	11 %	
		^{7}Li	92 %		13	アルミニウム	^{27}Al		27.0
4	ベリリウム	^{9}Be		9.0	14	ケイ素	^{28}Si	92 %	28.1
5	ホウ素	^{10}B	20 %	10.8			^{29}Si	5 %	
		^{11}B	80 %				^{30}Si	3 %	
6	炭素	^{12}C	99 %	12.0	15	リン	^{31}P		31.0
		^{13}C	1 %		16	硫黄	^{32}S	95 %	32.1
7	窒素	^{14}N		14.0			^{34}S	4 %	
8	酸素	^{16}O		16.0	17	塩素	^{35}Cl	76 %	35.5
9	フッ素	^{19}F		19.0			^{37}Cl	24 %	
10	ネオン	^{20}Ne	91 %	20.2	18	アルゴン	^{40}Ar		40.0
		^{22}Ne	9 %		19	カリウム	^{39}K	93 %	39.1
11	ナトリウム	^{23}Na		23.0			^{41}K	7 %	
					20	カルシウム	^{40}Ca	97 %	40.1
							^{44}Ca	2 %	

に，原子番号 1 から 20 までの元素について，同位体と原子量を示した．ただし，実際の計算に使うのは，もっぱら単位を含むモル質量である．

例題 リチウムの原子量が 6.9 になることを表 1・2 を用いて説明せよ．
解答 リチウムには同位体があり，表 1・2 より質量数 6 が 8 %，質量数 7 が 92 % 含まれるから，原子量は，
$$6 \times 0.08 + 7 \times 0.92 = 6.9$$
である．

1・3・5 分子などのモル質量と分子量，式量

分子の質量は，その分子に含まれる原子の質量の単純な和である．酸素分子 O_2 は酸素原子を 2 個含むので，酸素分子のモル質量は以下のようになる．

$$酸素分子 O_2 のモル質量 = 2 \times (酸素原子 O のモル質量)$$
$$= 2 \times 16.0 \, \text{g mol}^{-1} = 32.0 \, \text{g mol}^{-1}$$

例題 水分子 H_2O のモル質量を求めよ．
解答 H_2O のモル質量 = $2 \times$ (H のモル質量) + (O のモル質量)
$$= 2 \times 1.0 \, \text{g mol}^{-1} + 16.0 \, \text{g mol}^{-1} = 18.0 \, \text{g mol}^{-1}$$

塩化ナトリウム NaCl や鉄 Fe などのように分子という単位をもたない物質も，組成式で表された単位を基準として，その 6.02×10^{23} 個を 1 mol とよび，その質量をモル質量という．

たとえば，NaCl という単位の 6.02×10^{23} 個を塩化ナトリウムの 1 mol という．したがって，塩化ナトリウムのモル質量は，

$$塩化ナトリウムのモル質量 = 塩素のモル質量 + ナトリウムのモル質量$$
$$= 35.5 \, \text{g mol}^{-1} + 23.0 \, \text{g mol}^{-1} = 58.5 \, \text{g mol}^{-1}$$

固体や液体の鉄は Fe と表すので，このような物質としての鉄のモル質量は，鉄原子のモル質量と同じで，$55.9 \, \text{g mol}^{-1}$ である．

> 鉄の同位体の存在度は ^{54}Fe が 6 %，^{56}Fe が 92 %，^{57}Fe が 2 % であり，これから鉄原子のモル質量は $55.9 \, \text{g mol}^{-1}$ となる．

例題 二酸化ケイ素 SiO_2 のモル質量を求めよ．
解答 SiO_2 のモル質量 = Si のモル質量 + $2 \times$ (O のモル質量)
$$= 28.1 \, \text{g mol}^{-1} + 2 \times 16.0 \, \text{g mol}^{-1} = 60.1 \, \text{g mol}^{-1}$$

分子量 molecular weight

式量 formula weight

分子の場合は，^{12}C の質量を 12 とした相対的な質量を**分子量**という．分子量は，分子のモル質量から単位を除いた数値と等しい．O_2 の分子量は 32.0，H_2O の分子量は 18.0 である．分子を形成しない物質の場合は，組成式で表した単位の相対質量を**式量**とよび，これもモル質量から単位を除いた数値と等しい．NaCl の式量は 58.5，Fe（固体，液体）の式量は 55.9 である．

1・4 物質は変化する

物質は変化する．原子と原子の結合は組換わらないが，物質の状態が変化する変

化を**物理変化**といい，原子と原子の結合が組換わる変化を**化学変化**あるいは**化学反応**という（図1・10）．"物理変化"の例として，固体の氷を加熱すると融解して液体の水になり，やがて沸騰して気体の水蒸気になる，あるいは，固体の砂糖は水に溶解して水溶液になる，などがあげられる．一方，"化学変化"の例として，気体の水素と酸素を混ぜて点火すると，一瞬にして水になる，あるいは，鉄は酸素や水と反応して表面にさびを生じる，などがあげられる．ここでは，化学反応の表し方を学んでおこう．

物理変化 physical change
化学変化 chemical change
化学反応 chemical reaction

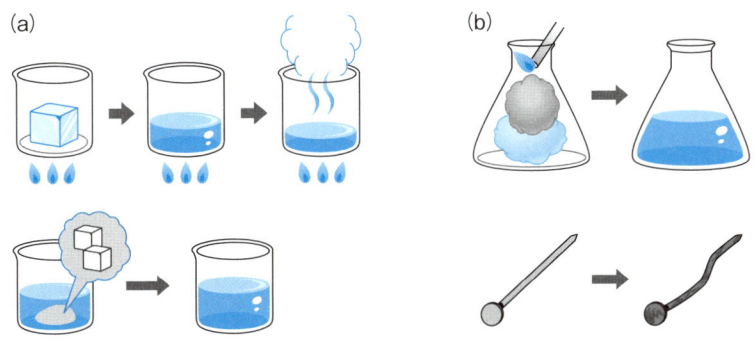

図1・10　物理変化(a)と化学変化(b)の例

1・4・1　化学反応式

化学反応を表すために**化学反応式**を用いる．水素 H_2 と酸素 O_2 は反応して水 H_2O になる．この反応では，水素2個と酸素1個が反応して，水2個ができる．あるいは，2 mol の水素と1 mol の酸素が反応して，2 mol の水ができるともいえる．また，ここで重要なことは，反応の前後で，水素原子も酸素原子も，その数が変わらないことである．

この反応は，つぎの化学反応式で表される．

$$2H_2 + O_2 \longrightarrow 2H_2O \tag{1・1}$$

左辺が反応前の物質であり，**反応物**あるいは出発物という．右辺が反応後の物質であり，**生成物**という．H_2 と O_2 が反応物，H_2O が生成物である．H_2 や H_2O の左側にある2という数字は，その物質が何個あるいは何モル反応するかまたは生成するかを表しており，**化学量論係数**という．酸素 O_2 には化学量論係数が付いていないが，1の場合は省略することになっており，酸素が1個あるいは1 mol であることを表している．

化学量論係数は整数である必要はなく，分数でもかまわない．たとえば水 H_2O が1 mol 生成するように表すときは，上の反応はつぎのようにも書ける．

$$H_2 + \frac{1}{2}O_2 \longrightarrow H_2O \tag{1・2}$$

水に電極を2本差し込んで，その電極間にある値以上の電圧をかけると，水は電気分解され，水素と酸素が発生する．これは水素と酸素から水ができる反応の逆の

化学反応式
chemical reaction formula

反応物 reactant
生成物 product

化学量論係数
stoichiometric coefficient

電気分解の装置については図1・11参照．

反応である．化学反応式は左辺と右辺が入れ替わる．

$$\mathrm{H_2O} \longrightarrow \mathrm{H_2} + \frac{1}{2}\mathrm{O_2} \tag{1・3}$$

メタンの燃焼反応については5章の冒頭でもふれる．

メタン $\mathrm{CH_4}$ が燃える反応は，メタンと酸素 $\mathrm{O_2}$ の反応であり，この反応が完全に進行すれば（完全燃焼という），二酸化炭素 $\mathrm{CO_2}$ と水 $\mathrm{H_2O}$ が生成する．

$$\mathrm{CH_4} + 2\mathrm{O_2} \longrightarrow \mathrm{CO_2} + 2\mathrm{H_2O} \tag{1・4}$$

例題 メタンの完全燃焼の反応で，どの原子の数も変化していないことを確かめよ．
解答 炭素は，左辺に1個，右辺も1個．水素は，左辺に4個，右辺にも $2\times2=4$ 個．酸素は，左辺に $2\times2=4$ 個，右辺も $2+2=4$ 個である．

1・4・2 化学量論係数の求め方

水素と酸素から水ができる反応を，

$$\mathrm{H_2} + \mathrm{O_2} \longrightarrow \mathrm{H_2O} \quad \text{（間違い）} \tag{1・5}$$

と書くと，化学反応式としては間違いであり，正しく化学量論係数を付ける必要がある．そこで，化学量論係数の求め方を説明しよう．ここでの考え方は，「反応の前後で，原子の数は変わらない」である．化学反応が起こっても，原子は生成も消滅もしない．

この反応の場合，反応前（左辺）の水素原子の数は2，反応後（右辺）も2であるので，問題ない．ところが酸素原子は，反応前が2，反応後が1であるので，原子が1個減っていることになっている．そこで両辺の酸素の数をあわせるために，左辺の酸素に1/2を付ければよい．

$$\mathrm{H_2} + \frac{1}{2}\mathrm{O_2} \longrightarrow \mathrm{H_2O} \quad \text{（正しい）} \tag{1・6}$$

化学量論係数をすべて整数にしたければ，全体を2倍して，

$$2\mathrm{H_2} + \mathrm{O_2} \longrightarrow 2\mathrm{H_2O} \quad \text{（これも正しい）} \tag{1・7}$$

とすればよい．

化学量論係数がこのように簡単には求められない場合のために，どんな場合でも求められる方法を説明しておこう．

まず，反応式を書くが，化学量論係数がわからないので，$a, b, c, \cdots$ としておく．

$$a\mathrm{CH_4} + b\mathrm{O_2} \longrightarrow c\mathrm{CO_2} + d\mathrm{H_2O} \tag{1・8}$$

炭素Cの数は左辺が a，右辺が c で，これらは等しいはずだから，$a=c$ が成り立つはずである．すべての元素についても同様にして，つぎの連立方程式が得られる．

$$\begin{aligned} \text{Cの数}: a &= c \\ \text{Hの数}: 4a &= 2d \\ \text{Oの数}: 2b &= 2c + d \end{aligned}$$

未知数4個に対して式が三つであるが，どれか一つの化学量論係数は勝手に決めてかまわないので（他の化学量論係数との比だけがわかればよい），これですべての係数が求まる．仮に $a=1$ としてみると，$c=1$，$d=2$，$b=2$ と求まって，つぎの式

が完成する.

$$CH_4 + 2O_2 \longrightarrow CO_2 + 2H_2O \quad (1 \cdot 9)$$

例題 (1・8)式で,$b=1$ としたらどうなるか.
解答 上記三つの連立方程式から,$\frac{1}{2}CH_4+O_2 \longrightarrow \frac{1}{2}CO_2+H_2O$ となる.全体を 2 倍すれば (1・9)式と同じになる.

1・4・3 化学反応の前後で質量は変わらない:質量保存の法則

化学反応によって,原子の組合わせが変わっても,原子自体は生成したり消滅したりすることはない.物質の質量は,すべての原子の質量を足しあわせたものであるから,反応の前後で物質の質量は変わらない.当たり前のようだが,重要なこの法則を**質量保存の法則**という.

質量保存の法則 the law of conservation of mass

一応,反応の前後での質量を確認しよう.水を水素と酸素に電気分解する反応

$$H_2O \longrightarrow H_2 + \frac{1}{2}O_2$$

によって 1 mol の水が分解されたとする.まず,原子のモル質量を用いて分子のモル質量を計算しておく.モル質量は,H が 1 g mol^{-1},O が 16 g mol^{-1} より,H_2O は 18 g mol^{-1},H_2 は 2 g mol^{-1},O_2 は 32 g mol^{-1} となる.

減少する水 H_2O の質量は,1 mol × 18 g mol^{-1} = 18 g

生成する水素 H_2 の質量は,1 mol × 2 g mol^{-1} = 2 g

生成する酸素 O_2 の質量は,$\frac{1}{2}$ mol × 32 g mol^{-1} = 16 g

であり,18 g 減って,(2+16) g 増えるので,質量保存の法則が成り立っていることが確認できた.

さて,ビーカーに水を入れて電気分解してみよう.水を入れたビーカーの質量は 200 g あった.電極を差し込んでちょうど 1 mol の水が電気分解したところで,反応を止め,再びビーカーの質量を測ったところ,18 g 減って 182 g になっていた (図 1・11).この結果から,質量が保存されていないと思うかもしれないが,発生した気体の水素と酸素を全部集めて質量を測ると 18 g になっており,質量保存の法則は成り立っていることがわかる.反応に関与したすべての物質について考えることが必要なのである.

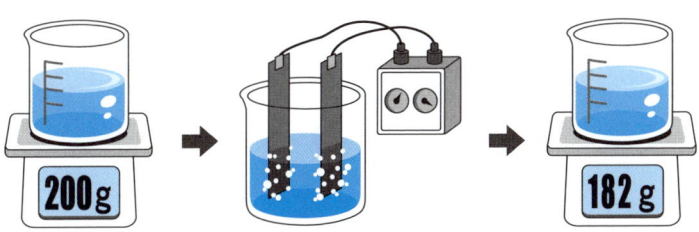

図 1・11 反応の前後で物質の質量は変わらないはずが…

1・5 単位と有効数字
1・5・1 単位と計算

物質の量や特性を表す量が化学のさまざまな場面で登場する．このような量を「物理量」というが，その計算法を理解しよう．物理量は，数値と単位を掛けたものであると考えればよい．

$$物理量 = 数値 \times 単位$$

たとえば，10 m では 10 が数値で，m が単位である．物理量どうしを掛けるときには，単位も数値とまったく同様に扱う．たとえば，一辺が 10 m でもう一辺が 5 m の長方形の面積は，

$$(10\,m) \times (5\,m) = (10 \times m) \times (5 \times m) = 10 \times 5 \times m \times m$$
$$= 50 \times m^2 = 50\,m^2$$

> 足し算は単位でくくり出す．
> $10\,m + 5\,m$
> $= 10 \times m + 5 \times m$
> $= (10 + 5) \times m = 15\,m$
> 単位がそろっていなければ，そろえてからくくり出す．
> $1.0\,m + 50\,cm$
> $= 1.0 \times m + 0.5 \times m$
> $= (1.0 + 0.5) \times m$
> $= 1.5\,m$

1・5・2 小さな長さの単位

水分子中の水素原子の中心と酸素原子の中心の間の距離は，

$$0.000\,000\,000\,096\,m$$

であった．いい換えると，$9.6 \times 10^{-11}\,m$ である．

このように，原子や分子の世界は非常に小さく，メートル m という単位をそのまま使うのは不便であるので，原子や分子に適した単位が使われる．

メートルより小さい単位として，1 m の 1/100 が 1 cm（センチメートル），1 m の 1/1000 が 1 mm（ミリメートル）というのはよく知られている．また，1 m の 1/10 を表す 1 dm（デシメートル）が使われることもある．

分子や原子を考える場合は，さらに小さい長さを表す単位が使われる．1 mm の 1/1000 が 1 μm である．「μm」はマイクロメートルと読む．1 μm はまだ原子の大きさの数千倍はある．1 μm の 1/1000 が 1 nm，1 ナノメートルである．1 nm は原子が数個並んだくらいの距離である．原子のサイズにより近い 0.1 nm を表す 1 Å を用いることもある．Å はオングストロームと読む．

表 1・3 に長さの単位をまとめた．キロ k が 1000 倍，ミリ m が 1/1000，マイクロ μ が 1/1 000 000，ナノ n が 1/1 000 000 000，ピコ p が 1/1 000 000 000 000 とい

> "ナノテクノロジー"という言葉を聞いたことがあるかもしれない．ナノメートルという単位を使って測る大きさ（1 から 1000 nm 程度）の物質の構造や特性を利用する技術のことである．

表 1・3 長さの単位

1000 倍ごと	その他	m で表すと	指数を使って表すと	読み方
1 km		1000 m	10^3 m	キロメートル
1 m		1 m	1 m	
	1 dm	0.1 m	10^{-1} m	デシメートル
	1 cm	0.01 m	10^{-2} m	センチメートル
1 mm		0.001 m	10^{-3} m	ミリメートル
1 μm		0.000 001 m	10^{-6} m	マイクロメートル
1 nm		0.000 000 001 m	10^{-9} m	ナノメートル
	1 Å	0.000 000 0001 m	10^{-10} m	オングストローム
1 pm		0.000 000 000 0001 m	10^{-12} m	ピコメートル

うのは，長さに限らず使える接頭辞である．

> **例題** 平面上に分子がびっしり並び，1 分子あたり 1 nm^2（平方ナノメートル）を占めている．この平面 1 mm^2 中には何個の分子が並んでいるか．
>
> **解答** 上記の表より，1 mm = 10^6 nm であるから，
>
> $$\frac{(1\,\mathrm{mm})^2}{(1\,\mathrm{nm})^2} = \frac{(10^6\,\mathrm{nm})^2}{(1\,\mathrm{nm})^2} = \frac{10^{12}\,\mathrm{nm}^2}{1^2\,\mathrm{nm}^2} = 10^{12}$$
>
> より，10^{12} 個並んでいることがわかる．物理量の計算をするときには，上の計算のように，いつも数値と単位を両方計算すること．

1・5・3 有効数字

物理量の測定値には，必ず誤差がつきものである．そこで，測定値を使う場合にはどの程度まで確からしいかを，いつも考えなければならない．

特に誤差を指定しない場合には，末尾の桁の数値が不確かであると考えるのが普通である．たとえば，3.2 m なら末尾の「2」は不確かで，3.1 m よりは大きいが 3.3 m よりは小さいだろうと判断する．つまり，不確かさは ±0.1 m 程度である．1.34 m なら「4」が不確かで，±0.01 m 程度の不確かさがある．さて，3.2 m と 1.34 m の棒を縦につなごう．この棒の長さはいくらになるだろう．そのまま計算すると，

$$3.2\,\mathrm{m} + 1.34\,\mathrm{m} = (3.2 + 1.34)\,\mathrm{m} = 4.54\,\mathrm{m}$$

となるが，不確かさを右のように紙に書いて確認してみよう．不確かさを含む数字を色で示した．4.54 の 5 には，すでに 3.2 の「2」による不確かさが入っていることがわかる．4.5 の段階で不確かであるので，さらに細かく 4.54 と書く意味はない．したがって，棒の長さは 4.5 m とするのが妥当である．一般に，==足し算，引き算では，不確かさをもつ最大の（もっとも左の）位までが意味がある==．

縦 3.2 m，横 1.34 m の長方形の面積はどうなるだろう．そのまま計算すると，

$$3.2\,\mathrm{m} \times 1.34\,\mathrm{m} = 3.2 \times 1.34 \times \mathrm{m} \times \mathrm{m} = 4.288\,\mathrm{m}^2$$

であるが，3.2 m は 3.1 m から 3.3 m の間，1.34 m は 1.33 m から 1.35 m の間として，最大の可能性と最小の可能性を考えよう．

・最大は，3.3 m × 1.35 m ＝ 4.455 m^2
・最小は，3.1 m × 1.33 m ＝ 4.123 m^2

上から 2 桁目が不確かであることがわかるから，これが末尾にくるように，4.288 の上から 2 桁目まで書いて 4.3 m^2 とするのが妥当である．

このように不確かさが末尾だけに含まれるような値を示す数字を**有効数字**という．有効数字はその桁数に意味がある．3.2 は有効数字が 2 桁，1.34 は有効数字が 3 桁，4.3 は有効数字が 2 桁である[*]．この例からわかるように，一般に，==掛け算や割り算では，有効数字の桁数の小さいほうが答えの有効数字の桁数になる==．

有効数字 significant figure

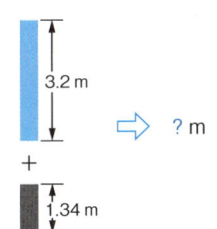

$$\begin{array}{r}3.2\\+1.34\\\hline 4.54\end{array}$$

[*]ゼロを含む値の有効数字には注意が必要である．6 と 6.0 は同じ値であるが，6 の不確かさは ±1 程度であり，6.0 の不確かさは ±0.1 程度とみなされる．したがって，6 は有効数字 1 桁，6.0 は有効数字 2 桁である．小数点以下の末尾のゼロは有効数字である．これに対して，0.15 の最初の 0 は 15 がどこの位にあるかを示しているだけで，有効数字ではない．したがって，0.15 の有効数字は 2 桁である．先頭のゼロは有効数字ではない．

小数点以上の桁の末尾がゼロの 450 の有効数字は判断できない．450 ±10 程度ならば 5

が不確かさを含み，有効数字2桁であるが，450±1程度ならば0が不確かさを含み，有効数字3桁である．有効数字をはっきりさせるためには指数表示で値を表す．たとえば，450 を 4.5×10^2 と表せば，有効数字2桁，4.50×10^3 と表せば3桁であることを示すことができる．

> **例題** 縦 322 m，横 3.4 m の長方形の面積はいくらか．有効数字を考慮して答えよ．
>
> **解答** 322 m × 3.4 m ＝ 1094.8 m であるが，有効数字の桁の小さいほうは2桁だから，1.1×10^3 m．

練 習 問 題

1·1 つぎの場所では，水のどのような状態の変化が起こっているか．
(a) 海面，(b) 氷河と流水の境目

1·2 18 g の水には 6×10^{23} 個の水分子が含まれる．1/10 ずつにする操作を繰返すと，何個ずつになるか．この操作を何回繰返すことができるか．

1·3 陽子17個，中性子18個からなる原子Aは，(a) 原子番号はいくつで，(b) 質量数はいくつか．陽子17個，中性子20個からなる原子Bは，(c) 原子番号はいくつで，(d) 質量数はいくつか．原子Aと原子Bの関係を述べよ．

1·4 1.50 mol の水には何個の水分子が含まれるか．

1·5 3.01×10^{20} 個のアルゴン原子は何 mol か．

1·6 マグネシウムの原子量が 24.3 であることを説明せよ．

1·7 以下の物質を元素記号を用いて表せ．
(a) 炭素1個，水素4個，酸素1個からなるメタノール
(b) 水素2個，硫黄1個，酸素4個からなる硫酸
(c) 炭素だけからなるダイヤモンド
(d) 炭素だけからなるグラファイト

1·8 Na^+ と Cl^- それぞれのもつ電荷はいくらか．

1·9 以下の物質のモル質量はいくらか．また，分子量または式量はいくらか．
(a) メタノール，(b) 硫酸，(c) ダイヤモンド，(d) グラファイト

1·10 化学量論係数を付けよ．
(a) $C_2H_6O + O_2 \longrightarrow CO_2 + H_2O$
(b) $C_6H_{12}O_6 + O_2 \longrightarrow CO_2 + H_2O$
(c) $HCl + MnO_2 \longrightarrow MnCl_2 + H_2O + Cl_2$
(d) $H_2SO_4 + NaOH \longrightarrow Na_2SO_4 + H_2O$

1·11 つぎの記述における間違いを指摘せよ．
(a) 気体は軽いので，気体が発生する反応では質量が減少する．
(b) 硝酸銀 $AgNO_3$ の水溶液と塩化ナトリウム NaCl の水溶液を混ぜると塩化銀 AgCl が析出した．塩化銀の質量は硝酸銀と塩化ナトリウムの質量の和に等しい．

発 展 問 題

1·12 身のまわりの物質の融点と沸点を調べてみよう．
(a) 酸素，(b) 窒素，(c) メタン，(d) 鉄

1·13 実際にコップの水を半分ずつにし，水分子を最後の一つにする実験を行うことができるか．問題点を指摘せよ．

1·14 身のまわりの分子を探し，どのように原子がつながっているか調べてみよう．

1·15 分子という単位からできていない物質を探し，どのように原子がつながっているか調べてみよう．

2 原子の構造

- 電子の存在確率は波動関数の 2 乗で表される.
- 原子中の電子の状態は原子軌道で表される.
- 電子はエネルギーの低い軌道から順に入る.
- 電子はスピンという性質をもち,スピンは 2 通りの状態のみが許される.
- 電子は同じ軌道に 2 個ずつ入り,このときスピンは同じ状態をとることができない(パウリの排他原理).
- エネルギーの同じ軌道がいくつかあるとき,別々の軌道に 1 個ずつ,スピンを同じにして入る(フントの規則).
- 1s 軌道は K 殻,2s と 2p は L 殻,3s, 3p, 3d は M 殻に分類される.
- 原子は周期表によって整理される. 行を周期,列を族という.
- 同じ周期で,族が右へいくと,同じ軌道のエネルギーは順に小さくなり,原子は小さくなる.
- 同じ族で,周期が下にいくと,最外殻軌道のエネルギーは高くなり,原子は大きくなる.

1章で,原子は中心にある核と,それを取囲むように分布する電子からなっていることを述べた. ここでは原子の構造をもっと詳しく見てみよう. 原子のようなきわめて小さな世界で成り立つ法則は**量子力学**という体系にまとめられている.

原子の世界のふるまいは日常の感覚とは違ったり,量子力学の体系はまったく数学的なものなので,なかなか理解は大変であるが,ここでは,量子力学の結果としてわかっている原子の構造を簡単に,ただしなるべく正確に述べよう.

2・1 クーロン力

核と電子が組合わさったり原子と原子が結合するのは,核の正電荷と電子の負電荷が互いに引きあうからである. ここでは,この重要な力について述べる.

陽子は $+1.60\times10^{-19}$ C の正電荷をもち,電子は同じ大きさの負電荷 -1.60×10^{-19} C をもつ. 陽子の電荷が電荷の最小単位であるので,これを**電気素量**といい,e で表す. すなわち,$e=1.60\times10^{-19}$ C で,陽子の電荷は $+e$,電子の電荷は $-e$ である.

「電荷」とは何かを説明するのは難しいが,その性質は説明できる. 電荷には正と負があって,正電荷と負電荷は互いに引きあうが,正電荷と正電荷は反発しあい,負電荷と負電荷も反発しあう.

一般に,距離 r だけ離れた電荷 q_1 と電荷 q_2 の間には**クーロン力**または**静電力**とよばれる力 F がはたらく.

$$F = \frac{1}{4\pi\varepsilon_0}\frac{q_1q_2}{r^2} \qquad (2\cdot 1)$$

ここで,$\pi=3.14$ は円周率,$\varepsilon_0=8.85\times10^{-12}$ C^2 J^{-1} m^{-1} は真空の誘電率とよばれる

量子力学
quantum mechanics

化学で扱うような分子や多くの原子が結合した物質のふるまいも,もとをただせば,原子の量子力学的な性質に起因する. このような化学的な事象に適用される量子力学は**量子化学** (quantum chemistry) とよばれる分野として化学の基礎をなしている.

電気素量 elementary electric charge

クーロン力 Coulomb force
静電力 electrostatic force

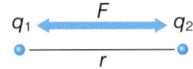

J はエネルギーの単位で,ジュールと読む.

定数である．符号は，$F>0$ のとき反発，$F<0$ のとき求引を表す．つまり，同符号の電荷は反発し，異符号の電荷は求引する．

同じことであるが，エネルギーで表すこともできて，距離 r だけ離れた電荷 q_1 と電荷 q_2 のエネルギー PE は，以下の式で表される．

$$\mathrm{PE} = \frac{1}{4\pi\varepsilon_0}\frac{q_1 q_2}{r} \tag{2・2}$$

クーロンポテンシャル
Coulomb potential

これは，電荷の位置関係でその大きさが決まるのでポテンシャルエネルギーの一種であり，**クーロンポテンシャル**とよばれる．電荷が同符号なら $\mathrm{PE}>0$ であり，r が大きいほうがクーロンポテンシャルは低くなる．つまり，同符号の電荷は互いに反発することを示している．電荷が異符号なら $\mathrm{PE}<0$ であり，今度は r が小さいほうがクーロンポテンシャルは低くなる．つまり，異符号の電荷は互いに引きあう．

まとめると，プラスとプラスは反発する，マイナスとマイナスは反発する，プラスとマイナスが引きあう，である．

例題 (a) 水素原子中で，核と電子間の距離が r_1 のとき，どれだけのクーロン力が働くか．互いに引きあうか反発するか．(b) 核と電子間の距離が r_2 のとき，ヘリウム原子中の核と電子間ではどうか．電子間の距離が r_3 であるとして，ヘリウム原子中の電子どうしではどうか．

解答 (a) 水素原子の核は $+e(1.60\times 10^{-19}\,\mathrm{C})$ の電荷をもち，電子は $-e$ の電荷をもつから，クーロン力は，

$$F = \frac{1}{4\pi\varepsilon_0}\frac{\overset{核\ 電子}{e(-e)}}{r_1^2} = -\frac{1}{4\pi\varepsilon_0}\frac{e^2}{r_1^2}$$

となる．$F<0$ であり，引力が働く．

(b) ヘリウム原子の核は，$+2e$ の電荷をもつから，電子とのクーロン力は，

$$F = \frac{1}{4\pi\varepsilon_0}\frac{\overset{核\ 電子}{2e(-e)}}{r_2^2} = -\frac{1}{4\pi\varepsilon_0}\frac{2e^2}{r_2^2}$$

となり，水素の場合の 2 倍の力で互いに引きあう．電子どうしは，

$$F = \frac{1}{4\pi\varepsilon_0}\frac{\overset{電子\ 電子}{(-e)(-e)}}{r_3^2} = \frac{1}{4\pi\varepsilon_0}\frac{e^2}{r_3^2}$$

となり，$F>0$ であり，反発する．

2・2 水素からネオンまで
2・2・1 水素原子

原子番号 1 の**水素**（hydrogen，元素記号 H）原子について，その構造を見てみよう．水素原子は陽子 1 個の核と電子 1 個からできている．電荷 $+e$ の陽子と電荷 $-e$ の電子はクーロン力によって互いに引きあっている．

陽子と電子の間のクーロンポテンシャルは，

$$\mathrm{PE} = -\frac{1}{4\pi\varepsilon_0}\frac{e^2}{r} \tag{2・3}$$

である．陽子と電子との距離 r が小さくなればなるほど，ポテンシャルはどんどん負の方向に大きくなり，つまり"安定"になる．これが，そもそも水素原子が存在する理由である．ただし，もし陽子と電子が接近して $r=0$ になれば，エネルギーは負の無限大になりそうであるが，陽子や電子には運動エネルギーがあるために，そういったことは起こらず，陽子と電子の間の距離が保たれる．

このように陽子と電子は互いに引きあいながら運動しているが，陽子に比べて電子のほうがはるかに軽いので，陽子を固定して，電子がそのまわりを運動しているとみなすことができる（図2・1a参照）．

原子中の電子の位置は，ある点にどれだけの「確率」で存在するかという，存在確率として表される．その存在確率は**波動関数**という関数の2乗で表される．水素原子の電子の波動関数 Ψ（プサイと読む）は，陽子からの距離を r として，

$$\Psi(r) = \frac{1}{\sqrt{\pi a^3}} \exp\left(-\frac{r}{a}\right) \tag{2・4}$$

である．ここで，π=3.14 は円周率，$a=53$ pm は**ボーア半径**とよばれる定数である．陽子からの距離 r 以外はすべて定数であるから，陽子からの距離だけを決めれば，この関数の値が確定する．距離だけで決まるということから，この関数の値は方向によらないということもわかる．つまり，この関数は球状の分布を表す（図2・1b参照）．

この関数は，陽子の位置 $r=0$ では，

$$\Psi(0) = \frac{1}{\sqrt{\pi a^3}}$$

であり，(2・4)式の指数部（$-r/a$）が負であるので，r が大きくなるにつれて値が減少していく．陽子からの距離 r がちょうど a になったときに，

$$\Psi(a) = \frac{1}{\sqrt{\pi a^3}} \exp\left(-\frac{a}{a}\right) = \Psi(0)\exp(-1)$$

となり，中心での値の $\exp(-1)$ 倍，すなわち約2.7分の1になる．つまり，ボーア半径 a は水素原子の大きさの目安となる．

波動関数の2乗は，

$$（単位体積中の電子の存在確率）= |\Psi(r)|^2 = \frac{1}{\pi a^3} \exp\left(-\frac{2}{a}r\right) \tag{2・5}$$

であり，これが，陽子からの距離 r の位置の単位体積あたりに電子が存在する確率を表す．

ある瞬間には，電子は陽子のまわりのどこかにいるのだから，図2・1(a)のように表されるだろう．しかし，つぎにどこにいるかは予測できず，それぞれの位置にいる確率はいくら，というように(2・5)式による確率によって与えられる．図2・1(b)は，色の濃い部分ほど，この確率が高いことを表している．陽子が存在する中心付近がもっとも大きく，離れるにしたがって徐々に減っていく．このような図は"電子雲"とよばれることもあるが，雲のようなものが存在するのではない．それぞれの位置に存在する確率を図に表すと，雲のように見えるというだけである．

波動関数 wavefunction

波動関数は，粒子である電子が波としての性質をもつということにもとづいている（図3・11も参照のこと）．

ボーア半径 Bohr radius

$\exp(x)$ は e^x のことである．e はおよそ2.7であるから，$\exp(x)$ はだいたい 2.7^x に等しい．$\exp(0)=e^0=1$ であり，$\exp(-1)=e^{-1}=1/e$ である．

22   2. 原子の構造

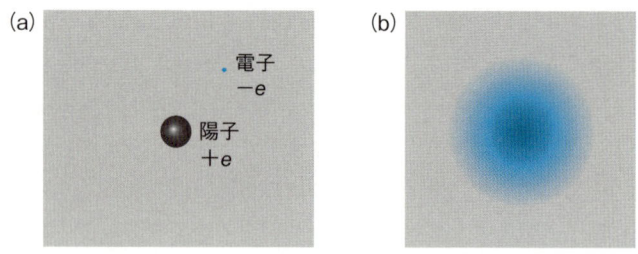

図 2・1　**水素原子**　(a) ある瞬間の水素原子，(b) 電子が存在する確率

例題　核からボーア半径だけ離れた位置では，単位体積あたりの電子の存在確率はいくらか．

解答　(2・5)式において，$r=a$ として，

$$|\Psi(a)|^2 = \frac{1}{\pi a^3}\exp\left(-\frac{2}{a}a\right) = \frac{1}{\pi a^3}\exp(-2)$$

であるから，中心での値の $e^{-2}=0.14$ 倍になる．

2・2・2　原子軌道

原子軌道 atomic orbital

(2・4)式に示した波動関数で表される空間の分布を，水素の**原子軌道**という．電子が波動関数にしたがって分布する状態にあるとき，電子はその原子軌道に入っているとか，その原子軌道を占有しているなどと表現する．

「軌道」という言葉からは，地球が太陽を回る軌道を連想して，電子が核のまわりをぐるぐる回る様子を想像するかもしれないが，そのイメージは必ずしも正しいとは限らない．あくまでも(2・5)式で表される確率にしたがって，核のまわりのどこかにいるということである．

1s 軌道や 2s 軌道のような s 軌道と違って，2p 軌道などの p 軌道の電子は「角運動量」(回転にともなう運動量)をもつ．角運動量をもつということは，核のまわりをぐるぐる回っているというイメージがあっている．

水素原子の原子軌道はこれだけではなくて，実は無限に存在する．そのなかで，(2・4)式はエネルギーのもっとも低い原子軌道を表しており，この軌道を **1s 軌道**という．そのつぎにエネルギーの低い軌道に **2s 軌道**と **2p 軌道**がある．1s 軌道，

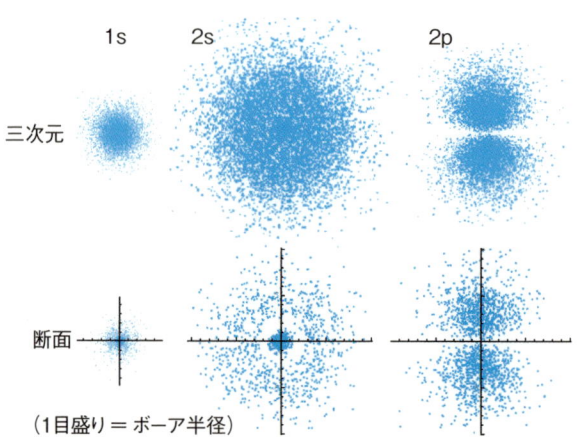

図 2・2　**原子軌道**　1s 軌道，2s 軌道，2p 軌道

2s 軌道, 2p 軌道に電子が入った場合の電子の存在する位置を図 2・2 に示す. これらは, たとえば電子の位置を 1000 回測定して, 電子が見つかった場所を記録すると, このようになるだろうという図である.

2s 軌道は 1s 軌道に比べて大きく広がっている. 電子は, 陽子から離れているので, 陽子による安定化が小さく, エネルギーが高い. もう一つ特徴的であるのは, 2s 軌道の断面を見るとわかるように, 中心の濃い部分のすぐ外側に電子が存在しない球状の面があることである.

断面図では円状に電子が存在しない領域が見える.

2p 軌道では, 陽子を含む平面が電子の存在しない面となっている. 図 2・3 に示したように, 2p 軌道には, 同じ形と同じエネルギーで向きが互いに直交する軌道が 3 種類ある.

水素原子には電子は 1 個しかない. だからその電子は, 通常はエネルギーのもっとも低い 1s 軌道に入る. このように, 電子はエネルギーの低い軌道から順に入っていく.

このとき, その他の軌道は空いている.

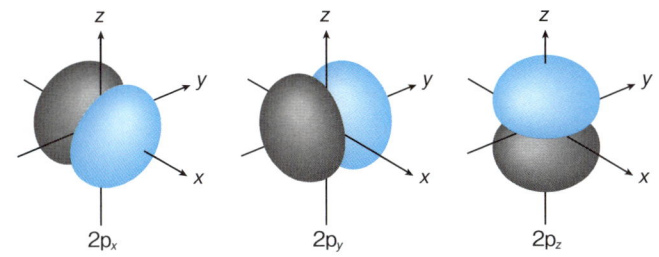

図 2・3 **原子軌道** 3 種類の 2p 軌道. それぞれの軸の方向に少しゆがんだ球状の領域が二つ並んだ形をしている. 色の違いは原子軌道の関数の符号 (正・負) の違いを表す.

2・2・3 ヘリウム原子

原子番号 2 は, **ヘリウム** (helium, 元素記号 He) である. ヘリウム原子は, 陽子 2 個と中性子 2 個からなる核と, そのまわりに分布する 2 個の電子からなる (図 2・4).

ヘリウムの電子の存在する軌道も, 水素の 1s 軌道と同じ球状の軌道であり, やはり 1s 軌道とよばれるが, 水素の 1s 軌道とまったく同じではない. 陽子 2 個が含まれ, 電荷が +2e となるので, 電子はより強く核に引きつけられる. 一方, 2 個

図 2・4 **ヘリウム原子** ⊕: 陽子, ●: 中性子, ⊖: 電子. 右では, 電子をスピンを表す矢印で表した.

スピンについては, すぐ後で述べる.

の電子は負電荷 $-e$ どうしのために反発するが，前者の効果のほうが大きいために，結果として，原子軌道はより核の近くに分布することになる．したがって，ヘリウム原子は水素原子と比べて，質量は4倍であるが，電子が分布する範囲は小さい．

電子には**スピン**とよばれる性質がある．電子のスピンは2通りの状態のみが許されている．スピンは，時計回りあるいは反時計回りのどちらか一方に自転している状態に例えられる（図2・5）．このような回転する電荷は磁場を発生するので，電子を非常に小さな棒磁石と考えることができる．そして，この棒磁石の向きを，上向き矢印（↑）と下向き矢印（↓）によって区別して表される．

> スピン spin
>
> 電子のスピンも p.22 の側注でふれた「角運動量」にもとづいている．ただし，スピンは量子力学的な現象にもとづいたものであって，実際に電子が自転しているわけではない．

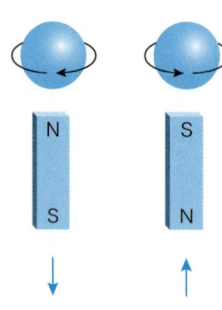

図 2・5　**電子のスピン**　2通りのスピンの回転方向の違いを上向きと下向きの矢印で表す．スピンによって磁場が生じる．

一つの軌道に入れる電子は2個までであり，これらの電子はスピンが同じ状態をとることはできないという重要な法則がある．これを**パウリの排他原理**とよぶ．

> パウリの排他原理
> Pauli exclusion principle

水素原子の場合は，電子が1個だけであるのでまったく問題はなかったが，ヘリウム原子の場合は，同じ1s軌道に電子が2個入っており，これらの電子のスピンは同じ状態とはならない．つまり，一方が↑であるなら，もう一方は↓でなければならない（図2・6参照）．

2・2・4　リチウム原子

原子番号3は**リチウム**（lithium，元素記号 Li）である．陽子3個を含む核と電子3個からなる．リチウムには質量数7と質量数6の中性子数の異なる同位体が92％：8％の割合で含まれる．

リチウム原子の場合の3番目の電子は，パウリの排他原理のために，1s軌道に入ることができない．そこで，1s軌道のつぎにエネルギーの低い2s軌道に入ることになる．

これらの原子軌道のエネルギーを模式的に図2・6に示した．H→He→Liと進むにつれて，核の電荷が大きくなるので，それぞれの軌道のエネルギーは低下する．また，原子軌道に入っている電子を上向きと下向きの矢印で示した．同じスピンの電子は同じ軌道に入らないので，一つの軌道にはスピンを逆にして入る．

また，原子の大きさの目安として，もっとも外側の原子軌道（HとHeは1s，Liは2s）の核からの平均距離を球で表した．水素からヘリウムになると，電子が増えるにもかかわらず，原子軌道は縮んで小さくなる．水素の核の電荷が $+e$ である

> 水素原子では2s軌道と2p軌道のエネルギーは等しいが（もっとも，両方とも空である），リチウム原子のように1s軌道に電子が入った状態でさらに電子を入れる場合には，1s軌道にある電子の影響で，2s軌道のほうが2p軌道よりもエネルギーが低くなる．
>
> 原子の大きさについては図2・9も参照のこと．

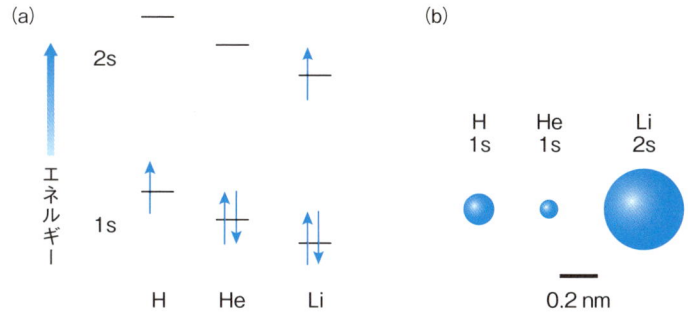

図 2・6 水素からリチウムまでの原子軌道 (a) 原子軌道のエネルギーと電子配置, (b) もっとも外側の原子軌道の大きさ

のに対し, ヘリウムの核の電荷は +2e であり, 水素の倍だけ電子を引きつける力が強いからである.

ところがリチウムになると, 電子が外側の 2s 軌道に入るために突然大きくなる. 一般に, エネルギーの低い軌道は, 核に強く引きつけられているために, 空間的な広がりは小さい. 一方, エネルギーの高い軌道は, 核による安定化が小さいので, それだけ核からの束縛が小さく, 空間的に大きく広がっている.

2・2・5 ベリリウムからネオンまで

原子番号が 4 から 10 までの元素は, ベリリウム Be (4), ホウ素 B (5), 炭素 C (6), 窒素 N (7), 酸素 O (8), フッ素 F (9), ネオン Ne (10) である. それぞれの原子について軌道に入る電子を表 2・1 に示した. このように, 原子における電子の軌道への入り方を原子の**電子配置**という.

リチウムでは 1s 軌道がいっぱいになり, 2s 軌道に 1 個入っていた. ベリリウムでは 2s 軌道にスピンを逆にして電子がもう 1 個入り, ホウ素ではさらに 2p 軌道に 1 個の電子が入る. つぎの炭素では一つの 2p 軌道に 2 個の電子が入るのではなく, 二つの 2p 軌道にそれぞれ 1 個ずつの電子が入る. これは, 同じエネルギーの軌道がいくつか存在するとき, 電子は別々の軌道に 1 個ずつ, スピンを同じ状態にして入るという, **フントの規則**によるためである. 同様に, 窒素では三つの 2p 軌道に電子がスピンを同じにして 1 個ずつ入る. 酸素ではパウリの排他原理にしたがい, 一つの p 軌道に 2 個の電子がスピンを逆にして入る. 同様にして, フッ素では二つの 2p 軌道がいっぱいになり, ネオンではすべての 2p 軌道がいっぱいになる.

以上のように, 電子は三つの**構成原理**にしたがって軌道に入っていく.

① エネルギーの低い順
② パウリの排他原理
③ フントの規則

電子配置 electron configuration

フントの規則 Hund's rule

フントの規則で電子が別々の軌道に入るというのは, 負の電荷をもつ電子どうしは反発しあうので, 互いにできるだけ離れていたほうがよいということにもとづく.

構成原理 Aufbau principle

26　2. 原子の構造

表 2·1　水素からネオンまでの原子の電子配置

原子番号	元素名	元素記号	電子数	K殻 1s	L殻 2s	L殻 2p$_x$	L殻 2p$_y$	L殻 2p$_z$
1	水素 hydrogen　水素	H	1	↑				
2	ヘリウム helium　ヘリウム	He	2	↑↓				
3	リチウム lithium　リチウム	Li	3	↑↓	↑			
4	ベリリウム beryllium　ベリリウム	Be	4	↑↓	↑↓			
5	ホウ素 boron　ホウ素	B	5	↑↓	↑↓	↑		
6	炭素 carbon　炭素	C	6	↑↓	↑↓	↑	↑	
7	窒素 nitrogen　窒素	N	7	↑↓	↑↓	↑	↑	↑
8	酸素 oxygen　酸素	O	8	↑↓	↑↓	↑↓	↑	↑
9	フッ素 fluorine　フッ素	F	9	↑↓	↑↓	↑↓	↑↓	↑
10	ネオン neon　ネオン	Ne	10	↑↓	↑↓	↑↓	↑↓	↑↓

2·3　原子軌道のエネルギーと電子配置および原子の大きさ
2·3·1　原子軌道のエネルギー

　水素からネオンまでの原子軌道のエネルギーを図2·7に示した．1s軌道のエネルギーは，原子番号が大きくなるにつれて，マイナス数100 eVと非常に負に大きくなる．エネルギーが負に大きいということは，それだけ電子は核に引きつけら

eVはエレクトロンボルトというエネルギーの単位である（7·2·3節参照）．

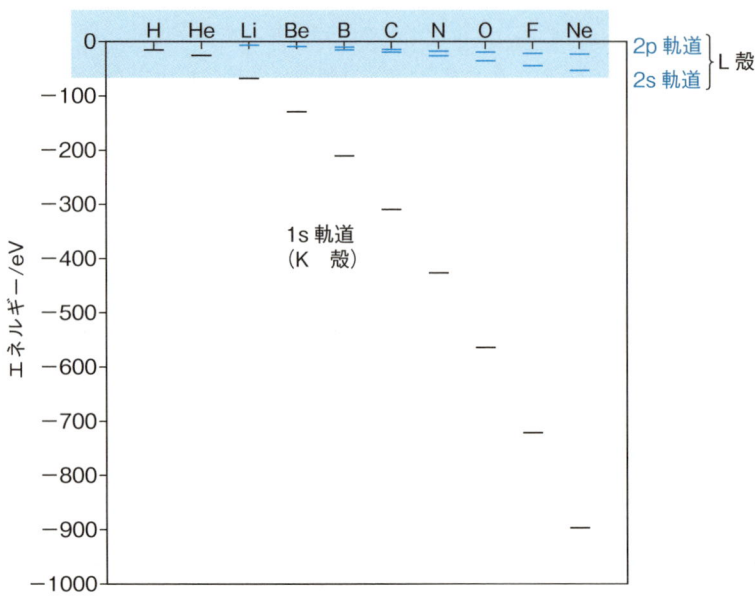

図 2·7　原子軌道のエネルギー

れ，安定化されていることを示している．

1s 軌道のエネルギーはずいぶん離れているが，2s と 2p 軌道のエネルギーは近い．そこで，1s 軌道を一つの**殻**（電子殻）として，2s と 2p 軌道を別の殻として区別する．1s 軌道を **K 殻**，2s と 2p 軌道をあわせて **L 殻**とよぶ．このように，電子は原子核のまわりを決まった層に分かれて存在する．表 2・2 に，殻とそれに対応する軌道，および収容できる電子の最大数をまとめた．

殻（かく）shell

3s, 3p, 3d 軌道をあわせて **M 殻**，4s, 4p, 4d, 4f 軌道をあわせて **N 殻**とよぶ．

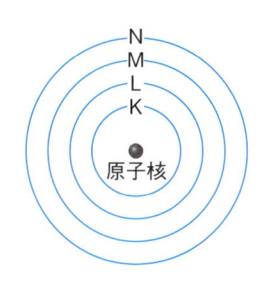

表 2・2　電子殻と占有電子数

電子殻	K	L	M	N
占有できる電子の最大数	2	8	18	32

表 2・1 からわかるように，水素とヘリウムでは電子の入っている最外殻は K 殻であり，リチウムからネオンまでは L 殻である．このような"最外殻電子"は化学結合の形成や元素の反応性などに関与しており，**価電子**とよばれる．一般に，価電子数は最外殻電子数と同じである．また，ヘリウムやネオンは最外殻が電子でいっぱいになっており，このような電子配置は特に安定となる．つまり，K 殻が 2 個の電子，L 殻が 8 個の電子で占有された状態は非常に安定であり，他の原子とほとんど反応しない．

価電子 valence electron

価電子は原子がつくる結合の数を原子価（valence）とよぶことから，その名前が付いた．価電子と化学結合や反応性とのかかわりについては 3 章で述べる．
He, Ne の価電子数はゼロとする．つまり，価電子をもたない原子は非常に安定な状態にある．

2・3・2　電子配置

最外殻電子が反応に関与する重要な電子であるので，図 2・7 の色で囲った部分，つまりエネルギーが 0 から −60 eV の範囲を拡大した図 2・8 を見ながら，もう少し考察を進めよう．ついでに原子番号 20 まで一緒に見てみよう．今度は軌道に電子を書き入れてある．この図が各元素の性質を理解するのにもっとも役に立つ．

水素 H では 1s 軌道に電子 1 個が入り，ヘリウム He では 1s 軌道にもう 1 個入って，これで K 殻はいっぱいである．リチウム Li では，2s 軌道に電子 1 個，ベリリウム Be でもう 1 個入る．ホウ素 B では 2p 軌道に入る．以下，2p 軌道に順次入っていくが，2p 軌道は 3 種類あるので，電子は計 6 個まで入り，ネオン Ne でいっぱいになる．これで L 殻もいっぱいになったので，ナトリウム Na からは 3s 軌道そして 3p 軌道に順次入っていき，アルゴン Ar で 3p 軌道がいっぱいになる．

M 殻には，図には表していないが，実はまだ 3d 軌道が残っているので，アルゴンでは M 殻はまだいっぱいではない．しかし，カリウム K やカルシウム Ca の電子は N 殻の 4s 軌道に入る．

各元素の特徴は，この電子配置によって決まっているといえる．これから物質のさまざまな性質を見ていくが，元素の性質は，原子の電子配置に由来する．

最外殻電子数は，H が 1，He が 2 である．そして，Li が再び 1 で，Be, B, C,

これは 3d 軌道よりも 4s 軌道のほうがエネルギーが低いためである．

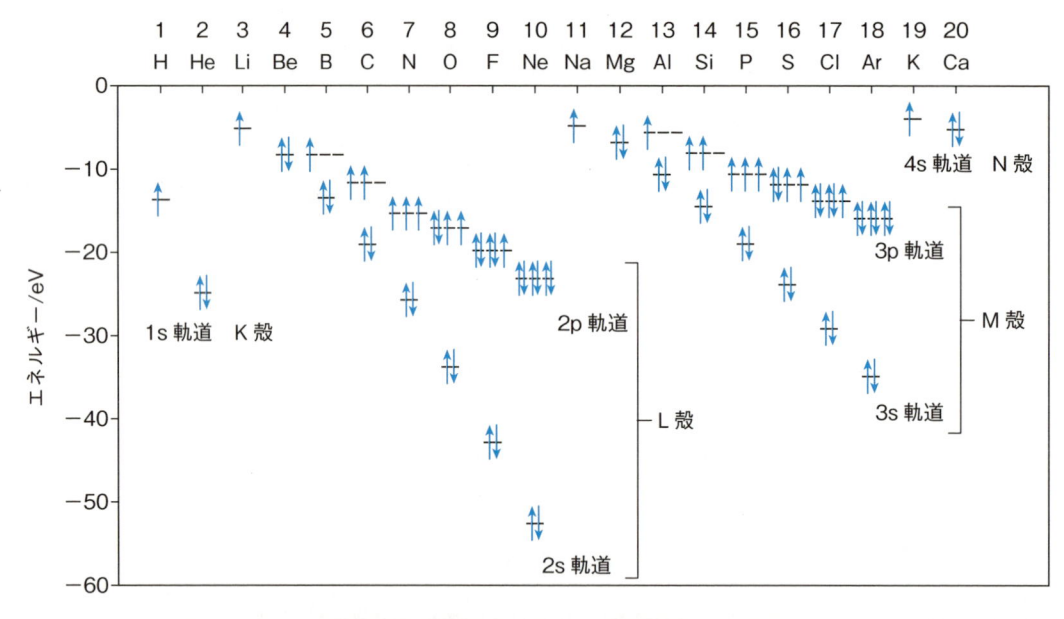

図 2・8　原子番号 1 から 20 までの最外殻軌道のエネルギーと電子配置　He 以降の原子では，K 殻（1s 軌道）はすべて占有されており，Ne 以降の原子では，K 殻と L 殻（2s，2p 軌道）はすべて占有されており，Ar 以降の原子では，K 殻，L 殻に加えて M 殻の 3s と 3p 軌道がすべて占有されている．

原子番号 21 以降の電子配置については，8・5 節参照．

N, O, F, Ne がそれぞれ，2, 3, 4, 5, 6, 7, 8 である．Na から Ar まで再び 1 から 8 まで増え，K でまた再び 1 から繰返す．

> **例題**　(a) K 殻には，何の軌道がいくつ含まれ，何個まで電子が入ることができるか．(b) L 殻ではどうか．(c) 炭素（C）は，何の殻に何個ずつ電子をもつか．(d) カリウム（K）はどうか．
>
> **解答**　(a) K 殻は 1s 軌道だけからなり，電子は 2 個まで入る．(b) L 殻は，一つの 2s 軌道と三つの 2p 軌道からなり，電子は軌道の数の 2 倍，すなわち，8 個まで入る．(c) 図 2・8 を参照すればよいが，K 殻が占有されていることに注意する．K 殻に 2 個，L 殻に 4 個である．当然，合計すると全電子数，つまり原子番号に等しい．(d) K 殻に 2 個，L 殻に 8 個，M 殻に 8 個，そして N 殻に 1 個含まれる．

2・3・3　原子の大きさ

　今度は，原子の大きさを比べよう．原子は，中心にとても小さい核があり，そのまわりに動き回っている電子が分布しているようなものだから，原子の大きさとは何かを，まず決めなければ意味がない．図 2・9 では，もっとも外側の軌道に入っている電子の核からの平均距離を半径とした球を並べてみた．

　水素，ヘリウム，そしてリチウムは，図 2・6(b) と同様である．リチウムから順次，核の正電荷が増えると，電子はより核に引きつけられるようになり，原子の大きさは小さくなっていく．原子番号 10 のネオン Ne で L 殻がいっぱいになるので，つぎのナトリウム Na で電子が M 殻に入るときに，原子は大きくなる．それから

再び，原子は順次小さくなり，原子番号 18 のアルゴン Ar にいたる．また同じように，カリウム K では，電子が N 殻に入ってサイズが大きくなり，カルシウム Ca で少し小さくなる．

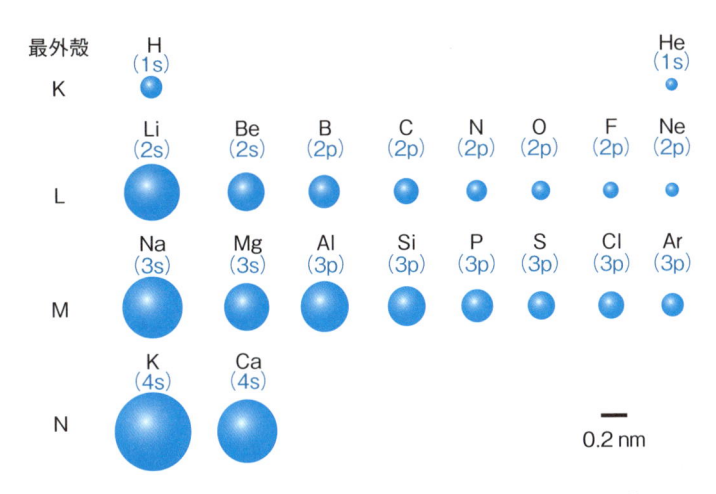

図 2・9　原子の大きさ　もっとも外側の軌道に入っている電子の核からの平均距離を球で表した．

2・4　周　期　表

　元素は，陽子数（電子数と同じ）によって原子番号が付けられている．原子番号の順に元素を並べると，電子数が 1 ずつ増えるにしたがって，電子配置が周期的に繰返され，その結果，最外殻の原子軌道のエネルギー（図 2・8）や原子の大きさ（図 2・9）が周期的に変化することを見てきた．それにともなって，それぞれの元素のさまざまな性質も周期的に変化する．

　まだ原子の構造が知られていない時代から，多くの人が，原子を分類して規則性を探っていたが，もっとも成功したのがロシアの化学者メンデレーエフであった．周期性を発表した 1869 年当時，知られていた元素を原子量の順番に並べたところ，似た性質をもつ元素が周期的に現れることに気づいた．さらに，性質を整理して並べると空欄になってしまう箇所があったことから，メンデレーエフは未発見の元素があることを予測した．これは後の未知元素の発見につながる重要な「予言」となった．

　原子番号順に元素を並べた現代の**周期表**を図 2・10 および裏表紙に示す．原子番号 1 の水素から 20 のカルシウムまでは，すでに説明した．原子番号 2 のヘリウムは一番右端におく．これは，最外殻がいっぱいで，反応性が乏しいという性質がネオンやアルゴンと共通するからである．

　周期表の行（横の並び）を**周期**といい，列（縦の並び）を**族**という．たとえば，H と He は第 1 周期に属し，C や N は第 2 周期に属する．H, Li, Na は 1 族，O, S は 16 族に属する，といった具合である．原子番号 20 までの元素では，同じ族の価電子数は同じであり，1, 2, 13, 14, 15, 16, 17 族の価電子数は，それぞれ 1,

周期表　periodic table

周期　period
族　family

2. 原子の構造

周期＼族	1	2	3	4	5	6	7	8	9	10	11	12	13	14	15	16	17	18
1	1 H 水素 1.008																	2 He ヘリウム 4.003
2	3 Li リチウム 6.94	4 Be ベリリウム 9.012											5 B ホウ素 10.81	6 C 炭素 12.01	7 N 窒素 14.01	8 O 酸素 16.00	9 F フッ素 19.00	10 Ne ネオン 20.18
3	11 Na ナトリウム 22.99	12 Mg マグネシウム 24.31											13 Al アルミニウム 26.98	14 Si ケイ素 28.09	15 P リン 30.97	16 S 硫黄 32.07	17 Cl 塩素 35.45	18 Ar アルゴン 39.95
4	19 K カリウム 39.10	20 Ca カルシウム 40.08	21 Sc スカンジウム 44.96	22 Ti チタン 47.87	23 V バナジウム 50.94	24 Cr クロム 52.00	25 Mn マンガン 54.94	26 Fe 鉄 55.85	27 Co コバルト 58.93	28 Ni ニッケル 58.69	29 Cu 銅 63.55	30 Zn 亜鉛 65.38	31 Ga ガリウム 69.72	32 Ge ゲルマニウム 72.63	33 As ヒ素 74.92	34 Se セレン 78.97	35 Br 臭素 79.90	36 Kr クリプトン 83.80
5	37 Rb ルビジウム 85.47	38 Sr ストロンチウム 87.62	39 Y イットリウム 88.91	40 Zr ジルコニウム 91.22	41 Nb ニオブ 92.91	42 Mo モリブデン 95.95	43 Tc テクネチウム (99)	44 Ru ルテニウム 101.1	45 Rh ロジウム 102.9	46 Pd パラジウム 106.4	47 Ag 銀 107.9	48 Cd カドミウム 112.4	49 In インジウム 114.8	50 Sn スズ 118.7	51 Sb アンチモン 121.8	52 Te テルル 127.6	53 I ヨウ素 126.9	54 Xe キセノン 131.3
6	55 Cs セシウム 132.9	56 Ba バリウム 137.3	57～71 ランタノイド	72 Hf ハフニウム 178.5	73 Ta タンタル 180.9	74 W タングステン 183.8	75 Re レニウム 186.2	76 Os オスミウム 190.2	77 Ir イリジウム 192.2	78 Pt 白金 195.1	79 Au 金 197.0	80 Hg 水銀 200.6	81 Tl タリウム 204.4	82 Pb 鉛 207.2	83 Bi ビスマス 209.0	84 Po ポロニウム (210)	85 At アスタチン (210)	86 Rn ラドン (222)
7	87 Fr フランシウム (223)	88 Ra ラジウム (226)	89～103 アクチノイド	104 Rf ラザホージウム (267)	105 Db ドブニウム (268)	106 Sg シーボーギウム (271)	107 Bh ボーリウム (272)	108 Hs ハッシウム (277)	109 Mt マイトネリウム (276)	110 Ds ダームスタチウム (281)	111 Rg レントゲニウム (280)	112 Cn コペルニシウム (285)	113 Nh ニホニウム (278)	114 Fl フレロビウム (289)	115 Mc モスコビウム (289)	116 Lv リバモリウム (293)	117 Ts テネシン (293)	118 Og オガネソン (294)

ランタノイド	57 La ランタン 138.9	58 Ce セリウム 140.1	59 Pr プラセオジム 140.9	60 Nd ネオジム 144.2	61 Pm プロメチウム (145)	62 Sm サマリウム 150.4	63 Eu ユウロピウム 152.0	64 Gd ガドリニウム 157.3	65 Tb テルビウム 158.9	66 Dy ジスプロシウム 162.5	67 Ho ホルミウム 164.9	68 Er エルビウム 167.3	69 Tm ツリウム 168.9	70 Yb イッテルビウム 173.0	71 Lu ルテチウム 175.0
アクチノイド	89 Ac アクチニウム (227)	90 Th トリウム 232.0	91 Pa プロトアクチニウム 231.0	92 U ウラン 238.0	93 Np ネプツニウム (237)	94 Pu プルトニウム (239)	95 Am アメリシウム (243)	96 Cm キュリウム (247)	97 Bk バークリウム (247)	98 Cf カリホルニウム (252)	99 Es アインスタイニウム (252)	100 Fm フェルミウム (257)	101 Md メンデレビウム (258)	102 No ノーベリウム (259)	103 Lr ローレンシウム (262)

図 2・10 **元素の周期表** 安定同位体が存在しない元素については，代表的な同位体の質量数を（ ）内に示した．これらの元素の性質などについては 8 章で具体的に述べる．

元素を，メンデレーエフは原子量の順に並べたが，現代の周期表では原子番号の順に並べる．原子量と原子番号はほぼ同じ順番になるが，一部異なる．

2, 3, 4, 5, 6, 7 となる．3～12 族の元素については 8 章でふれる．

今まで学んだ重要事項について，周期表を見ながら復習しよう．

- 元素の陽子数（電子数）を原子番号という．
- 原子番号順に元素を並べると，周期的に性質が変化する．
- 第 1，第 2，第 3 周期の最外殻は，それぞれ K, L, M 殻である．
- 同じ周期では，族が大きくなるほど（右にいくほど），
    最外殻電子数は 1 ずつ増加する．
    同じ原子軌道のエネルギーは順々に低くなる．
    原子は小さくなる．
- 第 3 周期までの同じ族では，価電子数が等しい．

以上の周期と族の性質は，原子番号 21 以降の元素にはあてはまらない場合もあるので注意が必要である．

- 同じ族では，周期が大きくなるほど（下にいくほど），
    最外殻軌道のエネルギーは高くなる．
    原子は大きくなる．

例題 周期表を見て答えよ．(a) H, Li, Na, K の最外殻電子数はいくらか．(b) H, Li, Na, K を原子の大きさの順に並べよ．(c) H, Li, Na, K を最外殻軌道のエネルギーの高い順に並べよ．(d) Be, N, Na, S を最外殻電子数の多い順に並べよ．

解答 (a) 原子番号20までなら，最外殻電子数は周期表の族の1の位の値と同じで（Heを除く），1．(b) 周期が大きくなるほど，外側の軌道に電子が入るので，原子は大きくなる．K>Na>Li>H．(c) 外側の軌道ほど，エネルギーは高い．K>Na>Li>H．(d) 前述の (a) と同様に考えて，S>N>Be>Na．

練習問題

2・1 水素原子の中心から以下の距離 r の単位体積あたりの電子の存在確率を表せ．
(a) $r=0$, (b) $r=a$, (c) $r=2a$

2・2 周期表を見て答えよ．
(a) He, Ne, Ar の最外殻電子数は等しいか．
(b) Be, Mg, Ca の最外殻電子数はいくらか．
(c) Be, Mg, Ca を，原子の大きさの順に並べよ．
(d) Be, Mg, Ca を，1s軌道のエネルギーの高い順に並べよ．
(e) Be, Mg, Ca を，最外殻軌道のエネルギーの高い順に並べよ．
(f) He, Al, Ne, K を最外殻電子数の多い順に並べよ．

2・3 以下の理由をそれぞれ説明せよ．
(a) 同じ周期では，族が大きくなるほど同じ原子軌道のエネルギーは低くなる．
(b) 同じ周期では，族が大きくなるほど原子は小さくなる．
(c) 同じ族では，周期が大きくなるほど最外殻軌道のエネルギーは高くなる．
(d) 同じ族では，周期が大きくなるほど原子は大きくなる．
(e) 原子番号が大きいほど，1s軌道のエネルギーは小さくなる．

発展問題

2・4 水素原子の中心から距離 r にいる電子の存在確率を表せ．単位体積中ではなく，半径 r の球の表面上の単位厚さあたりを考えよ．存在確率のもっとも大きい球面の半径はいくらか．

2・5 原子番号を決めるときに，なぜ中性子ではなく，陽子と電子の数で番号を付けるのか．

3 原子から分子へ

- 陽イオンと陰イオンは,その正電荷と負電荷によって結合する.これをイオン結合という.
- イオン化エネルギーは,原子から電子を取去って陽イオンにするために必要なエネルギーである.
- 電子親和力は,原子が電子を受取って陰イオンになるときに放出されるエネルギーである.
- 金属元素では,陽イオンどうしが自由電子を介して結合する.これを金属結合という.
- 金属結晶には,体心立方格子,面心立方格子,六方最密充填構造がある.
- 原子は電子対を共有して結合する.これを共有結合という.
- 原子に原子軌道があるように,分子には分子軌道がある.
- 最外殻が2個(K殻)または8個になるように共有結合ができる.これをオクテット則という.
- 共有結合には,共有する電子対の数によって,単結合,二重結合,三重結合がある.
- 電気陰性度は,結合中で電子を引きつける度合いを示す.
- 分子どうしは,ファンデルワールス力や水素結合によって結合する.

　大部分の原子は単独では存在せず,原子どうしが結合した状態で存在する.それは,原子が孤立して存在するよりも,他の原子と結合して存在したほうが,より安定だからである.なぜ,だろうか？

　原子の構造は,$+Ze$ の正電荷をもつ核と負電荷をもつ Z 個の電子とが引きあうクーロン力が,電子と電子の間の反発しあうクーロン力を上回ることで保たれている.

ここで,Z は原子番号である.

　原子Aと原子Bが近づくと,原子Aの核と原子Bの核の間と,原子Aの電子と原子Bの電子の間に,新たに反発力が生じるが,一方で,原子Aの核と原子Bの電子の間と,原子Bの核と原子Aの電子の間に,新たに引力が生じる.図3・1において色で示した矢印が原子Aと原子Bが近づくことによって,新たに生じる引力と反発力である.このときに,引力が反発力を上回れば,原子と原子の間に結合

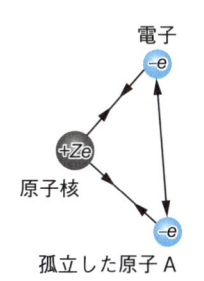

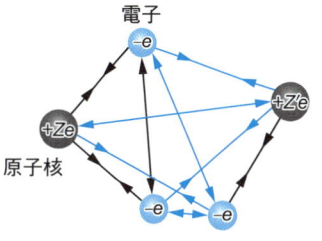

図 3・1 **原子は孤立した状態をとるか,結合した状態をとるか** 原子はより安定な状態をとる. →←は引力,←→は反発力を表す.原子と原子が近づくと新たに青色で示した引力と反発力が生じる.

が形成されることになる．

　結合したほうがエネルギーが小さくなる原子と原子の組合わせもあれば，結合しないほうがエネルギーが小さい組合わせもある．前者の場合に原子は結合する．これから原子が結合する場合について述べるが，原子間の結合は，その特徴によって，イオン結合，金属結合，共有結合に分類される．

3・1 イオン結合

　塩化ナトリウム NaCl はナトリウム Na と塩素 Cl が 1：1 の割合で結合してできている．ナトリウム原子と塩素原子が出会うと，Na 原子から Cl 原子へ電子が移って，ナトリウムイオン Na$^+$ と塩化物イオン Cl$^-$ になる．正電荷と負電荷は互いに引きあうので，Na$^+$ と Cl$^-$ は交互に積み重なって図 1・6(b) のような結晶を形成する．このような陽イオンと陰イオンのクーロン力による結びつきを**イオン結合**という．

イオン結合　ionic bond

　なぜ，Na は電子を放出しやすく，Cl は電子を受取りやすいのだろうか．図 3・2 は Na と Cl の電子配置を，図 2・8 から抜き出して示したものである．Na のエネルギーの高い 3s 軌道には 1 個の電子が存在し，Cl の低い 3p 軌道に電子 1 個分の空きがあることがわかる．したがって，Na の電子 1 個が Cl に移動するとより安定になり，Na$^+$ と Cl$^-$ が生成する．その結果，正電荷をもつ Na$^+$ と負電荷をもつ Cl$^-$ が互いに引きあい，塩化ナトリウム NaCl ができる．

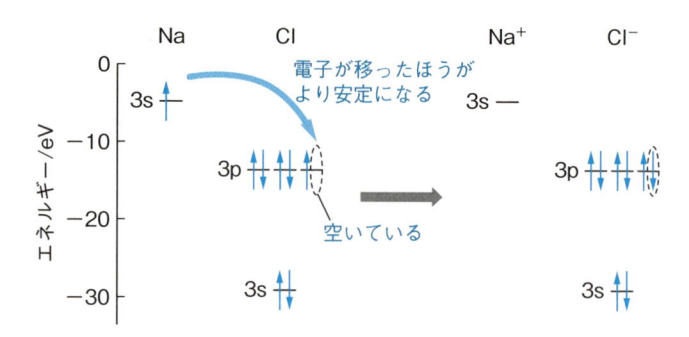

図 3・2　Na の 3s 軌道の電子がよりエネルギーの低い Cl の 3p 軌道に移動する
生成した陽イオン Na$^+$ と陰イオン Cl$^-$ は互いに引きあって結合する．

イオン化エネルギー
ionization energy

* 特に最初の電子を取去り 1 価の陽イオンにする反応
　　A ⟶ A$^+$ + e$^-$
に必要なエネルギーを"第一イオン化エネルギー"という．さらに，もう 1 個の電子を取去り 2 価の陽イオンにする反応
　　A$^+$ ⟶ A^{2+} + e$^-$
に必要なエネルギーを"第二イオン化エネルギー"という．

3・1・1 イオン化エネルギー

　一般に，原子や分子から電子を取去るには，エネルギーが必要である．中性の原子や分子から電子 1 個を取去って，1 価の陽イオンを生成するために必要なエネルギーを**イオン化エネルギー**という*．たとえば，水素原子が水素イオンになる反応

$$\text{H} \longrightarrow \text{H}^+ + \text{e}^-$$

に必要なエネルギーのことである．イオン化エネルギーが大きいほど，陽イオンになりにくいことを表す．

　原子のイオン化エネルギーは，図 2・8 を見ると理解できるが，その一部を抜き

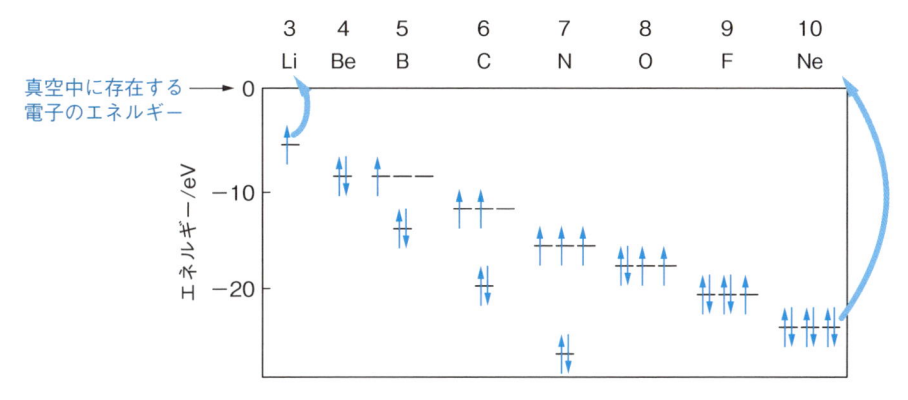

図 3・3 イオン化エネルギー 原子中の電子を真空中へ取去るのに必要なエネルギー. Li から Ne にいくにつれて, イオン化エネルギーは大きくなる.

出したものを図 3・3 に示す. この図でエネルギーがゼロのところは, 真空中の電子のエネルギーである. 電子は, 原子に束縛されているほうが安定であるので, 電子を原子から取去るには, 電子のエネルギーをゼロになるまで高くしなければならず, そのためエネルギーが必要である.

表 3・1 に, 原子番号 20 までの元素の第一イオン化エネルギーをまとめた. 同じ周期では右にいくにつれ, 軌道のエネルギーが低下するので, イオン化エネルギーは大きくなる*. また, 同じ族では下にいくほど, 最外殻軌道のエネルギーが高いので, イオン化エネルギーは小さくなる. 水素を除く, 1 族元素 (Li, Na, K) の第一イオン化エネルギーはもっとも小さく, これらの原子は電子 1 個を失って, 1 価の陽イオン (Li^+, Na^+, K^+) になりやすいことがわかる.

表 3・1 第一イオン化エネルギー 単位は eV

族	1	2	13	14	15	16	17	18
第1周期	H 13.6							He 24.6
第2周期	Li 5.4	Be 9.3	B 8.3	C 11.3	N 14.5	O 13.6	F 17.4	Ne 21.6
第3周期	Na 5.1	Mg 7.6	Al 6.0	Si 8.1	P 10.5	S 10.4	Cl 13.0	Ar 15.8
第4周期	K 4.3	Ca 6.1						

* 一部その傾向からはずれるところがある. たとえば Be から B でイオン化エネルギーが減少しているのは, Be 原子では最外殻電子が 2s 軌道から取去られるのに対し, B 原子では 2s より束縛の弱い 2p 軌道から取去られるためである. また, N 原子と比べて O 原子でイオン化エネルギーが減少するのは, N 原子では三つの 2p 軌道に電子が 1 個ずつ入るのに対し, O 原子では同一軌道に 2 個の電子が入り (図 2・8 参照), 電子間で生じる反発力が増加するため, 電子を取去りやすいからである.

例題 C と Si ではどちらが最外殻軌道のエネルギーが高いか, その結果, どちらが陽イオンになりやすいか.

解答 図 2・8 を参照すると, C の 2p 軌道 (L 殻) よりも Si の 3p 軌道 (M 殻) のほうがエネルギーが高い. その結果, Si のほうがイオン化エネルギーが小さく, 陽イオンになりやすい.

3・1・2 電子親和力

つぎに，原子に電子を与えて陰イオンにする場合を考えよう．たとえば，水素原子が水素化物イオンになる反応

$$H + e^- \longrightarrow H^-$$

では，余ったエネルギー（0.7 eV）が放出される．つまり，H＋e⁻の状態よりH⁻のほうがエネルギーが低い．中性の原子が電子1個を受取って1価の陰イオンになるときに放出されるエネルギーを**電子親和力**という．電子親和力は陰イオンへのなりやすさを表す．

正の電子親和力をもつ元素が多いが（陰イオンが原子と真空中の電子として別々に存在するよりエネルギーが低い），負の電子親和力をもつ元素もある（陰イオンが原子と真空中の電子として別々に存在するよりエネルギーが高い）．電子親和力が正の大きな値になるほど，陰イオンになりやすい．一方，電子親和力が負の場合，電子1個を取入れるのにエネルギーが必要であり，その値が大きいほど陰イオンになりにくいことを示す．電子親和力は17族元素（Fが3.4 eV，Clが3.6 eV）でもっとも大きく，これらの原子が電子1個を受取って，1価の陰イオンになりやすいことがわかる．これらの原子は，図2・8からわかるように，一つ空きがあるエネルギーの低い最外殻軌道をもっている．

電子親和力 electron affinity

電子親和"力"というが，この名前は適当ではない．なぜなら，電子親和力は"力"ではなく，「エネルギー」を表すからである．

電子親和力はイオン化エネルギーほどの周期性をもたない．また，電子親和力の大きさの絶対値は，イオン化エネルギーよりもかなり小さい．

3・2 金属結合と金属結晶
3・2・1 金属結合

電気が流れやすく，光沢のある物質を**金属**という．たとえば，金，銀，銅をはじめ，さまざまな金属は同じ元素だけでできた結晶として存在する．一般に，金属元素は電子を放出して陽イオンになりやすい．同じ元素からなる金属の場合，各原子から放出された電子は，それらを受取る原子がないために，どの原子にも属さずに，金属結晶内を自由に動くことができる．このような電子を**自由電子**という．負電荷をもつ自由電子は，正電荷をもつ金属陽イオンどうしを結びつける役割を果たしている．このような結合を**金属結合**という（図3・4）．金属が電気を流しやすいのは，電圧をかけたときに自由電子がそれに応じて流れることができるからである．

金属 metal

つまり，金属元素のイオン化エネルギーは小さい．

自由電子 free electron

金属結合 metallic bond

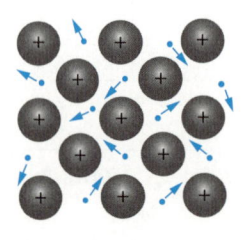

図3・4 **金属結合** 金属原子が電子を放出して生成した陽イオンどうしを自由電子（•）が結びつける．

3・2・2 金属元素

元素の性質を周期表に示した（図3・5）．金属元素は非常に多く，周期表の左下を占めていることがわかる．

金属は常温・常圧では固体であるが，水銀のみは液体として存在する．

原子番号20までの金属元素には，リチウム Li，ベリリウム Be，ナトリウム Na，マグネシウム Mg，アルミニウム Al，カリウム K，カルシウム Ca がある．図2·8 からわかるように，これらの元素では，いずれもエネルギーの高い軌道に電子が入っている．これらのエネルギーの高い電子が放出され，陽イオンとなって，以下に述べるような金属結晶を形成する．

エネルギーの高い電子は，Li や Be では L 殻の軌道に，Na，Mg，Al では M 殻の軌道に，K や Ca では N 殻の軌道に入っている．

図 3·5 **元素の性質** 元素記号が黒は金属，青は非金属元素であり，濃青は金属と非金属の中間の性質をもつ．また常温・常圧で単体が，□は固体，■は液体，■は気体である．

3·2·3 金属結晶

結晶中の金属原子には，図3·6 に示すように体心立方格子，面心立方格子，六方最密充填構造の3通りの基本的な並び方がある．**体心立方格子**は，立方体の頂点と中心に原子が存在する並び方である．**面心立方格子**は，立方体の頂点と各面の中心に原子が存在する並び方である．**六方最密充填構造**は，もっとも密になるように球を一層に並べ，できたくぼみに再びもっとも密になるように2層目を乗せ，3層目を1層目の真上にくるように並べた構造である（図3·7参照）．

体心立方格子 body-centered cubic lattice
面心立方格子 face-centered cubic lattice
六方最密充填構造 hexagonal close-packed structure

体心立方格子　　面心立方格子　　六方最密充填構造

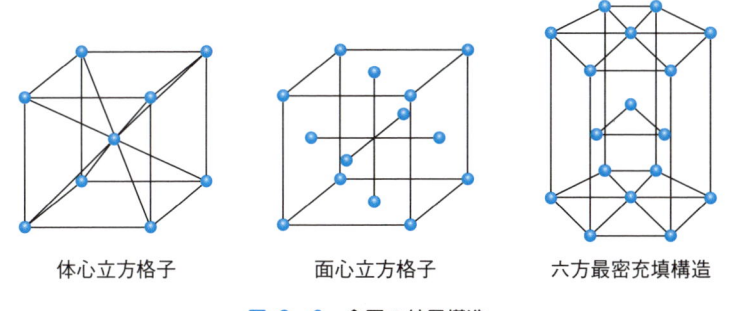

図 3·6 **金属の結晶構造**

「結晶格子」であることの条件は，すべての原子を格子の一辺分だけ平行移動すると，すべての原子がもとと重なる位置にくることである．ところが，六方最密充填構造は，すべての原子を同じだけ平行移動したときに，もとの原子の位置と重ならない．六方最密充填構造だけ，「格子」といわない理由である．

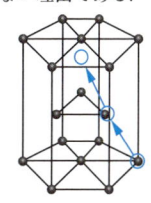

どの結晶でもすべての原子が等価であることに注意してほしい．たとえば，体心立方格子では，立方体の中心の原子が特別な位置にあるわけではない．すべての原子を平行移動して，立方体の中心にあった原子が立方体の頂点にくるようにすると，立方体の頂点にあった原子が中心にくる．

38   3. 原子から分子へ

例題 体心立方格子の中心原子と頂点の原子が等価であることを理解するために，同じ結晶を，黒色の格子とそれを平行移動した青色の格子にあてはめてみた．この図中の原子を真上（⬇の方向）から見た図を描け．

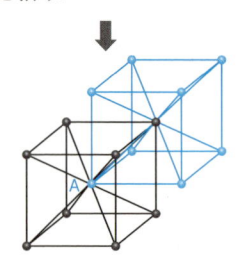

解答 格子を黒線のようにとると，青色の原子は格子の中心に，黒色の原子は頂点にあるが，格子を青線のようにとると，青色の原子は頂点に，黒色の原子は中心にくることがわかる．真上から見るとわかりやすい．

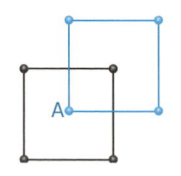

　球状の原子をできるだけ密に並べた構造を"最密充填構造"という．最密充填構造の原子の詰まり方を図 3・7 で見てみよう．まず 1 層目に原子を詰めると，原子の中心を結んでできる正三角形が密に並んだ構造になる．その正三角形の中心にくぼみができる．2 層目の原子はそのくぼみにきて，やはり正三角形が密に並んだ構造となる．

3 層目を点線で表すと 1 層目との関係がわかりやすい．

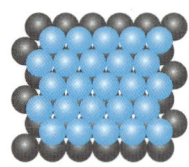

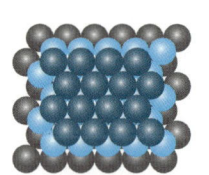

ABA　　ABC

1 層目 A　　2 層目 AB　　3 層目が 1 層目の真上 ABA 六方最密充填構造　　3 層目が新たな位置 ABC 面心立方格子

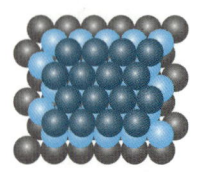

図 3・7　最密充填構造

　3 層目の原子は，2 層目の正三角形のくぼみにくるが，このとき，2 通りの可能性がある．一つの可能性は，3 層目の原子が 1 層目の原子の真上にくる場合である．1 層目の位置を A，2 層目の位置を B とすると，3 層目が A になり，ABAB.... と繰返す．これが六方最密充填構造であることは，図 3・6 と図 3・7 を比べてみると納得がいくだろう．もう一つの可能性は，3 層目の原子が，1 層目とも 2 層目とも違うくぼみにくる場合で，ABC という並び方である．この場合 4 層目は，1 層目と 3 層目の関係が，2 層目と 4 層目の関係と同じになるとすると，A の位置にくる．したがって，ABCABC... と繰返す．

このABCABCタイプの最密充填構造は，実は，面心立方格子である．図3・7を見下ろす向きは，面心立方格子の立方体の頂点の方向から斜めに見た向きである．図3・8に，図3・7と対応する原子を同じ色の球で表したので，面心立方格子とABCABCタイプの最密充填構造の関係を理解してほしい．

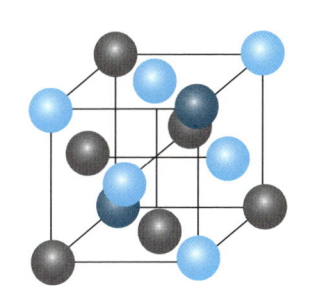

図 3・8　面心立方格子は ABC タイプの最密充填構造

金属元素がどの構造をとるかは，種類や温度によって異なる．なかには，六方最密充填構造と面心立方格子が混ざったような，…ABCABABCAB…といった構造をとる金属元素もある．

3・3　共有結合――分子の形成

イオン結合や金属結合は，原子がイオンとなって，イオン間で結合している．ところが，イオンになりにくい原子でも結合する．このような場合は，どのようにして結合ができるのだろう．たとえば，2個の水素原子が結合する場合を見てみよう．

水素原子は陽子1個と電子1個からなる．これらが集まって，陽子2個と電子2個からなる構造をつくる（図3・9）．結果的に，水素原子二つが結合した状態のほうが，それぞれが孤立しているときよりも安定になる．

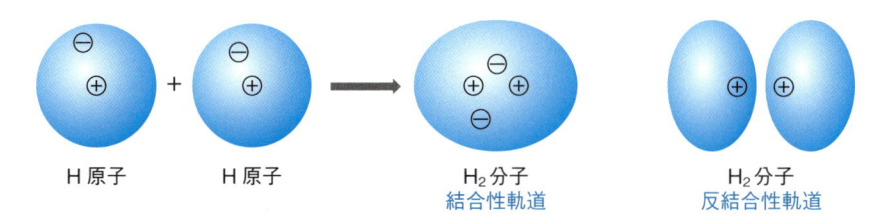

図 3・9　二つの水素原子 H が結合して水素分子 H₂ を形成する

この水素原子二つからなる構造中の2個の電子は，もはや，どちらの電子がどちらの水素原子に属しているということはできない．両方の原子が2個の電子を「共有」しているのである．このように電子を共有してできる結合を**共有結合**という．共有されている電子対が，"糊"として働いて，正電荷をもつ核どうしを結びつける．

このように，共有結合で結合した原子の集団を**分子**という．

共有結合 covalent bond

すでに，1・2節で単純な構造の分子をいくつか見てきた．

3・3・1　分子軌道

分子が原子と違うのは，本質的には，正電荷が1箇所だけでなく2箇所以上あることだけである．そこで，原子の場合に電子の存在位置の確率のもとになった原子軌道を考えたのと同じように，分子の場合にも電子の存在確率のもとになる軌道を

分子軌道 molecular orbital

考える．これを**分子軌道**という．分子軌道は，原子の場合と同じように，量子力学の理論によって計算される．

水素分子は，2個の水素原子の核が 74 pm 離れて存在し，そのまわりに 2 個の電子が分布している．図 3・9 は，水素原子の原子軌道（1s 軌道）と水素分子の分子軌道の模式図である．右辺の左側に示した水素分子の楕円は，2 個の電子が存在する確率が高い範囲を示している．原子軌道と同様に，一つの分子軌道に電子は 2 個まで入ることができる．同じ軌道に入った電子のスピンは逆向きであり，原子の場合と同様である．

水素分子ができる理由は，この分子軌道のエネルギーが孤立した原子軌道のエネルギーよりも低いからである．

この様子を図 3・10 に示した．左側が一方の水素原子，右側がもう一方の水素原子で，それぞれ単独で存在する場合の 1s 軌道のエネルギーを表している．原子の状態では電子が 1 個ずつ入っているので，それも矢印で書き入れてある．真ん中の影を付けた部分が分子の状態である．二つの核を包み込む楕円状の分子軌道のエネルギーは，原子軌道のエネルギーより低い．

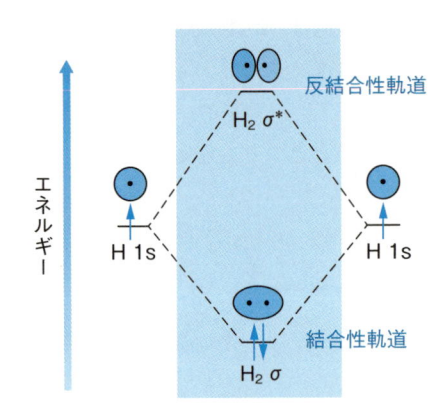

図 3・10 原子軌道と分子軌道のエネルギーと電子配置

原子の場合と同じように，電子はスピンを逆にすれば一つの軌道に 2 個まで入ることができる．したがって，このエネルギーの低い分子軌道に電子は 2 個収容される．原子の 1s 軌道にいた電子が 2 個ともよりエネルギーの低い分子軌道に入るのだから，そのぶん，全体のエネルギーは小さくなる．これが分子の形成する理由である．このように，もとの原子軌道よりもエネルギーが低く安定な分子軌道を**結合性軌道**という．

結合性軌道 bonding orbital

原子軌道について，原子のまわりに球状に分布する軌道を s 軌道といった．分子の場合には，2 個の原子を結ぶ軸のまわりに対称的に分布する軌道を **σ 軌道**という．上述の結合性軌道は σ 軌道である．

σ（シグマ）軌道 σ orbital

σ 軌道については 8・3 節を参照．

原子軌道に，1s だけでなく，2s，2p，… とエネルギーの高い軌道があるように，分子にも高いエネルギーの軌道がある．図 3・9 の右端に示した 8 の字形をした水

素分子の軌道は，分子のちょうど中央に電子が存在しない面があることを表している．2個の核の正電荷を打ち消してくれる負の電子が核の中間に存在しないのでエネルギーが高い軌道である．このように，もとの原子軌道よりもエネルギーが高く不安定な分子軌道を**反結合性軌道**という．もっともこの場合，反結合性軌道には電子が入らないので水素分子の形成においては関係がない．

反結合性軌道
antibonding orbital

この反結合性軌道も，核を結ぶ軸のまわりに対称的に分布しているのでσ軌道であるが，反結合性軌道の場合は＊を付けて，σ＊（シグマスター）軌道という．

水素分子の分子軌道 Ψ と2個の水素原子（H_A と H_B とする）の原子軌道 ϕ の関係を式で表すと，

$$\sigma 軌道：\Psi_\sigma = \frac{1}{\sqrt{2}}(\phi_{H_A} + \phi_{H_B}) \quad および \quad \sigma^* 軌道：\Psi_{\sigma^*} = \frac{1}{\sqrt{2}}(\phi_{H_A} - \phi_{H_B})$$

となる．原子軌道の ϕ_{H_A} や ϕ_{H_B} は，それぞれの水素原子の 1s 軌道で，$e^{-r_A/a}$ あるいは $e^{-r_B/a}$ といった形をしており（r_A, r_B はそれぞれの核からの距離），それぞれの核の位置を中心として，離れるにつれて減衰する関数である（(2・4)式）．σ軌道では，これらが足しあわされ，二つの水素原子の間の位置で電子の存在確率が高い軌道となっている．σ＊軌道では，それぞれの原子軌道の符号が逆であるので，互いに打ち消しあい，ちょうど r_A と r_B の中間で $\Psi_{\sigma^*} = 0$ となる．つまり電子が存在しない場所ができる．

$1/\sqrt{2}$ は規格化定数とよばれ，電子が空間のどこかには存在する確率を1にそろえる（つまり，規格化する）ための定数である．

図3・11に，原子軌道と分子軌道の関係を一次元で示した．結合性軌道では中央部分に電子が存在する確率が大きくなるのに対し，反結合性軌道ではちょうど中央に電子の存在確率がゼロになる点があることがわかる．水素原子 H_B に近い場所で波動関数が負になっているが，電子の存在確率を表すのは波動関数の2乗であり，波動関数の2乗は必ず正となるので問題はない．

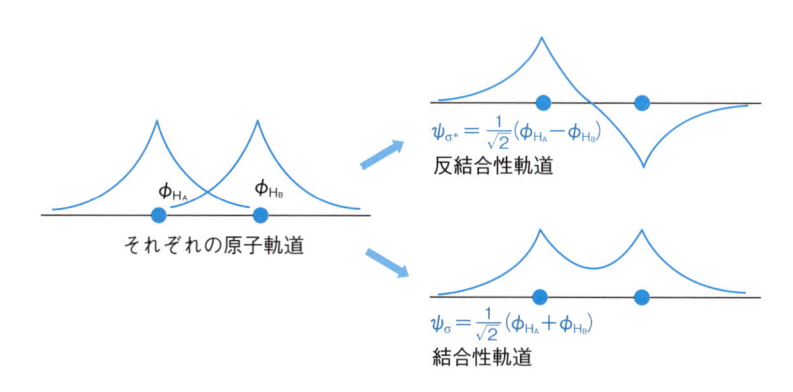

図 3・11 水素分子の結合性軌道と反結合性軌道の波動関数

3・3・2 オクテット則

量子力学が分子に適用される以前に，ルイス（G. N. Lewis）は，原子の結合が**オクテット則**という規則にしたがうことを見いだした．原子は最外殻電子数が8個であると安定であり，そのため，最外殻電子数が8個に満たない原子どうしは，最外

オクテット則 octet rule

「オクテット」というのは，"8"を意味するオクト（octo）からきている．オクトパス（octopus）は足が8本の蛸のこと．

殻を満たそうとして電子を共有し，より安定な分子を形成する，というものである．ただし，最外殻がK殻の場合は2個であると安定になるとする．

量子力学により結果を求めるには大量の計算が必要であり，コンピューターが用いられる．それに対してオクテット則は，紙と鉛筆だけで，あるいは頭の中だけで，どのような分子が形成されるかを予測でき，分子の反応性まで理解できることもあるので，今でもよく使われる．もちろん，正しく分子構造を予測できるのは，量子力学と矛盾しないからである．

> ただし，オクテット則はいつも適用できるとは限らず，おもに第2周期までの元素について用いられる．

では，オクテット則を適用してみよう．殻ごとに電子配置を示した周期表（図3・12）を見ながら読み進めてほしい．水素原子の最外殻はK殻である．電子は1個であるから，K殻を2個にするためにもう1個必要である．そこで，二つの水素原子がそれぞれ電子を1個ずつ出しあい，この電子対を共有する．その結果，両方の水素原子とも電子2個をもつことで，安定化する（図3・13）．これが水素分子である．

> 共有された電子の対を**共有電子対**（shared electron pair）という．

族	1	2	13	14	15	16	17	18
第1周期 最外殻K	H							He
第2周期 最外殻L	Li	Be	B	C	N	O	F	Ne
第3周期 最外殻M	Na	Mg	Al	Si	P	S	Cl	Ar
第4周期 最外殻N	K	Ca						

図3・12 殻ごとの電子配置

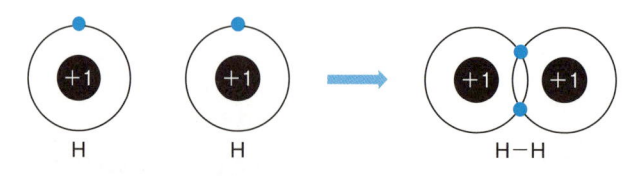

図3・13 **水素原子は電子対を共有して結合し，水素分子を形成する** 両方の水素原子とも最外殻に2個の電子をもつことになる．核の電荷は$+e$であるが，eを省略して表している．

分子中の原子のつながり方を示す表記を**構造式**というが，構造式では，共有電子対（：）を1本の線で表し，H−Hと書く．

ところで，水素は電子1個を放出して**水素イオン**H^+に，電子1個を受取って

> **構造式** structural formula
> 構造式は，特に有機化合物における原子のつながり方を知るときに便利である．有機化合物の構造式については9章でふれる．
>
> **水素イオン** hydrogen ion

水素化物イオン H⁻ になることができる（図3・14）．H⁺ は電子をまったくもたない状態，H⁻ は K 殻が満たされた状態である．

水素のおもな同位体，¹H の陽イオン ¹H⁺ は陽子（proton）であるので，水素イオンはしばしばプロトンとよばれる．

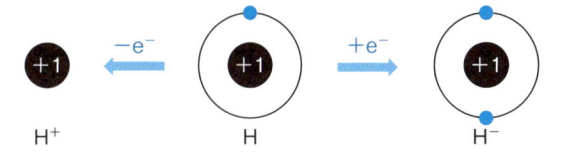

水素化物イオン hydride ion
（ヒドリドともいう）

図 3・14 水素イオン H⁺ と水素化物イオン H⁻

ヘリウムの最外殻も K 殻であるが，原子の状態ですでに電子 2 個が入っている．したがって，ヘリウムは他の原子と結合する必要がなく，実際に，単独の原子として存在する．原子の状態ですでにオクテット則を満たしている元素を**貴ガス**という．

第 2 周期の元素では，K 殻は 2 個の電子で満たされ，L 殻が最外殻となる．リチウム Li は L 殻に 1 個の電子があり，L 殻を 8 個にするよりも，L 殻の電子を放出して 1 価の陽イオン Li⁺ になりやすい（図 3・15）．そのため，最外殻の K 殻に 2 個の電子がある安定な状態になる．同じ理由から，Be は 2 個の電子を放出しやすいと考えられるが，そのために必要なエネルギーは大きく，Be²⁺ にはなりにくい．

貴ガス noble gas

noble は"高貴な"という意味であり，この名前は原子の反応性が低いことに由来する．また，原子単独で存在していて軽いため，気体（gas）として存在する．

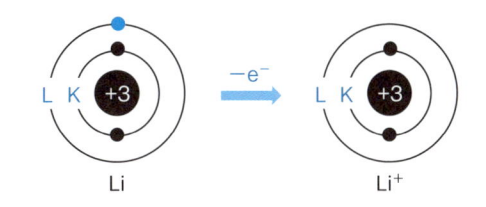

図 3・15 Li は電子 1 個を放出して Li⁺ になりやすい

ホウ素 B，炭素 C，窒素 N，酸素 O は，他の原子と電子を共有して分子を形成し，L 殻を 8 個の電子で満たそうとする傾向が強い．

ホウ素はあとの章（8・2 節）でふれるとして，まず炭素から説明しよう．炭素原子は L 殻に 4 個の電子をもつ．これら 4 個の電子がそれぞれ対をなして他の原子と共有されれば，L 殻はちょうど 8 個になる（図 3・16）．たとえば，4 個の水素原子と共有結合すると，オクテット則を満たして，メタン分子 CH₄ ができる．

窒素原子は L 殻に 5 個の電子をもつ．このうち 3 個の電子を他の原子と共有すれば，L 殻の電子は 8 個になる．そこで，3 個の水素原子と共有結合すると，オクテット則を満たして，アンモニア分子 NH₃ ができる．この場合，窒素原子の一組の電子対は結合に関与せず，**孤立電子対**または**非共有電子対**とよばれる．

酸素原子は L 殻に 6 個の電子をもつ．このうち 2 個を別の原子と共有すれば，L 殻の電子は 8 個になる．そこで，2 個の水素原子と共有結合すると，オクテット則を満たして，水分子 H₂O ができる．水分子の酸素原子は二組の孤立電子対をもつ．

酸素分子は酸素原子 2 個が結合してできる．オクテット則にもとづいて，4 個の

炭素を含む分子の化学である"有機化学"という分野ができるほど，炭素からなる分子には莫大な種類が存在する．有機化学については，9 章で述べる．

孤立電子対 lone pair
非共有電子対
unshared electron pair

水分子については，1・2・1 節参照．

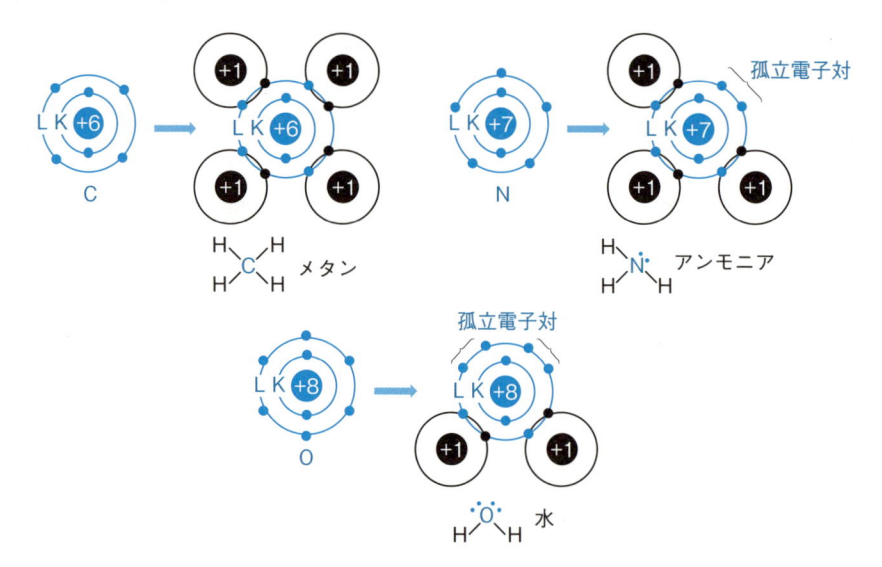

図 3・16　オクテット則を満たすように電子を共有して，さまざまな分子ができる

電子を共有すると考えればよい（図3・17）．2個の電子を共有してできる結合を，一組の共有電子対からなるので**単結合**，4個の電子の共有によってできる結合を，二組の共有電子対からなるので**二重結合**という．単結合は1本の線，二重結合は2本の線で表す．そこで，酸素分子はO=Oのように表される．

窒素分子は窒素原子2個が結合してできる．オクテット則にもとづいて，6個の電子を共有すると考えればよい．6個の電子の結合を，三組の共有電子対からなるので**三重結合**といい，3本の線で表す．したがって，窒素分子はN≡Nと表される．

単結合　single bond
二重結合　double bond
三重結合　triple bond

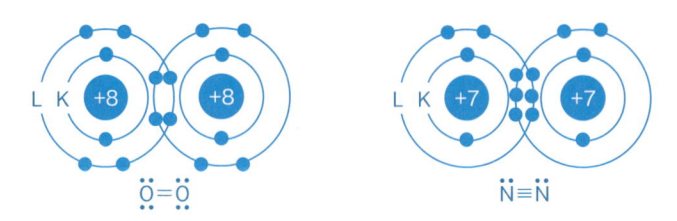

図 3・17　二重結合は二組の，三重結合は三組の電子対を共有してできる

フッ素原子はL殻に7個の電子をもつ．このうち1個を共有して結合をつくることもあるし，他の原子から電子1個を奪ってフッ化物イオンF^-になることもある（図3・18）．水素と共有結合すると，フッ化水素HFになる．

ネオン原子は，L殻がすでに8個の電子で占有され，オクテット則を満たしているので，ヘリウムと同様，他の原子と結合をつくらない．ネオンも貴ガスである．

　例題　HとSiの組合わせから，どのような分子が形成すると予測されるか．
　解答　オクテット則を満たすために，HはK殻にあと1個の電子が必要で，SiはM殻にあと4個の電子が必要であるから，SiH_4ができることが予測される．

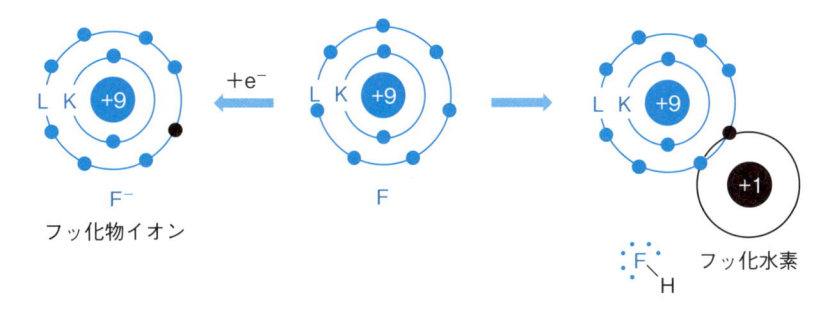

図 3・18　フッ素はフッ化物イオンになるか，一組の電子を共有して，オクテット則を満たす

オクテット則にもとづいて，原子の電子配置や分子における化学結合を理解するための手法として，**ルイス構造**がある．これまでにも見てきたが，ルイス構造では，原子の最外殻にある電子（価電子）のみを"点"で表して，これを元素記号のまわりに配置させる．

図 3・16 に示したメタン，アンモニア，水分子のルイス構造は，図 3・19 のようになる．たとえば，アンモニアでは，窒素原子のまわりに一組の孤立電子対と三組の共有電子対が存在し，合計 8 個の電子に囲まれて，オクテット則を満たしていることがわかる．

図 3・19　簡単な分子のルイス構造の例

ルイス構造 Lewis structure

電子は元素記号のまわりの上下左右の四箇所に書き入れる．価電子が 4 個以下であれば四箇所に 1 個ずつ，5 個以上であればそれぞれの位置に 2 個目の電子を書き入れ，8 個でいっぱいになる．以下に，炭素，窒素，ネオンの原子それぞれのルイス構造を示す．

例題　CO_2，$BeCl_2$，BF_3 のルイス構造をそれぞれ描け．また，オクテット則を満たさない原子はどれか．

解答　ルイス構造は，下記のようになる．

CO_2 を例にとって説明しよう．まず，各原子のルイス構造を描く．

原子それぞれが電子 1 個を出し，2 本の共有結合をつくる．

この段階で価電子は，O 原子が 7 個，C 原子が 6 個になる．どちらも最外殻が満たされていないから，もう 1 個ずつ電子を出しあって，さらに 2 本の共有結合をつくると，上記の解答のようになる．

オクテット則を満たさない原子は Be（最外殻に 4 個）と B（最外殻に 6 個）である．第 2 周期のうち，これらの元素はオクテット則を満たさないことに注意しよう．

このことについては 8・2 節も参照のこと．

3・4 電気陰性度

同じ原子どうしが結合するときには，電子は両方の原子に均等に分布する．たとえば，水素原子2個からなる水素分子では，電子はどちらの原子にも偏らない．このように電子が偏らないことを**無極性**であるという．

無極性 nonpolar

ところが，異なる原子が結合するときには，原子によって電子を引きつける程度が異なるために，電子はどちらかの原子に偏って分布することになる．このように電子が偏ることを**極性**があるという．

極性 polar

たとえば，フッ化水素 H–F は，一組の電子対を共有して結合している．ところが，フッ素原子のほうが水素原子に比べて電子を引きつける力がかなり大きいので，電子はフッ素のほうに偏って存在する．電子が偏るというのは，

H●F よりも， $\delta+$ H ●F $\delta-$

というイメージである．水素原子の周囲に核の電荷 $+e$ を打ち消すだけの負電荷 $-e$ がないので，水素原子のあたりが正電荷を帯びることになる．ただし，完全に電子を失って H^+ になるほどではない．このような状態を電子不足であるといい，$\delta+$ で表す．逆にフッ素原子の周囲は，電子が余分に存在するため，負電荷が少し過剰になる．このような状態を電子豊富といい，$\delta-$ で表す．

δ（デルタ）は"少し"という意味である．

$$\overset{\delta+}{H}—\overset{\delta-}{F}$$

電気陰性度 electronegativity

原子が他の原子と結合したときに，電子を引きつける度合いの目安として**電気陰性度**がある．図3・20に電気陰性度の値を示した．電気陰性度は一般に，同じ周期（同じ行）では右へいくほど大きくなり，同じ族（同じ列）では上にいくほど大きくなる．つまり，電気陰性度は周期表の右上にいくほど大きくなる．

貴ガスは他の原子と結合しないので，値が与えられていない．

フッ素はもっとも電気陰性度の大きい原子である．

上述のフッ化水素の場合，電気陰性度は水素が2.1で，フッ素が4.0であり，電気陰性度の大きいフッ素原子のほうに共有電子対が引きつけられる．

このような電気陰性度の傾向も，図2・8によって理解できる．同じ周期では右にいくと，最外殻軌道のエネルギーが徐々に下がっていく．たとえば第2周期では，Li>Be>B>C>N>O>F である．このため，炭素と酸素が電子を共有して結合す

H 2.1																	He
Li 1.0	Be 1.6											B 2.0	C 2.5	N 3.0	O 3.5	F 4.0	Ne
Na 0.9	Mg 1.2											Al 1.5	Si 1.8	P 2.1	S 2.5	Cl 3.0	Ar
K 0.8	Ca 1.0	Sc 1.3	Ti 1.5	V 1.6	Cr 1.6	Mn 1.5	Fe 1.8	Co 1.9	Ni 1.9	Cu 1.9	Zn 1.6	Ga 1.6	Ge 1.8	As 2.0	Se 2.4	Br 2.8	Kr
Rb 0.8	Sr 1.0	Y 1.2	Zr 1.4	Nb 1.6	Mo 1.8	Tc 1.9	Ru 2.2	Rh 2.2	Pd 2.2	Ag 1.9	Cd 1.7	In 1.7	Sn 1.8	Sb 1.9	Te 2.1	I 2.5	Xe
Cs 0.7	Ba 0.9	La 1.0	Hf 1.3	Ta 1.5	W 1.7	Re 1.9	Os 2.2	Ir 2.2	Pt 2.2	Au 2.4	Hg 1.9	Tl 1.8	Pb 1.9	Bi 1.9	Po 2.0	At 2.1	Rn

図 3・20　電気陰性度

ると，酸素の軌道のほうがエネルギーが低いので，電子は酸素のほうに偏るわけである．

また，同じ族では下にいくほど最外殻軌道のエネルギーが高い．たとえば，同じ17族のフッ素と塩素では，塩素の最外殻軌道のエネルギーのほうが高いので，電気陰性度は塩素のほうが小さくなる．

例題 色で示した結合における電荷の偏りを，δ+ と δ− で書き入れよ．

(a) ホルムアルデヒド (b) H—Cl (c) CH₃CH₂F

解答 電気陰性度は C<O，H<Cl，C<F である．C と H は同程度とみる．

(a) C=O に δ−（O側），δ+（C側） (b) H(δ+)—Cl(δ−) (c) C—F(δ−)，H(δ+)

3・5 分子と分子も結合する

3・3節で原子と原子が電子対を共有して分子が形成されることを見た．ところで分子は，温度が高くなると勝手に飛び回って気体として存在するが，温度が低くなると動き回ってはいるが分子どうしが集まった液体になり，さらに温度が低くなると振動はしているが位置の変わらない固体になる．このような分子のふるまいは，分子どうしに引力が働いていることを示している．このように分子間に働く力を一般に**分子間力**または**分子間相互作用**とよぶ．

分子間力 intermolecular force
分子間相互作用 intermolecular interaction

原子 →(共有結合)→ 分子 →(分子間力)→ 固体，液体

それでは，分子間力の正体は何だろう．分子は原子が集まってできたものだから，当然ながら，正電荷をもつ核と負電荷をもつ電子からできている．分子と分子が近づくと，たとえ中性で無極性の分子であるとしても，電子と核の平均的な位置が少しでもずれると，隣合った分子との間で正と負の電荷間の引力が生じ，全体として安定化する．

図3・21に示したように，分子が隣合ったときに，両方の分子の電子がどちらか

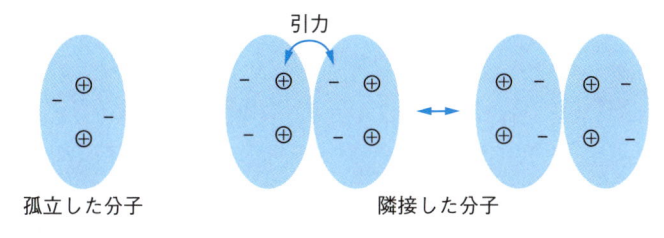

孤立した分子　　隣接した分子

図 3・21 分子と分子はファンデルワールス力で結合する

48   3. 原子から分子へ

表 3・2 炭化水素の沸点

名 称	構 造	沸点/℃	名 称	構 造	沸点/℃
メタン	H–CH₂–H (CH₄)	−161	ブタン	H–C–C–C–C–H	−0.5
エタン	H–C–C–H	−89	ペンタン	H–C–C–C–C–C–H	36
プロパン	H–C–C–C–H	−42	ヘキサン	H–C–C–C–C–C–C–H	69

ファンデルワールス力
van der Waals force

一方の側にずれた状態を考えると，分子間には正電荷と負電荷が近づくことによる引力が働くことがわかるだろう．このような中性の分子と分子の間に働く力を**ファンデルワールス力**という．

沸点は，分子が隣合う分子との引力に打ち勝って飛び出す温度であるので，沸点が高いほど飛び出しにくい，つまり分子間力が大きいといえる．表 3・2 に，炭素と水素だけからなる分子すなわち炭化水素の沸点をまとめた．C と H の間にはほとんど電荷の偏りはなく，炭化水素はほぼ無極性に近い．表のデータから，分子が大きくなるほど沸点が高くなることがわかる．これは，分子が大きいほど，隣合う分子と接触する面積も大きくなるので，それだけ，互いに引きあう力も大きくなるからである．

炭化水素は有機化合物のもっとも基本的なものであり，改めて 9 章でふれる．

もともと極性のない分子の間にもファンデルワールス力が働くが，もとから極性のある分子では，正電荷を帯びた部分と負電荷を帯びた部分が隣合うことによって，より分子どうしは強く引きあうことになる．

なかでも，水素原子 (2.1) が電気陰性度の大きい窒素原子 (3.0) や酸素原子 (3.5) などと結合した場合には，電気陰性度の大きい原子のほうに共有電子対が引きつけられ，N や O は負の電荷を，H は正の電荷を帯びる．このような場合には，図 3・22 に示したように，ある分子の窒素や酸素は隣の分子の水素と，水素は隣の分子の窒素や酸素と結合する．このような水素原子を介した結合を**水素結合**という．

水素結合 hydrogen bond

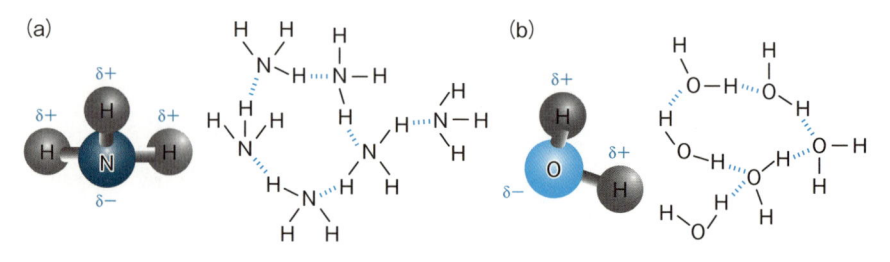

3・4 節で取上げたフッ化水素 HF も，分子間に水素結合を形成する．

H–F⋯H–F⋯H–F
  δ− δ+

図 3・22　**水素結合**　水素結合を⋯で示した．(a) アンモニア分子の構造と水素結合，(b) 水分子の構造と水素結合

液体中では，水素結合はずっと同じ分子どうしで形成されているわけではなく，めまぐるしく相手が入れ替わっていると考えられる．固体中では分子の位置が固定されているから，ずっと同じ相手と結合していることになる．

もし，水分子（分子量 18）やアンモニア分子（分子量 17）の間にファンデルワールス力しか働かないとすると，同じような大きさの炭化水素分子と，沸点は同じくらいになることが予想される．これらの分子と大きさがもっとも近い炭化水素分子はメタン（分子量 16）であり，沸点は $-160\,°C$ 程度である．ところが，アンモニアの沸点は $-33\,°C$，水の沸点は $100\,°C$ であり，メタンと比べるとかなり高くなっている．これは，水素結合によって分子どうしがかなり引きつけあっており，水素結合を切断するのにより多くのエネルギーを必要とするためである．

以上のように，原子どうしは化学結合によりつながり，分子どうしは分子間力によって引きつけあっていることがわかった．これらのうち，共有結合，イオン結合，金属結合はきわめて強い結合であるが（だいたい共有結合＞イオン結合＞金属結合），水素結合はそれらの結合よりは弱く，さらにファンデルワールス力は水素結合よりも弱い．

水素結合は，身のまわりの材料，タンパク質や遺伝子 DNA などにおいても重要な役割を果たしている．これらについては，9 章で見る．

例題 以下の分子中に $\delta+$ と $\delta-$ を書き込み，予測される水素結合の様子を示せ．

(a) ホルムアルデヒド と アンモニア (b) メタノール と メタノール

解答 電気陰性度によって $\delta+$ と $\delta-$ となる部分がわかる．窒素や酸素に結合した水素は $\delta+$ となり，他の分子の $\delta-$ の部分と水素結合する．

練習問題

3・1 同じ族であるのに，Al は B と違って 3 価の陽イオンになりやすい．なぜか．

3・2 表 3・1 に示した第一イオン化エネルギーについて，その周期性を考察せよ．

3・3 面心立方格子について，すべての原子を同じだけ平行移動したとき，一箇所でももとの原子と重なれば，すべての原子がもとの原子と重なることを確認せよ．

3・4 以下の組合わせから，どのような分子が形成されると予測されるか．
(a) H と Na，(b) H と S，(c) Li と F，(d) O と Mg

3・5 単結合，二重結合，三重結合のいずれかを書き入れて構造式を完成せよ．
(a) Cl Cl，(b) O C O，(c) H C C H

3・6 H–F 結合と H–Cl 結合ではどちらがより極性であるか．また，沸点はフッ化水

素と塩化水素のどちらのほうが高いか，理由もあわせて述べよ．

発 展 問 題

3・7 体心立方格子，面心立方格子，六方最密充填構造について，半径 r の硬い球が接してできるとすると，空間中で球が占める割合（充填率という）はそれぞれいくらか．

3・8 多くの元素では電気陰性度は正である．すなわち，もとの原子よりも陰イオンになったほうがエネルギーが低い．ではなぜ，この世界は陰イオンだけにならないのか．

4 気体と溶液

- 物体はポテンシャルエネルギー（PE＝mgh）と運動エネルギー（KE＝$(1/2)mv^2$）をもつ．
- 質量は，物体の動きにくさを表す量である．
- 圧力は，面積あたりに作用する力である．
- 温度は，分子の運動エネルギーに比例する量である．
- 気体はほとんどが何もない空間で，分子が速度 500 m s^{-1} ほどで飛び回り，ぶつかりあっている．
- ボイルの法則は $pV=$一定，シャルルの法則は $V/T=$一定である．
- 理想気体の状態方程式は，$pV=nRT$ である．
- 混合気体の圧力は分圧の和に等しい．これをドルトンの法則という．
- 液体でも分子は気体と同じ速度で動き回っているが，より頻繁にぶつかりあっている．
- 溶液中では，溶質分子は溶媒分子に取囲まれている．これを溶媒和という．
- モル濃度＝溶質の物質量（モル）/溶液の体積（L）
- 溶質が限界まで溶けた溶液を飽和溶液といい，そのときの濃度を溶解度という．
- 溶液中の気体の濃度は分圧に比例する．これをヘンリーの法則という．

　この章では，分子のふるまいを理解するために，気体と液体について少し詳しく見ていこう．気体には，物質の種類によらず成り立つ性質があり，物質が分子という粒子でできているために起こる現象が観察される．

　化学実験では，性質を調べたい物質や反応させたい物質を液体に溶かした溶液をよく取扱う．「溶ける」とはどういうことか説明した後，溶液の濃度の表し方について述べる．

　しかしまずは，これらの話に入る前に，分子のふるまいを理解するために必要なエネルギーや温度といった物理的な概念の説明から入ろう．

4・1 力と圧力

　ほどほどに膨らませた風船を用意する（図4・1）．この風船をドライヤーで温めると，よりいっそう膨む．この風船を氷水につけたら，今度はしぼむ．つまり，気

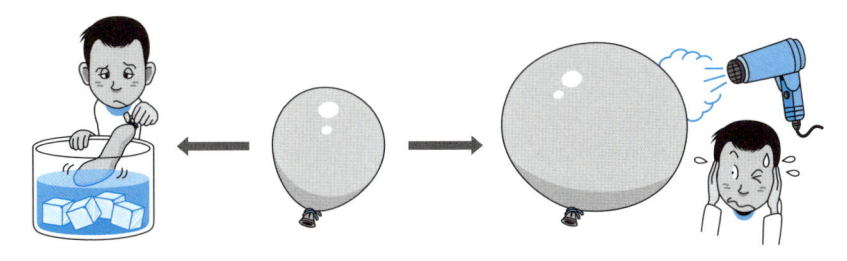

図4・1　気体は高温で膨張，低温で収縮する

体は温度が高くなると膨張するし，温度が低くなると収縮する．液体や固体が，温度が変わってもほとんど体積が変わらないのとは対照的である．

針をつける代わりに先端をゴム栓でふさいだ注射器を用意する（図4・2）．先がふさがっていても，内筒を押込むことができるし，引張り上げることもできる．つまり，気体は力をかけると収縮や膨張をさせることができる．注射器の中に水を満たして同じ操作をしようとしても，今度は内筒をほとんど動かすことができない．つまり，液体は押しても引いても体積がほとんど変わらない．固体も同様に体積は変化しにくい．

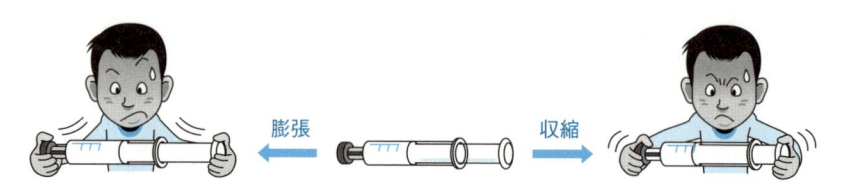

図 4・2 気体は力によって膨張や収縮ができる

気体の体積が，力や温度に対してどのように変化するか理解しよう．そのためには，力，圧力，温度といった概念を正確に把握しておく必要がある．

4・1・1 力

力 force
「物質」も「物体」もモノであることに違いないが，「物質」は原子でできた実体のあるモノという意味に，「物体」はただ質量をもったモノという意味に用いている．

物体を押したり引いたりする作用を**力**という．物体を一定の力で押し続けると，物体は一定の進み具合で加速していく．

一定の進み具合で加速というのは，1s（秒）あたり1m進む，つまり速度が$1\,\mathrm{m\,s^{-1}}$の物体が，たとえば，その1s後には$3\,\mathrm{m\,s^{-1}}$になり，さらに1s後には$5\,\mathrm{m\,s^{-1}}$になるという具合に一定の速度分ずつ大きくなることである．ある時間あたりの速度の増加分を加速度という．この例では，1sあたり$2\,\mathrm{m\,s^{-1}}$ずつ速度が増加しているので，加速度は$2\,\mathrm{m\,s^{-2}}$となる．

質量 mass

一方で，同じ力で押しても，綿のように動きやすい物体や石のように動きにくい物体がある．この動きにくさを表す量をその物体の**質量**という．同じ力で押したときに，質量が倍の物体の加速度は半分である．

以上のことを式で表すと，力をF，質量をm，加速度をaとして，

$$F = ma \tag{4・1}$$

ニュートンの第二法則
Newton's second law

科学用語では，「重さ」は地球が物体を引張る力のことであって，「質量」とは違う．日常会話では，両者はよく混同して用いられるので注意を要する．本書で用いるのはもっぱら質量である．

となる．質量mの物体に加速度aを与えるには，力$F=ma$で押せばよい．これを**ニュートンの第二法則**という．質量1 kgの物体の加速度が$1\,\mathrm{m\,s^{-2}}$となるように押す力が1 N（ニュートン）である．

$$1\,\mathrm{N} = 1\,\mathrm{kg} \times 1\,\mathrm{m\,s^{-2}}$$

地上の物体は地球の重力によって引張られる．重力の大きさは質量に比例するので，10 gの物体は，1 gの物体に比べて10倍の力で地球から引張られる．この比例定数をgで表すと，$g=9.81\,\mathrm{m\,s^{-2}}$であり，

$$F = mg \tag{4・2}$$

となる．すなわち，地球が質量 m の物体を引張る力 F は mg である．

たとえば，1 L の水は，質量が 1 kg であるので，

$$F = mg = 1\,\text{kg} \times 9.81\,\text{m}^2\,\text{s}^{-1} = 9.81\,\text{kg m s}^{-2} = 9.81\,\text{N}$$

の力で地球から引張られる．(4・1)式と(4・2)式を比較すると，比例定数 g が重力による加速度を表すことがわかる．そこで，g を**重力加速度**という．

水 1 L（1 kg）を持ち上げるのに必要な力が約 10 N と覚えておけば，ニュートンという力の単位を思い浮かべやすいだろう（図 4・3）．

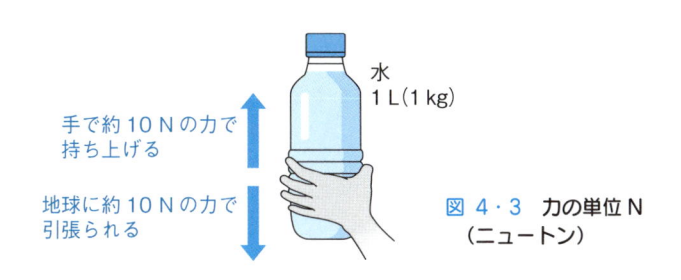

図 4・3 力の単位 N（ニュートン）

> 重力による加速度は物体の質量によらずに，g という一定の値である．これは，質量の大きい物体には大きな力が働くが，そのぶん，物体自体が動きにくいためである．ガリレオ・ガリレイは，これを確認するために，ピサの斜塔から大小二つの金属の玉を落とすという有名な実験を行ったといわれている．

4・1・2 圧　力

気体は，分子が飛び回っている状態である．膨らんだゴム風船の中の空気の分子は，絶え間なく内側からぶつかって力を及ぼし，ゴムが縮もうとする力に対抗して風船の膨らみを保っている．

気体分子はどの方向にも均等に飛び回っているので，分子が風船におよぼす力は，図 4・4 に示したように，風船のどの部分でも同じであると考えられるだろう．

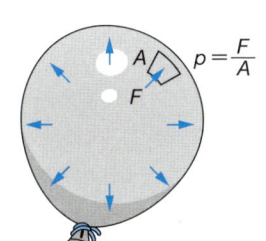

図 4・4　圧力 p は面積 A あたりの力 F

たとえば，1 cm^2 あたり 10 N という力が加わっているとすると，別の場所の 1 cm^2 あたりにも 10 N の力が加わっている．このように，ある面積あたりに作用する力を**圧力**という．

$$p = \frac{F}{A} \qquad (4 \cdot 3)$$

圧力 p は力 F をその力がかかる面積 A で割ると求められる．1 N の力が面積 1 m^2 あたりにかかるとき，その圧力が 1 Pa（パスカル）である．

$$1\,\text{Pa} = \frac{1\,\text{N}}{1\,\text{m}^2} = 1\,\text{N m}^{-2}$$

大気も地上に圧力をおよぼしていて，それを気圧というが，その大きさはほぼ 10^5 Pa である．この値は刻々と変動し，高気圧や低気圧などといわれる．

圧力 pressure

バール（bar）という単位も用いられ，1 bar = 10^5 Pa である．

4・2 エネルギー

物体のもつエネルギーには，ポテンシャルエネルギー（位置エネルギー）と運動エネルギーがある．

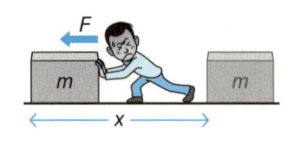

4・2・1 ポテンシャルエネルギー

手に持ったボールを高さ1 mから手放すと，速度ゼロから加速し，床に達する．今度は高さ2 mから放すとやはり床に落ちるが，床に達するときの速度や床に与える衝撃は，1 mから落としたときより大きい．

高さ1 mにあるボールに比べて，高さ2 mにあるボールは，何か潜在的な能力を余分にもっていることになる．この能力を**位置エネルギー**あるいは**ポテンシャルエネルギー**という．

高いところにある物体がどのくらいポテンシャルエネルギーをもっているか考えてみよう．質量 m の物体を持ち上げるには，重力に逆らって mg の力を上向きにかける必要があった．この力をしばらくかけて，物体を持ち上げたとしよう．

ところで，物体を力 F に対抗して距離 x だけ進めたとき，物体に対して力×距離の**仕事** w をしたという．

$$w = Fx \qquad (4・4)$$

たとえば，1 Nの力に対抗して1 m進めたとき，物体には，

$$1\,\text{N} \times 1\,\text{m} = 1\,\text{J}$$

の仕事がなされたことになる．J（ジュール）は仕事の単位である．

さて，質量 m の物体が高さ h だけ持ち上げられたとき，この物体は力 $F=mg$ を受けながら距離 $x=h$ だけ進められたので，

$$w = mgh$$

の仕事がなされたことになる．高さ h の質量 m の物体に蓄えられるポテンシャルエネルギーPEは，この仕事に等しく，

$$\text{PE} = mgh \qquad (4・5)$$

である．たとえば，質量1 kgで高さ1 mにある物質のポテンシャルエネルギーPEは，

$$1\,\text{kg} \times 9.8\,\text{m s}^{-2} \times 1\,\text{m} = 9.8\,\text{kg m}^2\,\text{s}^{-2} = 9.8\,\text{J}$$

となる．

4・2・2 運動エネルギー

今度は，物体を摩擦のない床の上で水平方向に一定の力で押してみよう．このとき物体は押された方向に加速していき，**運動エネルギー**をもつことになる．今回も同じように物体には，(力 F)×(距離 x)分の仕事がなされる．最初に止まっていた物体を，時間 t の間ずっと力 F で押し続けると，物体はニュートンの第二法則（(4・1)式）より，加速度

$$a = \frac{F}{m}$$

で加速するから，時間 t が経った後には速度は，

$$v = at = \frac{Ft}{m} \tag{4.6}$$

になる．最初の速度ゼロから始まって一定に加速してこの速度に達するのだから，この間の平均速度はこの半分で，$(1/2)(Ft/m)$である．したがって，時間 t の間に進む距離は，この平均速度に時間をかけて，$(1/2)(Ft/m)t$ となる．物体になされた仕事 w は力×距離であるので，

$$w = F\frac{1}{2}\frac{Ft}{m}t = \frac{1}{2}\frac{(Ft)^2}{m} = \frac{1}{2}\frac{(mv)^2}{m} = \frac{1}{2}mv^2$$

となる．ここで，(4・6)式から $Ft=mv$ を用いた．この仕事が運動エネルギーKEに変換されるので，

$$\mathrm{KE} = \frac{1}{2}mv^2 \tag{4.7}$$

となる．つまり，質量 m の物体が速度 v で進んでいるときの運動エネルギーは $(1/2)mv^2$ である．

4・2・3 温　度

温度が高いと熱いと感じ，温度が低いと冷たいと感じる．では，温度とは何だろう．**温度**は，原子や分子の動きの活発さを表す量である．温度が高いとは，原子や分子が活発に動いている状態であり，温度が低いとは，原子や分子の運動が活発でない状態を示す．

温度 temperature

低温から氷を加熱して温度を上げていくと，融解して水になる．さらに加熱を続けると，沸騰して水蒸気になる．温度の表し方として，氷が水になる温度を0℃，水が水蒸気になる温度を100℃と決めた"摂氏温度"がよく使われる．0℃より小さい温度はマイナスを付けて，−10℃などと表す．

温度は原子や分子の運動の活発さを表すのだから，原子や分子の運動が止まれば，それ以上の低い温度というのは意味をなさないだろう．つまり，温度には下げることのできる限界がある．このもっとも低い温度を"絶対零度"といい，これを基準として表す温度を**絶対温度**という（図4・5）．

絶対温度
absolute temperature

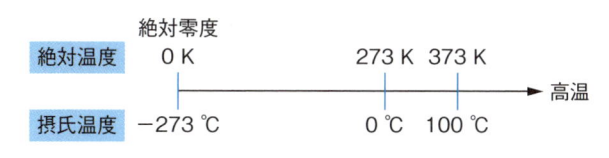

図 4・5　絶対温度と摂氏温度の関係

絶対温度は原子や分子の運動エネルギーに比例するように定められている．そのように定めると，分子運動が止まるのは−273℃であることがわかったので，−273℃＝0Kである．したがって，0℃は273K，100℃は373Kなどとなる．摂氏温度と絶対温度の目盛の幅は共通にとってあるので，温度の差はどちらの単位で

も同じ値になる.

> **例題** 25 ℃は絶対温度で何 K か.
> **解答** 25 ℃は，0 ℃＝273 K よりも 25 ℃分だけ，すなわち 25 K 分だけ高いから，298 K である.

4・2・4 熱

熱 heat

物体にエネルギーを与える方法として，仕事のほかに**熱**がある．ある物体に熱を与えるには，その物体よりも温度が高い物体を接触させる．温度が高い物体中の原子や分子の運動エネルギーは，温度が低いほうの物体中の原子や分子に移動する（図 4・6）．これが熱を与える（加える）ということである．熱の単位はエネルギーや仕事と同じ J である．そして，原子や分子の運動の程度は温度で測られる．

熱の単位として cal（カロリー）も用いられることがある．1 cal＝4.18 J である.

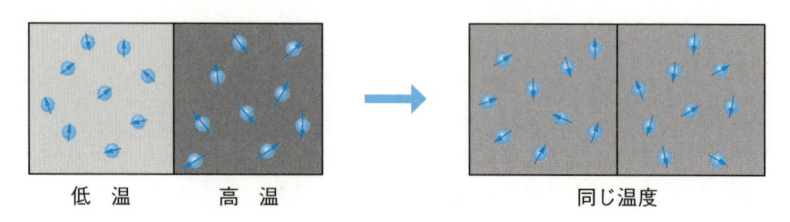

図 4・6 **熱はエネルギーの移動の形態である** 温度が高い物体中の運動エネルギーは温度の低いほうの物体に移動し，ついには同じ温度になる.

仕事や熱は，エネルギー自身ではなく，粒子の運動を介したエネルギーの移動の形態である．仕事と熱の本質的な違いは，仕事は一定方向の力を加えることによるエネルギーの移動であるのに対し，熱は方向性のないランダムな分子運動が伝わることによるエネルギーの移動であるという点である.

仕事と熱については，改めて 5 章で具体的に述べる.

4・3 気体の温度と体積と圧力の関係：気体の状態方程式

密度 density

単位体積あたりの質量を密度という．単位は kg m^{-3} や g cm^{-3} がよく用いられる.

気体は**密度**が小さく，分子が存在しない何もない空間が大部分を占める．分子が占める体積を 1 とすると，何もない空間が 3000 ほどもある．その空間を分子が飛び回っている．気体分子の速度は，常温の空気では，ほとんど止まっているものから 1 km s^{-1} を超えるものまで分布しているが，平均すると 500 m s^{-1} 程度である．密度が小さいとはいえ，1 m^3 の空間中に分子は 2.4×10^{25} 個もいるので，頻繁に——1 秒間に十億回も——他の分子と衝突を繰返している．このような気体を思い浮かべながら，気体の温度 T と圧力 p と体積 V の関係を調べよう.

以下の関係は，物質量 n（単位は mol）の気体について，気体の種類によらず近似的に成り立つことが知られている.

$$pV = nRT \qquad (4・8)$$

気体定数 gas constant

ここで R は**気体定数**とよばれる定数で，$R=8.31$ J K^{-1} mol^{-1} である.

この関係は近似的であるが，厳密に(4・8)式が成り立つような仮想的な気体のこ

とを**理想気体**または**完全気体**という．そこで，この式を**理想気体（完全気体）の状態方程式**という（4・3・4節参照）．

理想気体の状態方程式の単位の関係を確認しておこう．
- 左辺は，Pa × m^3
- 右辺は，mol × J K^{-1} mol^{-1} × K = J

したがって，Pa×m^3=J という関係があることがわかる．

さて，これからしばらく理想気体の状態方程式をいろいろな条件で調べよう．R は定数で，一定量の気体を扱っている限り，n も定数であるので，
- 温度 T が一定であれば，圧力と体積の関係は $pV=$ 一定
- 体積 V が一定であれば，圧力と温度の関係は $p/T=$ 一定
- 圧力 p が一定であれば，体積と温度の関係は $V/T=$ 一定

となる．

理想気体 ideal gas
完全気体 perfect gas
理想気体（完全気体）の状態方程式 ideal (perfect) gas equation of state

圧力は面積あたりの力だから Pa=N×m^{-2}．力×距離＝仕事から N×m=J であるので，Pa×m^3=J はつじつまがあっている．

4・3・1　気体の圧力と体積の関係

体積 V の容器の中に気体があって，圧力が p であるとする．温度一定でこの容器を圧縮して体積を半分の $V/2$ にする．同じ体積あたりに存在する分子の数，すなわち分子の密度は 2 倍になる．温度が一定であるので，分子の平均速度は一定である．すると，分子が壁にぶつかる頻度が 2 倍になり，図 4・7 に示すように圧力は 2 倍になると予想される．

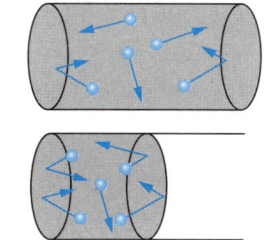

図 4・7　体積が半分になると，壁にぶつかる分子の頻度が 2 倍になり，圧力も 2 倍になる

同様に，体積が 1/3 であれば圧力は 3 倍，体積が 2 倍であれば圧力は 1/2 倍になるだろう．つまり，どのような体積のときでも，p と V の積は一定となる．

$$pV = 一定 \quad (温度一定で成り立つ) \qquad (4・9)$$

これを**ボイルの法則**という．

ボイルの法則 Boyle's law

例題　温度一定で，1×10^5 Pa の空気を 10 mL の注射器に入れ，注射器の口をふさいで，内筒を押して空気を 5 mL に圧縮した．このとき，注射器中の空気の圧力は何 Pa か．また，内筒を引いて 20 mL にした．このとき，注射器中の空気の圧力は何 Pa か．

解答　押したときは，1×10^5 Pa×10 mL=x×5 mL=一定，より $x=2\times10^5$ Pa．引いたときは，1×10^5 Pa×10 mL=x×20 mL=一定，より $x=5\times10^4$ Pa．

4・3・2 気体の温度と圧力の関係

> ここでの温度は絶対温度のことをさす.

温度が上がると，気体分子が飛び回る速度が大きくなる．温度は，気体分子の飛び回る運動エネルギーに比例するように定められた指標であり，(4・7)式より，運動エネルギーは速度の2乗に比例する．したがって，温度は分子の速度の2乗に比例する．

一つの分子が壁に速度 v でぶつかって，$-v$ で跳ね返ったとすると，ぶつかっている短い時間 t の間に速度が $2v$ だけ変化するから，(4・6)式の v を $2v$ として，分子は $F=2mv/t$ の力を壁から受けたことになる．逆に，壁は同じだけの力を分子から受けている．つまり，壁が分子一つから受ける力 F は分子の速度に比例する．また，分子の速度が大きくなると，そのぶんだけ壁から遠くにいる分子も同じ時間あたり衝突することになる．体積が一定であれば，速度と時間あたりに衝突する分子数が比例する．この二つの効果で，圧力は分子の速度の2乗に比例する．結局，体積一定では温度は圧力に比例することになる.

$$\text{温度 } T \propto \text{ 運動エネルギーKE} \propto \text{ 速度 } v^2 \propto \text{ 圧力 } p$$

すなわち，温度が2倍になれば，圧力も2倍，温度が半分になれば，圧力も半分になる．常に p/T は一定である．

$$\frac{p}{T} = \text{一定} \quad \text{(体積一定で成り立つ)} \tag{4・10}$$

4・3・3 気体の温度と体積の関係

今度は，圧力が一定の場合の気体の温度と体積の関係を，図4・8を見ながら調べよう．状態 (V, T, p) から始めよう．体積を一定にして温度を2倍にすると，(4・10)式より，圧力が2倍になる $(V, 2T, 2p)$．この状態で温度を一定にして体積を2倍にすると，(4・9)式より，圧力は半分になりもとに戻る $(2V, 2T, p)$．もとから圧力を一定に保ちながら温度を2倍にしても同じ状態になるはずだから，圧力一定では，温度を2倍にすると体積も2倍になることがわかる．すなわち，圧力一定の条件では，V/T は常に一定である．

$$\frac{V}{T} = \text{一定} \quad \text{(圧力一定で成り立つ)} \tag{4・11}$$

> **シャルルの法則**
> Charles's law

この関係を**シャルルの法則**という．

図4・2の中央の絵のように，先を閉じた注射器を横に向けて，内筒が自由に動

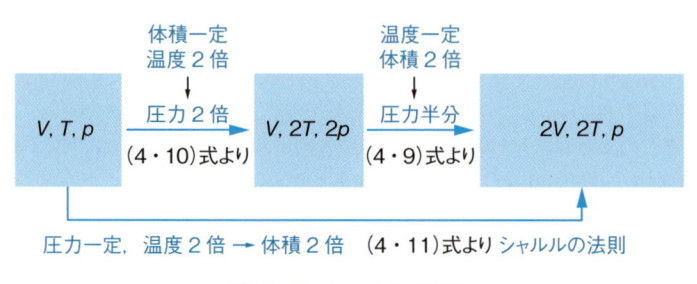

V, T, p →[体積一定 温度2倍 ↓ 圧力2倍 (4・10)式より]→ $V, 2T, 2p$ →[温度一定 体積2倍 ↓ 圧力半分 (4・9)式より]→ $2V, 2T, p$

圧力一定，温度2倍 → 体積2倍　(4・11)式より　シャルルの法則

図4・8　シャルルの法則

くようしておくと，圧力一定の状態をつくることができる．もし，注射器中の圧力が上昇しようとすれば，内筒が右に動いて膨張するし，圧力が減少しようとすれば，内筒が左に動いて収縮するので，注射器内の圧力は，常に外の圧力（たとえば大気圧）と同じに保たれる．

(4・9)式から(4・11)式は，一つの式にまとめることができる．

$$\frac{pV}{T} = \text{一定} \qquad (4・12)$$

この法則を**ボイル・シャルルの法則**という．

ボイル・シャルルの法則
Boyle-Charles law

4・3・4 理想気体の状態方程式

(4・12)式の一定の値を R とおき，気体 1 mol に対して計算すると，$R=pV/T=$ 8.31 J K^{-1} mol^{-1} となるが，これが気体定数である．気体が 1 mol ではなく 2 mol であるなら，この式のどこが変わるだろうか．

図 4・9 に示すような，真ん中が仕切られた左右の部屋があり，それぞれの体積が V の容器を用意する．各部屋に気体 1 mol ずつを入れて温度 T，圧力 p に設定する．それぞれの気体について，

$$\frac{pV}{T} = R$$

が成り立っている．ここで，真ん中の仕切りをとりはずそう．この新しく一つの容器になった状態について，p と T は変化なく，新しい体積は $V'=2V$ であるので，

$$\frac{p'V'}{T'} = \frac{p(2V)}{T} = 2R$$

となり，右辺に 2 が掛かることがわかる．一般に気体の物質量が n(mol) であると，

$$\frac{pV}{T} = nR$$

となる．よく使われる形にすると，

$$pV = nRT$$

となる．これが(4・8)式に示した理想気体の状態方程式である．

理想気体の状態方程式を導く過程で考えたのは，分子は自由に飛び回っていて，壁にぶつかって圧力をおよぼすという状況であった．現実の分子は，ある程度は互いに引きつけあうので，壁におよぼす力は少し弱まるかもしれない．一方で分子にも体積があって，ある程度以上は互いに近づけないので，自由に飛び回れる空間は容器の体積 V よりもいくぶんか小さいだろう．理想気体というのは，そのような

要因を無視して，体積をもたない「点」が，互いに引きつけあうこともなく，自由に飛び回るような仮想的な気体である．

しかし実在の気体でも，大気圧程度の圧力では，理想気体の状態方程式が良い近似になる．気体には何もない空間が分子の体積の3000倍もある．1 mol の理想気体では常に1になるはずの pV/RT の値を，実際の気体について調べた結果を図4・10に示す．圧力が大きくなるとずれが大きくはなるが，2気圧程度では，大きくずれるアンモニア NH_3 でも，その差は3％以内である．高圧で圧縮した状態では，気体分子の体積や気体分子間の引力など，これまでに無視した要因の効果が現れ始めるので，理想気体の状態方程式が成り立たなくなってくる．

実在の気体に適応する式として**実在気体の状態方程式**がある．

$$\left(p + \frac{n^2 a}{V^2}\right)(V - nb) = nRT$$

ここで a, b はパラメータであり，それぞれ分子間力，分子体積に関係した補正項であり，実験によって求められる．

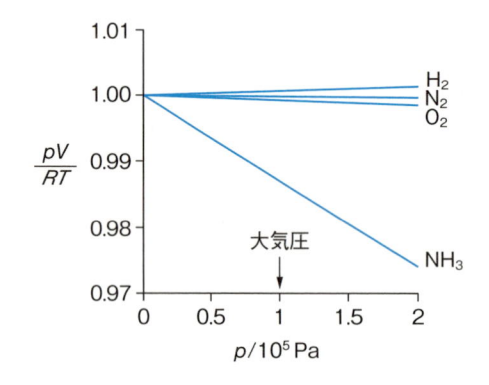

図 4・10　**圧力と pV/RT の関係**　理想気体では正確に $pV/RT=1$ であるが，この関係は，実在の気体でも大気圧程度まではほぼ成り立つ．縦軸が 0.97 からであることに注意

例題　大気圧，25℃で，空気 1 L 中に気体分子が何 mol 含まれるか．

解答　$n = \dfrac{pV}{RT} = \dfrac{1 \times 10^5 \, \text{Pa} \times 1 \, \text{L}}{8.31 \, \text{J K}^{-1} \, \text{mol}^{-1} \times (25 + 273) \, \text{K}}$

$= \dfrac{1 \times 10^5}{8.31 \times (25 + 273)} \dfrac{\text{Pa} \times 10^{-3} \, \text{m}^3}{\text{J} \times \text{mol}^{-1}} = 0.040 \, \text{mol}$

ここで，単位どうしの関係，$L = 10^{-3} \, m^3$ と $Pa \, m^3 = J$ を使った．

4・4　モル分率と分圧

4・4・1　モル分率

2種類以上の気体が含まれる混合気体について考えよう．まず，モル分率というものを定義する．気体 A, B, ... が一つの容器に入った混合気体があり，気体 A の物質量が n_A（単位は mol），気体 B の物質量が n_B, ... からなり，全部の気体の物質量の合計が n であるとする．

$$n = n_A + n_B + ...$$

モル分率 mole fraction

ここでは気体を取上げているが，モル分率は物質量の割合であり，気体に限らず適用できる．

このとき，全物質量 n に対する A の物質量 n_A の割合 x_A を物質 A の**モル分率**という．

$$x_A = \frac{n_A}{n} = \frac{n_A}{n_A + n_B + ...} \tag{4・13}$$

たとえば，気体 A が 7 mol，気体 B が 3 mol の混合気体であるなら，A のモル分率は 7 mol/10 mol = 0.7 であり，B のモル分率は 3 mol/10 mol = 0.3 である．

4・4・2 分圧

つぎに，混合気体の圧力について考えよう．温度は T で一定であるとする．7 mol の気体 A と 3 mol の気体 B が体積 V の一つの容器に入った混合気体があったとしよう．この混合気体の圧力 p_{mix} は，気体が全部で 10 mol あるのだから，理想気体の状態方程式から，

$$p_{mix} = \frac{10 \text{ mol} \times RT}{V}$$

となる．

さて，その中の気体 B だけを排気して，気体 A だけにしたと仮定しよう．残った 7 mol の気体 A が同じ体積 V を占めるのだから，そのときの圧力は 7 mol× RT/V となるはずである．この圧力を p_A とする．今度は気体 A だけを排気して，気体 B だけにしたとすると，その圧力は 3 mol× RT/V となるはずである．この圧力を p_B とする．

p_A や p_B をそれぞれの気体の**分圧**という．つまり分圧とは，混合気体があったとき，その成分気体が同じ体積を占めたと仮定したときに示す圧力である．

分圧 partial pressure

つまり分圧は，直接測定できる量ではない．

4・4・3 ドルトンの分圧の法則

上の考察から，

$$p_{mix} = \frac{10 \text{ mol} \times RT}{V} = \frac{7 \text{ mol} \times RT}{V} + \frac{3 \text{ mol} \times RT}{V} = p_A + p_B$$

が成り立つことがわかる．すなわち，混合気体の圧力は分圧の和に等しい．これを**ドルトンの（分圧の）法則**という（図 4・11）．この関係は，3 種類以上の気体の混合物についても成り立つ．

ドルトンの（分圧の）法則 Dalton's law

$$p_{mix} = p_A + p_B + \dots \tag{4・14}$$

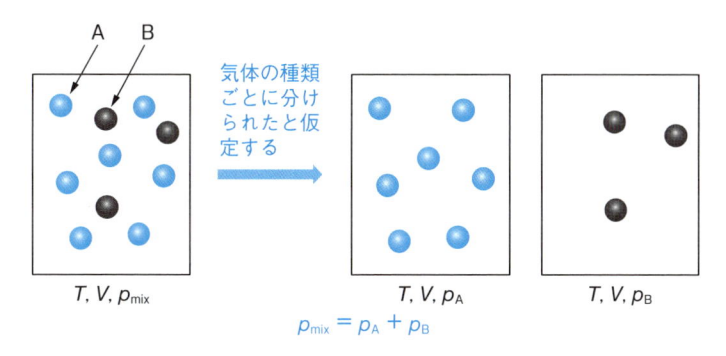

図 4・11 **ドルトンの分圧の法則** 混合気体の圧力は分圧の和に等しい．

また，A のモル分率 x_A を混合気体の圧力 p_{mix} に掛けると，A の分圧 p_A になることがわかる．

$$x_A p_{mix} = 0.7 \times \frac{10 \text{ mol } V}{RT} = \frac{7 \text{ mol } V}{RT} = p_A$$

一般に，分圧は，その気体のモル分率を混合気体の圧力に掛けると得られる．

4・5 液体と溶液
4・5・1 液体

分子の運動エネルギーや速度は温度で決まることを，理想気体の状態方程式のところで述べたが，これは理想気体に限らず一般的に成り立つ事項である．分子や原子の速度は温度だけで決まり，それは気体，液体，固体といった物質の状態にはよらない．100 ℃で沸騰している最中の水で，液体中の水分子の平均速度と水蒸気中の水分子の平均速度は等しい．

ただ，液体の密度は気体の密度より 1500 倍ほど大きいので，分子間の衝突はかなりの頻度で，一つの分子は 1 秒間に 10 兆回も他の分子と衝突する．

静置した水の上に水溶性のインクを 1 滴そっと置いてみよう．インクの色がゆっくり広がるのが観察される．分子運動から考えると，液体が乱される効果をうまく排除できたら，1 時間で 1 cm 以内にしか広がっていかないはずである．それは，分子は 500 m s^{-1} ほどの速度で激しく動いているが，ただちに別の分子と衝突して向きを変えられてしまうからである．

4・5・2 溶液

溶媒 solvent
溶質 solute
溶液 solution

化学では，純粋な物質の液体というよりは，その液体に何か物質が溶けた液体を取扱うことが多い．液体に何らかの物質が溶けているとき，溶かしている液体を**溶媒**，溶けている物質を**溶質**，そして両者をあわせた液体全体を**溶液**という．よく似た名前であるので，はっきり区別できるようにしておこう．

食塩水も砂糖水も溶液である．食塩は塩化ナトリウムという物質であり，食塩水の溶質は塩化ナトリウム NaCl で，溶媒は水 H$_2$O である．砂糖の成分はショ糖という分子であり（9・4・2 節参照），砂糖水という溶液の溶質はショ糖で，溶媒は水である．溶媒が水の溶液のことを**水溶液**ともいう．

水溶液 aqueous solution

食塩を水に入れて混ぜると，少しずつ溶けて，粒が小さくなっていく．食塩の量がそれほど多くなければ，ついには完全に溶けて見えなくなる．これが塩化ナトリウム水溶液である．このとき分子や原子の世界では何が起こっているのだろうか．

溶質が溶媒に溶けたかどうかは，その液体が透明かどうかで簡易的には判断できる．透き通って向こう側がはっきりと見えれば溶けている．色がついた溶質を溶かした溶液は，色がついた液体になる．しかし，色がついていても向こう側がはっきりと見えれば透明である．溶けないと固形物が残ったり，液体が濁って見える．透明であるか懸濁しているかと，無色であるか色づいているかは関係がないので注意しよう．

まず，言葉をはっきりさせよう．日本語の「溶ける」には二つの意味がある．一つは「**融解する**（melt）」という意味で，固体が液体になることを表す．もう一つが「**溶解する**（dissolve）」という意味で，溶質を溶媒に入れると，あたかも消えたように見えなくなることをいう．ここでは後者の溶解が話題である．

固体中では，分子あるいはイオンどうしが隣合って並んでいる．この固体を液体中に入れると，そこに液体分子（溶媒分子）が速度約 500 s^{-1} でぶつかってきて，液体分子が固体分子をはぎとって取囲む（図 4・12）．固体中の最後の分子までが液体の分子に取囲まれてしまった状態が「溶けた」状態であり，このような状態を「溶液」とよぶ．また，溶液中で溶質が溶媒分子に取囲まれることを**溶媒和**という．

溶媒和 solvation

電荷をもったイオンは水には溶けやすいが，極性の小さい液体には溶けにくい．

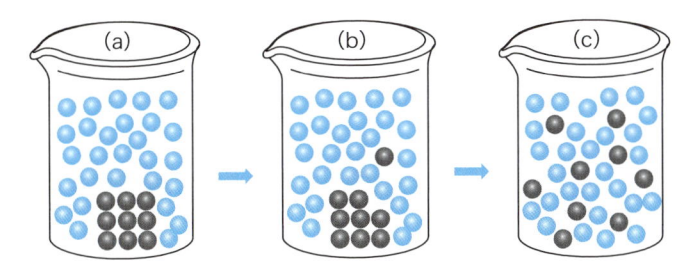

図 4・12　**溶解するとは**　(a) ●の分子の固体を，●の分子の液体に入れる．(b) 液体分子が固体分子をはぎとって取囲んでいく．(c) ついには，完全にバラバラになり，溶質分子は液体分子（溶媒分子）によって溶媒和される．この状態が溶液である．

イオン結合した固体が液体に溶けるためにはバラバラになって溶媒分子に取囲まれる必要があるが，極性の小さい溶媒では固体中で強く結合している陽イオンと陰イオンをバラバラにすることができない．

ところが，水分子 H−O−H では，酸素が負の電荷を，水素が正の電荷を帯びている．このために，図 4・13 に示すように，陽イオンのまわりを酸素が取囲み，陰イオンのまわりを水素が取囲んで，イオンを溶媒和して安定な状態にすることができる．他の液体に比べて水はイオンを溶かす能力が圧倒的に高く，水による溶媒和を特に**水和**とよぶ．

水和　hydration

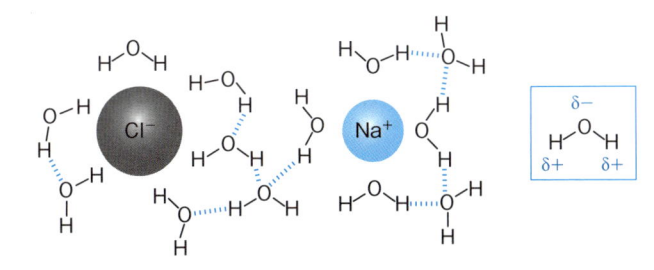

図 4・13　**ナトリウムイオンと塩化物イオンの水和**　NaCl は水には溶ける．……は水分子どうしの水素結合を示す．

4・6　溶液の濃さの表し方：濃度

溶液中ではバラバラになった溶質分子は均一にぶつかりあうことができるので，化学反応を調べるときや，分子を合成するときには溶液で行うことが多い．溶質がたくさん溶けた濃い溶液では，互いにぶつかる頻度が大きいので反応は速く進み，溶質が少ない薄い溶液では反応は遅い．ここでは，溶質の濃さを定量的に表す方法を学ぼう．

ある量の溶液あるいは溶媒中に溶質がどのくらい含まれているかを表すのが，**濃度**である．さまざまな濃度の表し方があり，もっともよく用いられるのがモル濃度であるが，質量パーセント濃度も場合によって用いられる（表 4・1）．

濃度　concentration

表 4・1　濃度の表し方

モル濃度	$\dfrac{\text{溶質の物質量(mol で表す)}}{\text{溶液の体積(L で表す)}}$
質量パーセント濃度	$\dfrac{\text{溶質の質量}}{\text{溶液の質量}} \times 100\ \%$

4・6・1　モル濃度

モル濃度　molar concentration

　モル濃度は，溶液の体積あたり（用いた溶媒の体積ではない）何モルの溶質が溶けているかを表す．

$$\text{モル濃度} = \frac{\text{モルで表した溶質の物質量}}{\text{溶液の体積}}$$

単位は，mol L^{-1} がもっともよく用いられる．簡単に M と書くこともあるが，これは mol L^{-1} と同じ意味である．また同じ意味で，mol dm^{-3} と書かれることもある．1 dm（デシメートル）というのは 0.1 m のことで，(1 dm)^3＝1 L である．また，物質 A のモル濃度を [ ] を付けて [A] と表すこともある．ショ糖溶液のモル濃度が 0.1 mol L^{-1} であるなら，[ショ糖]＝0.1 mol L^{-1} という具合いである．

　例題　5.0 g のショ糖が溶けた 0.50 L の水溶液のモル濃度はいくらか．ショ糖のモル質量は 342 g mol^{-1} である．

　解答　5.0 g のショ糖をモルで表すと，

$$\frac{5.0\ \text{g}}{342\ \text{g mol}^{-1}} = \frac{5.0}{342}\ \text{mol}$$

である．これが，0.50 L の溶液に溶けているので，モル濃度は，

$$\frac{\frac{5.0}{342}\ \text{mol}}{0.50\ \text{L}} = 0.029\ \text{mol L}^{-1}$$

となる．

　例題　10 g の塩化ナトリウムが溶けた 2.5 L の水溶液のモル濃度を求めよ．塩化ナトリウムには分子という単位はないが，モルで数えるときには NaCl を単位として数えることになっている．NaCl のモル質量は 58.5 g mol^{-1} である．

　解答　10 g の NaCl をモルで表すと，

$$\frac{10\ \text{g}}{58.5\ \text{g mol}^{-1}} = \frac{10}{58.5}\ \text{mol}$$

である．これが，2.5 L の溶液に溶けているので，モル濃度は，

$$\frac{\frac{10}{58.5}\ \text{mol}}{2.5\ \text{L}} = 0.068\ \text{mol L}^{-1}$$

となる．

4・6・2 質量パーセント濃度

質量パーセント濃度は，溶液の質量（溶媒の質量ではない），つまり全質量中で溶質の質量の占める割合をパーセントで表したものである．

$$質量パーセント濃度 = \frac{溶質の質量}{溶液の質量} \times 100\ \%$$

> **例題** 10 g の塩化ナトリウムを 2.5 L の水に溶かした溶液の質量パーセント濃度はいくらか．
>
> **解答** 2.5 L の水は，2500 g である．溶質の質量は 10 g で，溶液の質量は（溶質 10 g）＋（溶媒 2500 g）であるので，
>
> $$\frac{10\ \text{g}}{10\ \text{g} + 2500\ \text{g}} \times 100\ \% = 0.40\ \%$$

質量パーセント濃度
weight percentage

「%」は単位か？ 定義の式中の，質量÷質量を見ればわかるように，質量パーセント濃度には単位はつかないはずである．したがって，「%」は物理量の単位ではなく，全体を 100 として表した数値であるということを示す注釈のようなものである．

4・6・3 モル濃度と質量パーセント濃度の換算

5.80 g の NaCl を水 50.0 mL に溶かすと，この溶液の質量パーセント濃度は，5.80 g/(5.80 g＋50.0 g)×100 %＝10.4 % である．では，モル濃度はいくらだろう．モル濃度には，溶液の体積が必要であるが，NaCl を溶かした溶液の体積は 50.0 mL より大きくなっている．したがって，ここまでの情報では正確なモル濃度はわからない．

できた溶液の密度が $1.07\ \text{g mL}^{-1}$ であることがわかったとしよう．すると，この溶液 1.00 L あたりの質量は $1070\ \text{g L}^{-1}$ であるから，溶液 1.00 L あたり溶質が，

$$1070\ \text{g} \times \frac{10.4}{100}$$

溶けていることがわかる．NaCl のモル質量 $58.5\ \text{g mol}^{-1}$ を使うと，NaCl の物質量は，

$$\frac{1070\ \text{g} \times \dfrac{10.4}{100}}{58.5\ \text{g mol}^{-1}}$$

であり，したがって，溶液のモル濃度は，

$$\frac{\dfrac{1070\ \text{g} \times \dfrac{10.4}{100}}{58.5\ \text{g mol}^{-1}}}{1\ \text{L}} = 1.90\ \text{mol L}^{-1}$$

密度とは，体積あたりの質量のこと．$1.07\ \text{g mL}^{-1}$ なら，1 mL の体積分の質量が 1.07 g ということである．

と求まる．

逆に，モル濃度が $1.90\ \text{mol L}^{-1}$ とわかっている塩化ナトリウム溶液の質量パーセント濃度を求めてみよう．ただし，溶液の密度は $1.07\ \text{g mL}^{-1}$ とする．溶液 1.00 L の質量が 1070 g であり，そこに，NaCl が $1.90\ \text{mol} \times 58.5\ \text{g mol}^{-1}$ 含まれるので，

$$\frac{1.90\ \text{mol} \times 58.5\ \text{g mol}^{-1}}{1070\ \text{g}} \times 100\ \% = 10.4\ \%$$

と求まる．

4・6・4　1.00 mol L^{-1}のショ糖水溶液をつくる方法

モル質量 342 g mol^{-1} から，ショ糖の 1.00 mol は 342 g である．1.00 mol L^{-1} のショ糖水溶液をつくろうとして，ショ糖 342 g を量りとって水 1.00 L に加えて溶かしたら，溶液の体積が 1 L を超えてしまって，望みの 1.00 mol L^{-1} よりも濃度が低くなってしまう．ぴったり 1.00 mol L^{-1} の溶液をつくるには，溶媒の水を 1.00 L 使うのではなくで，溶液の状態で 1.00 L にする必要がある．

化学実験室には，このようなことができる専用の器具がある（図4・14）．メスフラスコとよばれる花瓶のような形をしたガラス器具は，正確に 1.00 L のところに線が引いてある．ショ糖 342 g を 1 L より少ない量の水に溶かしてメスフラスコの中に入れる．そこに 1 L より少しだけ少ない量になるように水を入れてよく振って混ぜる．そして，注意深く目盛まで水を追加する．これで，溶液の状態でぴったり 1 L にすることができる．最後によく混ぜたら 1.00 mol L^{-1} 溶液ができあがる．

ビーカーに 1 mol のショ糖をとり，少なめの水に溶かす

メスフラスコに移す

1 L の線より少し下まで水を加えて，よく振って混ぜる

慎重に 1 L の線まで水を加える．最後によく振って混ぜたら完成

図 4・14　1.00 mol L^{-1}のショ糖水溶液をつくる方法

希薄な溶液では溶質を加えたことによる体積の変化が無視できるので，溶媒を一定の体積加えて濃度を調整する場合も多い．要するに，実験の目的に応じて適切な方法で溶液を調整することが大切である．

4・7　固体と気体の溶解
4・7・1　固体の溶解度

ショ糖（砂糖）や塩化ナトリウム（塩）をよく混ぜながら水に加えていくと，最初は加えた分がすべて溶けていくが，さらに続けると，それ以上溶けずに加えた分がすべて固体のまま残るようになる．このように溶媒（この場合は水）と溶質（この場合は砂糖や塩）の組合わせによって，それ以上溶けないという濃度がある．

飽和溶液 saturated solution
溶解度 solubility

海水中の塩化ナトリウム濃度は，3.5 % 程度である．

このように溶質が最大限に溶けた溶液を**飽和溶液**といい，そのときの濃度を**溶解度**という．ショ糖は水に非常に溶けやすく，25 ℃における溶解度は，質量パーセント濃度で 67 % であり，溶媒の水の質量の 2 倍もの量が溶ける．それに対して，塩化ナトリウムの溶解度は質量パーセント濃度で 26 % である．

固体の溶解度は，一般に温度が高くなると大きくなる．これは，溶媒分子が固体とより激しく衝突することで，より多くの固体分子をバラバラにして溶かし込むこ

とができるためである．

4・7・2　気体の溶解：ヘンリーの法則

今度は気体の溶解度を見てみよう．溶液中の気体の濃度は，圧力がそれほど高くない範囲では，その気体の分圧に比例する．これを**ヘンリーの法則**という．気体が液体に溶けるのは，空中を飛び回っている気体分子が液体表面と衝突して，液体分子に捕えられ，溶液中に閉じ込められるからである．したがって，その気体の分圧が高いほど，より多くの気体分子が液体表面と衝突し，液体分子に捕えられる頻度が高くなるため，気体の溶解度は増加する．

ヘンリーの法則の身近な例として，炭酸飲料水の発泡があげられる．炭酸飲料水には高圧状態で二酸化炭素 CO_2 が大量に溶かし込まれている．ボトルのふたを開けると一気に常圧に戻り，CO_2 の分圧が下がるため，その溶解度が減少し，溶けていた CO_2 が気泡となって吹き出る（図 4・15）．

ヘンリーの法則 Henry's law

気体を液体に溶かすには，気体を液体に接触させ，ある圧力をかける．一定の圧力下で溶ける気体の濃度は決まるので（それ以上は溶けないので），そのときの濃度がそのまま溶解度であるともいえる．

二酸化炭素は液体中に炭酸となって溶け込んでいる（8・2節参照）．

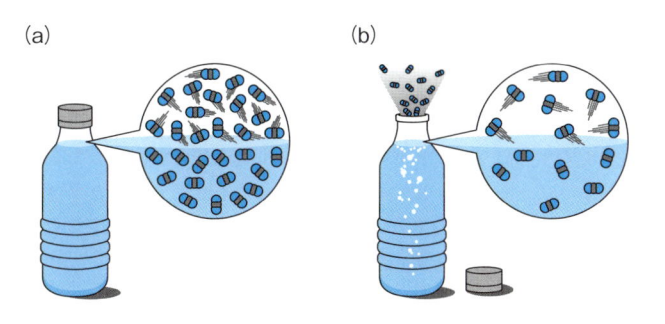

図 4・15　ヘンリーの法則の例．密封された状態(a)からふたを開けた状態(b)にすると，CO_2 の分圧が下がり溶解度が減少するため，CO_2 は気泡となって出てくる．

気体 G の溶液の濃度を [G]，その液体と接した気相中のその気体の分圧を p とすると，温度一定で以下の式が成り立つ．これがヘンリーの法則である．

$$p = K[G] \tag{4・14}$$

ここで，K はヘンリーの定数とよばれる比例定数であり，単位は $kPa\,m^3\,mol^{-1}$ がよく用いられる．ヘンリーの定数が大きいと，同じ濃度にするためにはより大きな分圧が必要となることを意味するので，それだけその気体が溶けにくいことを示している．酸素 O_2，窒素 N_2，二酸化炭素 CO_2 の 25 ℃におけるヘンリーの定数はそれぞれ，75，160，3.0 $kPa\,m^3\,mol^{-1}$ であり，二酸化炭素は，水にとても溶けやすいことがわかる．

もし気体が 1 種類だけならば，気体の溶液中の濃度は，その圧力に比例する．

気体の溶解度は，一般に温度が上がると，固体の場合とは逆に，小さくなる．溶媒分子がより激しく衝突すると，溶液の中から飛びだしやすくなるためである．

例題　25 ℃の空気中にある水には，酸素がどの程度溶けていると推定されるか．また，溶けている酸素を気体として取出したら，25 ℃，$1×10^5$ Pa でその体積はいくらになるか．

解答　空気のうち 21 % が酸素であるから，酸素の分圧は，ドルトンの分圧の法則より，$1.0×10^5$ Pa $×0.21=2.1×10^4$ Pa である．したがって，水中の酸素濃度は，

$$[O_2] = \frac{p}{K} = \frac{2.1 \times 10^4\,Pa}{75 \times 10^3\,Pa\,m^3\,mol^{-1}} = 0.28\,\frac{mol}{m^3} = 0.28\,\frac{mol}{10^3\,L} = 0.28\,mmol\,L^{-1}$$

である．水中の生物が必要な酸素濃度は 0.1 mmol L^{-1} 程度であるので，水中で生きていけるわけである．

気体として取出すと，気体 1 mol が 25 ℃，1×10^5 Pa で 25 L であるから，0.28 mmol の酸素は，

$$0.28 \times 10^{-3} \text{ mol} \times 25 \frac{\text{L}}{\text{mol}} = 7.0 \times 10^{-3} \text{ L} = 7.0 \text{ mL}$$

練習問題

4・1 質量 3.0×10^{-23} g の水分子を地球が引張る力はいくらか．

4・2 1 m 高いところにある 1 個の水分子がもっているポテンシャルエネルギーはいくらか．

4・3 1 m 高いところにある 1 mol の水分子がもっているポテンシャルエネルギーはいくらか．

4・4 (a) 200 ℃ は 100 ℃ の倍であるといってよいか．
(b) 200 K は 100 K の倍であるといってよいか．

4・5 温度 T における分子 1 mol の飛び回る（並進）運動エネルギーの平均は $(3/2)RT$ で与えられる．25 ℃ の水 1 mol の並進運動エネルギーはいくらか．

4・6 25 ℃ の水分子の平均速度を求めよ．水のモル質量は 18 g mol^{-1} である．

4・7 (4・8)式において，温度が一定のとき(4・9)式，体積が一定のとき(4・10)式，そして圧力が一定のとき(4・11)式になることを確かめよ．

4・8 大気圧，25 ℃ で，気体分子 1.0 mol の体積はいくらか．

4・9 50 g のショ糖を 0.500 L の水に溶かした溶液の質量パーセント濃度はいくらか．

4・10 塩化水素 HCl の水溶液を塩酸という．質量パーセント濃度が 30 % の塩酸のモル濃度を求めよ．HCl のモル質量は 36.5，この溶液の密度は 1.2 g mL^{-1} である．

4・11 モル濃度 1.0 mmol L^{-1} のショ糖の水溶液の質量パーセント濃度を求めよ．ショ糖のモル質量は 342 g mol^{-1} である．この溶液の体積は溶媒として用いた水と同じとしてかまわない（なぜか？）．

4・12 ショ糖の 1 μmol L^{-1} の溶液 10 mL 中にはショ糖は何 g 含まれるか．

4・13 25 ℃ の空気中にある水には，窒素と二酸化炭素がそれぞれどの程度溶けていると推定されるか．

発展問題

4・14 私たちは大気から 10^5 Pa の圧力を受けながら，なぜつぶれないのだろう．

4・15 気体 A と B の物質量を，7 mol と 3 mol ではなく，n_A と n_B として分圧の法則を証明せよ．

4・16 ある実験室の天秤では，1 mg より小さな質量を量ることができない．ショ糖の 1 μmol L^{-1} の溶液 10 mL を調整するにはどのようにすればよいか．

5 物質は変化する─エネルギーと変化の方向

- 物質には,化学エネルギーが蓄えられている.
- 反応には,発熱反応と吸熱反応がある.
- 化学エネルギーを含めて,系のすべてのエネルギーの総和を内部エネルギー U という.
- 内部エネルギーは保存される.これを熱力学の第一法則という.
- エネルギーの移動の形態には,熱と仕事がある.
- $H=U+pV$ をエンタルピーといい,圧力一定では,熱の出入り分だけ変化する.
- エントロピー S は場合の数に対応した量で,その変化は $\Delta S=Q_{rev}/T$ である.
- 自発変化は,S が増大する方向に起こる.これを熱力学の第二法則という.
- $G=H-TS$ をギブズエネルギーといい,圧力,温度一定では,自発変化は G が減少する方向に起こる.
- 一般的には,エネルギーの低い状態は安定であり,エネルギーの高い状態は不安定である.

ガスの元栓を開けて,コンロに火をつけると,燃料であるガスが供給されている限り自然に炎をあげて燃え続ける.この反応は,燃料であるメタンガス CH_4 の燃焼によるものである.

$$CH_4 + 2O_2 \longrightarrow CO_2 + 2H_2O$$

しかし,二酸化炭素と水から,自然にメタンと酸素になることはない.

$$CO_2 + 2H_2O \:\:\not\!\!\longrightarrow CH_4 + 2O_2$$

このように,化学反応には自然に進みやすい方向とそうでない方向がある.反応の進む方向を理解するために,この章ではまず,もっと単純で直感的にわかりやすい以下の物理変化を考察して,反応の進む方向を決める本質的な法則を理解しよう.

- 気体は膨張して容器全体に広がるが,容器全体に広がっていた気体が一部に集まることはない.
- 高温の物質と低温の物質を接触させると,温度は均一になるが(図4・6参照),均一な温度の物質の一部だけが高温に,あるいは低温になることはない.

この章の目標は,エネルギーと変化の方向といった基本的な概念を理解することである.

燃焼が起こるには,反応物としての燃料(ここではメタン)と酸化剤(ここでは酸素),および反応を開始させるための着火が必要である.コンロではハンドルを回すと火花が飛び,反応開始に必要なエネルギーが供給される.燃焼は,熱の発生をともなう発熱反応であり(5・2節参照),反応が始まってしまえば,その熱で自然に反応が継続する.

5・1 物質はエネルギーをもつ:化学エネルギー

物質は,必ずエネルギーをもっている.そのエネルギーは運動エネルギーとポテンシャルエネルギーとして蓄えられている.物質のもつエネルギーについて理解するために,その成り立ちから考えよう.物質は原子からできており,原子は電子と核からなっている.電子は負電荷をもち,核は正電荷をもつため,引きあったり,反発しあう.つまり,電荷と電荷の間にはクーロン力が働き,クーロン力にもとづ

これらのエネルギーについては,4・2節ですでに述べた.

70   5. 物質は変化する—エネルギーと変化の方向

化学結合に蓄えられた
エネルギー

その本質は，…

核と電子のポテンシャルエネルギーと
運動エネルギー

図 5・1　化学エネルギー

クーロンポテンシャルについては，2・1節ですでに述べた．

くポテンシャルエネルギー（クーロンポテンシャル）が生じる．また，核や電子は動いているので，これらは運動エネルギーをもつ．

　分子やその他の物質を形成する化学結合も，原子中の核や電子との間に働くクーロン力によるものである．図5・1にその様子を示した．つまり，これらの物質も原子と同様に，ポテンシャルエネルギーをもつ．このポテンシャルエネルギーは，物質をつくる原子の相対的な位置によってその大きさが決まる．このように物質に蓄えられたエネルギーのことを**化学エネルギー**とよぶ．化学反応においては，化学結合の組換え（形成や切断）により，原子の位置関係が変化し，それにともなって電子の分布も変化するため，ポテンシャルエネルギーも変化する．つまり，化学エネルギーは化学反応において出入りするエネルギーのことである．

化学エネルギー
chemical energy

通常の化学反応では，原子核には何の影響もない．化学エネルギーは原子と原子の結合（化学結合）に蓄えられたエネルギーとみなすことができる．

5・2　発熱反応と吸熱反応

　1 mol の水素分子と 1/2 mol の酸素分子から 1 mol の水分子が生成する反応は，爆発的に進行し，熱を放出する**発熱反応**である．10^5 Pa という一定圧力では，286 kJ だけ発熱する．

$$\mathrm{H_2(g)} + \frac{1}{2}\mathrm{O_2(g)} \longrightarrow \mathrm{H_2O(l)} \qquad 286\,\mathrm{kJ}\,\text{の発熱}$$

発熱反応
exothermic reaction

l は液体（liquid），g は気体（gas）を表す．

　この発熱によるエネルギーはどこからくるのだろうか？　これは，水素分子と酸素分子の化学エネルギーのほうが，水分子の化学エネルギーよりも大きく，$\mathrm{H_2}$ と $\mathrm{O_2}$ からよりエネルギーの低い $\mathrm{H_2O}$ が生成し，余ったエネルギーが放出されることに由来する．この関係を模式的に図5・2に示した．

　熱を吸収して起こる**吸熱反応**もある．パンなどをつくるときに用いるベーキング

吸熱反応
endothermic reaction

$\mathrm{H_2(g)} + \frac{1}{2}\mathrm{O_2(g)}$

発熱　286 kJ

$\mathrm{H_2O(l)}$

$\mathrm{Na_2CO_3(s)}$
$+\mathrm{H_2O(l)}$
$+\mathrm{CO_2(g)}$

吸熱　85 kJ

$2\mathrm{NaHCO_3(s)}$

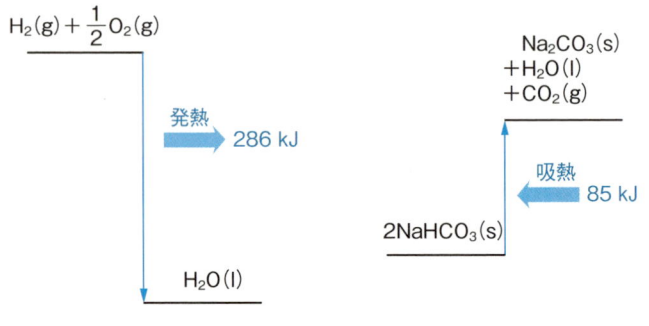

図 5・2　発熱反応と吸熱反応

パウダーの主成分は炭酸水素ナトリウム（重曹）NaHCO₃ であり，これを加熱すると分解し，炭酸ナトリウム Na₂CO₃，水 H₂O および二酸化炭素 CO₂ が生成する．10⁵ Pa という一定圧力では，91 kJ ほど吸熱する．

$$2\text{NaHCO}_3(s) \longrightarrow \text{Na}_2\text{CO}_3(s) + \text{H}_2\text{O}(l) + \text{CO}_2(g) \quad \text{85 kJ の吸熱}$$

この関係も図 5・2 に示した．これから，このような反応熱やエネルギー変化を定量的に扱う方法を学ぼう．

気体の二酸化炭素が生成するために，パンが膨らむ．

(s) は固体（solid）を表す．

5・3 内部エネルギーと熱力学の第一法則

5・3・1 系と内部エネルギー

このようなエネルギーの変化について見るときに，対象とする部分をはっきりさせるために，「系」というものを考える（図 5・3）．系は，蓋をしたフラスコの内部の場合もあれば（体積一定の系），内筒が動く注射器の中という場合もある（圧力一定の系）．あるいは，系として地球を考える場合もある．一方，系以外の部分を**外界**とよぶ．

系 system

外界 surroundings

系には，外界との物質とエネルギーのやりとりという観点から，三つのタイプがある．下の表で○はやりとり可能，×はやりとり不可能を示す．

系	物質	エネルギー
開放系	○	○
閉鎖系	×	○
孤立系	×	×

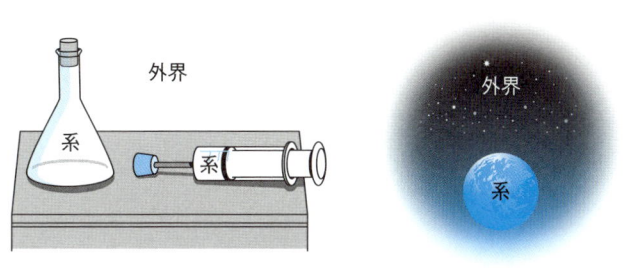

図 5・3 系と外界

系に含まれる粒子のもつ全エネルギーを**内部エネルギー**という．つまり，系に含まれる原子や分子の運動エネルギーとポテンシャルエネルギーの総和が，内部エネルギーということになる．通常，系には莫大な数の粒子が含まれており，すべての内部エネルギーについて知ることは困難である．一方，系における内部エネルギーの "変化" については，エネルギーの出入りが測定できれば，その変化量を知ることができる．

内部エネルギー
internal energy
内部エネルギーは 5・1 節で述べた化学エネルギーのほかに，原子や分子自体の運動エネルギーや，孤立した原子や分子どうしに働く力によるポテンシャルエネルギーがある．分子間力の小さな気体では，後者のポテンシャルエネルギーは無視できる．

5・3・2 熱力学の第一法則

系における内部エネルギーの変化を知るためには，系にエネルギーの出入りがなければ，内部エネルギーは変化しないという前提が必要となる．つまり，エネルギーは移動するだけであって，発生したり消滅したりしない，いい換えれば<mark>エネルギーは保存される</mark>ということである．これを**熱力学の第一法則**という．エネルギーの移動の方法としては，「仕事」と「熱」がある．以下，具体的に見ていこう．

系の内部エネルギーは，外界から仕事をされたり，熱が流入したら，そのぶんだけ増加する．内部エネルギーが $U_\text{前}$ の系が，仕事 $w(>0)$ をされると，内部エネルギー $U_\text{後}$ は w だけ増えて，

$$U_\text{前} + w = U_\text{後}$$

熱力学の第一法則 the first law of thermodynamics
仕事については 4・2・1 節，熱については 4・2・4 節参照．

である．よって，内部エネルギー変化を ΔU で表すと，

$$U_後 - U_前 = \Delta U = w (>0)$$

となる．内部エネルギーが $U_前$ の系に，熱 $q(>0)$ が流入すると，内部エネルギーは q だけ増えて，

$$U_前 + q = U_後$$

である．よって，

$$U_後 - U_前 = \Delta U = q (>0)$$

となる．

逆に，系が外界に対して仕事をすると，そのぶん内部エネルギーは減少する．よって，

$$U_後 - U_前 = \Delta U = w (<0)$$

となる．ここで，系が外界に対してする仕事は負とする約束であるので，この式で w は符号が負となる．系から熱が外界に流出すれば，そのぶん内部エネルギーは減少する．よって，

$$U_後 - U_前 = \Delta U = q (<0)$$

となる．ここで，系から外界に対して流出する熱は負とする約束であるので，この式で q は符号が負となる．

以上のことから，仕事も熱も出入りする場合について，内部エネルギーの変化をまとめると，

$$U_後 - U_前 = \Delta U = w + q \tag{5・1}$$

となる．これが熱力学の第一法則を表す式である．

> w と q の符号に注意しよう．系が仕事をされる場合 ($w>0$)，系に熱が流入する場合 ($q>0$) は，符号は"正"である．一方，系が仕事をする場合 ($w<0$)，系から熱が流出する場合 ($q<0$) は，符号は"負"となる．

例題 図5・4の模式図を使って，熱力学の第一法則を説明せよ．

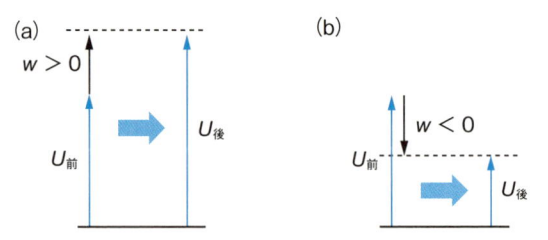

図5・4 熱力学の第一法則

解答 (a) 仕事をされると ($w>0$)，そのぶん内部エネルギー U は増加するから，$U_前$ に w を加えると $U_後$ に等しい．(b) 仕事をすると ($w<0$)，そのぶん内部エネルギーは減少するから，$U_前$ から $|w|$ を引くと $U_後$ に等しい．仕事 w の代わりに熱 q でも，仕事と熱の両方 ($w+q$) でも同じ図が描ける．

5・3・3 膨張，収縮の仕事

系が仕事をするとか，系が仕事をされるとか，具体的にはどういうことだろう．もっとも簡単な仕事の形態である気体の"膨張"と"収縮"を考えてみよう．図5・

5のような注射筒に入った気体を考えて，圧力は系も外界も p で一定であるとする．外界がピストンを押す力は，注射筒の断面積を A として，$F=pA$ である．力 F に対抗して距離 x だけ進めたときにした仕事 w は，$w=Fx$ であった（(4・4)式）．したがって，外界の力に対抗して，系が膨張してピストンが上に Δh だけ動いたときの仕事は，

$$w = -F\Delta h = -pA\Delta h$$

である．ここで，$A\Delta h$ は気体の体積変化であるので，ΔV と書いて，

$$w = -p\Delta V \qquad (5・2)$$

となる．この式は，体積変化が正の場合は w が負であるので，系が外界に対して仕事をしたことを表し，体積変化が負の場合は w が正であるので，系が外界から仕事をされたことを示す．つまり，膨張する場合には，系は外界に仕事をし，そのぶん内部エネルギーは減少する．一方，収縮する場合には，系は外界から仕事をされ，そのぶん内部エネルギーは増加する．

系と外界の圧力が両方とも p で等しければピストンは動かない．しかし，限りなく小さい圧力差があればピストンを動かすことができるので，そのときに要する仕事は，$w = -pA\Delta h$ で，十分よく近似される．

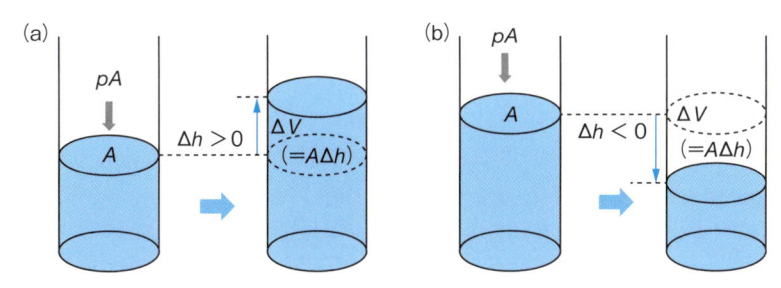

図 5・5 **膨張と収縮** 系（色で表す）は，(a) 膨張（$\Delta h>0$）では仕事をする（$w<0$），収縮（$\Delta h<0$）では仕事をされる（$w>0$）

5・4 エンタルピー

5・4・1 エンタルピーの定義

もう一度，5・2節で見た発熱反応を考えよう．

$$\mathrm{H_2(g)} + \frac{1}{2}\mathrm{O_2(g)} \longrightarrow \mathrm{H_2O(l)} \qquad 286\,\mathrm{kJ}\ \text{の発熱}$$

この反応が，圧力一定のもとで起こると，286 kJ の発熱があり，内部エネルギーはこの発熱によって減少する．一方，この反応では 1 mol の水素と 1/2 mol の酸素からなる合計 1.5 mol の気体が 1 mol の水からなる液体に変化するので，体積が大きく減少する．体積が縮むということは，外界によって仕事をされたことになり，そのぶん内部エネルギーは増加する．結局，この反応によって内部エネルギーがいくら変化するかを知ることは面倒なことになる．

そこで，圧力一定での反応について調べるときには，内部エネルギーの変化ではなく，熱の出入りした分だけ増減する量を考えるほうが便利である．このような量として，つぎの**エンタルピー** H を定義する．

エンタルピー enthalpy

$$H = U + pV \qquad (5・3)$$

ここで，U は内部エネルギー，p は圧力，V は体積である．

5・4・2　なぜ熱の出入りがエンタルピーで表されるか

なぜ，熱の出入りは U と pV の和に等しいのか，ここで示しておこう．圧力一定という条件のもとで，反応の前と後のエンタルピーは，定義から，

$$H_{後} = U_{後} + pV_{後} \quad \text{および} \quad H_{前} = U_{前} + pV_{前}$$

これらの式の差をとると，

$$H_{後} - H_{前} = U_{後} - U_{前} + p(V_{後} - V_{前})$$

後から前を引いた値を Δ という記号を用いて簡潔に表すと，

$$\Delta H = \Delta U + p\Delta V$$

となる．熱力学の第一法則（(5・1)式）によって，ΔU を書き換えると，

$$\Delta H = w + q + p\Delta V$$

膨張や収縮の仕事は $w = -p\Delta V$ であるから（(5・2)式），

$$\Delta H = -p\Delta V + q + p\Delta V = q$$

となる．すなわち，エンタルピー変化 ΔH は，圧力一定という条件のもとでは，熱 q に等しい．

$$\Delta H = q \tag{5・4}$$

系に熱が流入すると（$q>0$），エンタルピーは増加し（$\Delta H>0$），系から熱が流出すると（$q<0$），エンタルピーは減少する（$\Delta H<0$）．

そこで，水素と酸素の反応は発熱量を付して，以下のように書く．

$$H_2(g) + \frac{1}{2}O_2(g) \longrightarrow H_2O(l) \quad \Delta H° = -286 \text{ kJ}$$

ここで，$\Delta H°$ は生成物から反応物を引いたエンタルピーの差を表す．$\Delta H°$ が負であることは，発熱反応であり，エンタルピーが減少することを示す．$\Delta H°$ の右上の "°" は，**標準状態**（圧力が 10^5 Pa である状態のこと）での値であることを示す．化学反応の熱量を表す ΔH を**反応エンタルピー**という．ここで，「変化」という語句は省略されているが，反応エンタルピーとは反応前後のエンタルピー"変化"のことである．

$\Delta H = q$ であるなら，熱を q から ΔH に書き換えただけであり，何のために ΔH を使うのか理解できないかもしれない．$\Delta H = q$ であるのは，圧力一定という条件のときに限られることであって，H の定義は $H = U + pV$ である．熱 q は出入りするものであり，ある物質の状態を表しているのではない．それに対して，内部エネルギー，圧力，体積は物質の状態のみによって決まる量（**状態量**という）であるから，H も同様に状態量となる．状態量は，熱が加わってあるいは仕事をされてなど，その系の状態にいたる "経路（道筋）" や "手段" に関係なく，そのときの状態のみで決まる量である．つまり，系の状態が変化するとき，その状態量の変化は系の最初と最後の状態によって決まり，変化の経路には依存しない．エネルギー，圧力，体積のほか，温度も状態量である．一方，熱や仕事は状態量ではなく，"手段" に相当する．図 5・6 のような例えを用いると，理解しやすいだろう．

発熱反応：$\Delta H < 0$
吸熱反応：$\Delta H > 0$

標準状態 standard state
反応エンタルピー enthalpy of reaction

反応式の $\Delta H°$ の単位に mol^{-1} が付いていないことに注意しよう．反応式とともに与えられる $\Delta H°$ は，反応式に示されている mol 分だけ反応した場合の値である．この場合は 1 mol の H$_2$O の変化に対する値である．たとえば，H$_2$O 2 mol 分の反応を考える場合には，
2H$_2$(g) + O$_2$(g) → 2H$_2$O(l)
　　　　$\Delta H° = -572$ kJ
となる．

状態量 quantity of state

図 5・6　**状態量の例え**　マンションの 10 階にある荷物のポテンシャルエネルギーは，持ち上げた経路や手段にかかわらず，荷物の質量と地面からの高さのみによって決まる．つまり，荷物のポテンシャルエネルギーは状態量である．

5・5　エンタルピーの実例

　エンタルピー変化の実例を見て，エンタルピーという概念に慣れよう．常に標準状態，すなわち圧力は常に 10^5 Pa とする．圧力一定で操作を行う限り，エンタルピー変化は熱量に等しいと考えればよい．

5・5・1　温度変化と相変化のエンタルピー

　冷凍庫に入った −20 ℃ の 1 mol の氷から始めよう．この氷の温度を上げるには，加熱する必要がある．物質の温度を 1 ℃ 上げるのに必要な熱量を**熱容量**といい，圧力一定のもと 1 ℃ 上げるのに必要な熱量を**定圧熱容量**という．氷の定圧熱容量は，$C_p = 37$ J K^{-1} mol^{-1} であるので，$\Delta T = 20$ K 上げるために必要な熱量 q は，

$$q = C_p \Delta T = 37 \text{ J K}^{-1} \text{ mol}^{-1} \times 20 \text{ K} = 740 \text{ J mol}^{-1}$$

となる．この変化によって，水のエンタルピーは加えられた熱量だけ増えるから，

$$\text{H}_2\text{O (s, }-20\text{ ℃)} \longrightarrow \text{H}_2\text{O (s, 0 ℃)} \quad \Delta H° = +0.7 \text{ kJ}$$

と表すことができる．この式によって，0 ℃ の氷は −20 ℃ の氷よりも 0.7 kJ だけ余分のエンタルピーをもっているといえる．さて，氷を液体の水にするには，さらに熱を加える必要がある．ゆっくり加熱すると温度 0 ℃ を保ったまま，氷が水になる．熱は温度を上げるためではなく，固相から液相への相変化に使われる．0 ℃ で 1 mol の氷を水にするのに，6.0 kJ mol^{-1} の熱が必要である．

$$\text{H}_2\text{O (s, 0 ℃)} \longrightarrow \text{H}_2\text{O (l, 0 ℃)} \quad \Delta H° = +6.0 \text{ kJ}$$

同じ 0 ℃ でも，1 mol の液体の水は固体の氷よりも 6.0 kJ だけ，余分のエンタルピーをもつ．つぎに，0 ℃ の水の温度を 100 ℃ に上げよう．水の定圧熱容量は 75 J K^{-1} mol^{-1} であるから，

$$\text{H}_2\text{O (l, 0 ℃)} \longrightarrow \text{H}_2\text{O (l, 100 ℃)} \quad \Delta H° = +7.5 \text{ kJ}$$

さらに，100 ℃ の水を蒸発させるのに，41 kJ mol^{-1} の熱が必要である．

$$\text{H}_2\text{O (l, 100 ℃)} \longrightarrow \text{H}_2\text{O (g, 100 ℃)} \quad \Delta H° = +41 \text{ kJ}$$

熱容量　heat capacity

定圧熱容量　heat capacity at constant pressure
熱容量は温度によって変化するが，ここでは計算を簡単にするために一定とした．

相 (phase) とは，均一な領域をさす．たとえば，固体と液体が混ざっていたら，固体の部分を固相，液体部分を液相という．混ざりあわない 2 種類の液体が重なっていたら，上の液体の相と下の液体の相があることになる．

固体→液体のエンタルピー変化を"融解エンタルピー"，液体→気体のエンタルピー変化を"蒸発エンタルピー"という．

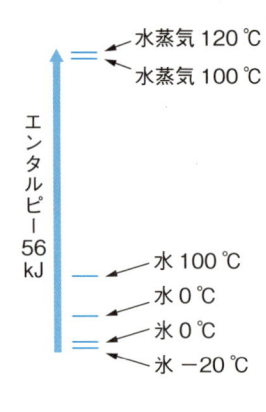

最後に，水蒸気の温度を100℃から120℃に上げよう．水蒸気の定圧熱容量は，$34\,\mathrm{J\,K^{-1}\,mol^{-1}}$である．

$$\mathrm{H_2O(g, 100℃)} \longrightarrow \mathrm{H_2O(g, 120℃)} \qquad \Delta H° = +0.68\,\mathrm{kJ}$$

結局，1 mol の 120℃ の水蒸気は -20℃ の氷よりも，エンタルピーを

$$0.7\,\mathrm{kJ} + 6.0\,\mathrm{kJ} + 7.5\,\mathrm{kJ} + 41\,\mathrm{kJ} + 0.7\,\mathrm{kJ} = 56\,\mathrm{kJ}$$

だけ余分にもつことがわかる．

氷が水蒸気になって体積がずいぶん増えたので，この水は外界に対して仕事をしたことになり，仕事をした分だけ水の内部エネルギーの増加は 56 kJ よりも小さくなる．

5・5・2 化学反応のエンタルピー：生成エンタルピーとヘスの法則

今度は化学反応のエンタルピー変化を考えよう．代表的な物質については，**生成エンタルピー**が調べられており，データとして利用できるようになっている．生成エンタルピーとは，ある化合物が構成元素の単体からできるときのエンタルピー変化である．たとえば，メタン $\mathrm{CH_4(g)}$ の生成エンタルピーとは，炭素の単体であるグラファイト (s) 1 mol と水素の単体である水素分子 $\mathrm{H_2(g)}$ 2 mol のエンタルピーに比べて，メタン (g) 1 mol が余分にもっているエンタルピーである．

$$\mathrm{C(グラファイト, s)} + 2\mathrm{H_2(g)} \longrightarrow \mathrm{CH_4(g)} \qquad \Delta H° = -75\,\mathrm{kJ}$$

すなわち，メタン 1 mol のエンタルピーはグラファイト 1 mol と水素分子 2 mol のエンタルピーよりも 75 kJ 少ない．

同様に，二酸化炭素や水の生成エンタルピーは，

$$\mathrm{C(グラファイト, s)} + \mathrm{O_2(g)} \longrightarrow \mathrm{CO_2(g)} \qquad \Delta H° = -394\,\mathrm{kJ}$$

$$\mathrm{H_2(g)} + \frac{1}{2}\mathrm{O_2(g)} \longrightarrow \mathrm{H_2O(l)} \qquad \Delta H° = -286\,\mathrm{kJ}$$

酸素分子の生成エンタルピーは，単体との差という定義から，ゼロである．

$$\mathrm{O_2(g)} \longrightarrow \mathrm{O_2(g)} \qquad \Delta H° = 0\,\mathrm{kJ}$$

さて，これらのデータを使えば，メタンの燃焼のエンタルピー変化を知ることができる．

$$\mathrm{CH_4} + 2\mathrm{O_2} \longrightarrow \mathrm{CO_2} + 2\mathrm{H_2O} \qquad \Delta H° = ?$$

図5・7のように，反応にかかわる元素の単体，C と $\mathrm{H_2}$ と $\mathrm{O_2}$ を横一列に並べて書く．そして，一つずつ反応させてエンタルピー変化を追跡しよう．① まず，単体から反応式左辺の物質をつくる．C と $2\mathrm{H_2}$ から $\mathrm{CH_4}$ ができるとエンタルピーは 75 kJ 減少する．$\mathrm{O_2}$ は単体だから影響がない．② つぎに，単体から反応式右辺の物質をつくる．$2\mathrm{H_2}$ と $\mathrm{O_2}$ から $2\mathrm{H_2O}$ ができると，エンタルピーは $2\times(286)$ kJ 減少する．③ C と $\mathrm{O_2}$ から $\mathrm{CO_2}$ ができると，さらにエンタルピーは 394 kJ 減少する．④ すると，図から，$\mathrm{CH_4}$ と $2\mathrm{O_2}$ の状態よりも $\mathrm{CO_2}$ と $2\mathrm{H_2O}$ の状態のほうがエンタルピーは小さく，変化量は $-891\,\mathrm{kJ}$ と求まる．

上の計算は，メタンと酸素を直接反応させることなしに，異なる反応（この場合は単体からのそれぞれの物質の生成反応）のエンタルピー変化を使って，目的の反

生成エンタルピー
enthalpy of formation

単体とは，1種類の元素で構成される物質のこと．たとえば，炭素の単体にはダイヤモンド，グラファイト，フラーレンなどがあるが（8・2節参照），いずれも炭素原子だけでできている．単体が複数の種類あるときには，生成エンタルピーの基準にはもっともエンタルピーの小さな単体を使う．

生成エンタルピーの反応式は左辺と右辺のエンタルピーの差を示すために書いているのであって，実際にその反応が起こるとは限らない．

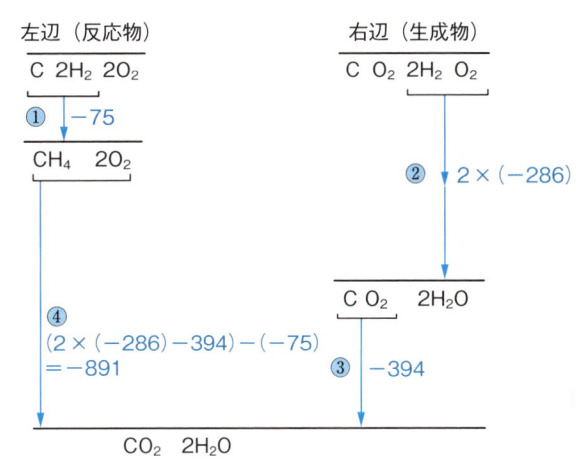

図 5・7 反応エンタルピーを生成エンタルピーから求める

応のエンタルピー変化が求められることを利用している．このように反応のエンタルピー変化は，最初と最後の状態が同じであれば，経路が異なる反応のエンタルピー変化を足しあわせても正しく求めることができる．これを**ヘスの法則**とよぶ．

> **ヘスの法則** Hess's law
> エンタルピーは状態量であるので，当然といえば当然である．

考え方がわかったら，図を用いずに，機械的に計算するほうが簡単である．目的の反応式になるように，エンタルピーも含めてすべて足しあわせると，目的とするエンタルピー変化を求めることができる．

$$\begin{aligned}
\mathrm{CH_4} &\longrightarrow \mathrm{C} + 2\mathrm{H_2} & \Delta H° &= +75 \text{ kJ} \\
\mathrm{C} + \mathrm{O_2} &\longrightarrow \mathrm{CO_2} & \Delta H° &= -394 \text{ kJ} \\
2\mathrm{H_2} + \mathrm{O_2} &\longrightarrow 2\mathrm{H_2O} & \Delta H° &= 2 \times (-286) \text{ kJ} \\
\hline
\mathrm{CH_4} + 2\mathrm{O_2} &\longrightarrow \mathrm{CO_2} + 2\mathrm{H_2O} & \Delta H° &= -891 \text{ kJ}
\end{aligned}$$

一番上の式は，メタン生成の式を左右入れ替えてあるので，$\Delta H°$ の符号を逆にしていることに注意しよう．上の式では省略したが，エンタルピーを表す式にはそれぞれの物質の状態を明記する必要がある．

$$\mathrm{CH_4(g)} + 2\mathrm{O_2(g)} \longrightarrow \mathrm{CO_2(g)} + 2\mathrm{H_2O(l)} \qquad \Delta H° = -891 \text{ kJ}$$

5・6 反応はエントロピーが増加する方向に進む

それでは，何が変化の起こる方向を決めているのだろうか？　まず，この章の冒頭でも述べた，変化の方向が直感的にわかりやすい例について，共通する要因を探ろう．

① ・気体の入った容器の体積を大きくすると，気体は膨張して容器全体に広がる．
　・容器全体に広がっていた気体が容器の一部に集まることはない．
② ・温度の高い物質と低い物質が接触すると，前者は冷えて，後者は温まって全体が均一になる（図4・6参照）．
　・均一な温度の物質において，ある部分が高温になり，他の部分が低温になることはない．

さて，反応の起こる方向に，何か共通点が見いだせるだろうか．気体分子一つ一つ

はまったく勝手に飛び回るだけのはずである．にもかかわらず，ある傾向が現われるのはなぜだろう？

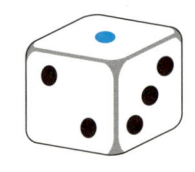

サイコロを振るとき，奇数の目か偶数の目が出るかの確率は 3/6 と 3/6 であるので，そのような勝負は公平である．ところが，1 の目が出るか，2 以上の目が出るかの確率は 1/6 と 5/6 であるので，そのような勝負では 2 以上の目が出るほうが有利になる．反応の方向を考えるときに，知らないうちにこのような不公平な比較をしていないだろうか．

5・6・1 気体は広がる

容器中の気体を単純化して考えよう．まず，容器を左右二つの部分に分ける．仕切りを入れるのではなく，気体分子がいる場所を単に右か左で表すことにする．気体分子 5 個をこの容器に入れる．ここで，個々の気体分子は確率 1/2 でまったく偶然に容器の右あるいは左にいるとしよう．すべての $2^5 = 32$ 通りの場合を並べると，図 5・8 のようになる．さて，気体分子が容器の右あるいは左に完全に偏っているのは，左上と右下の 2 通りだけである．左右どちらかに分子が 1 個あるのは 10 通りある．もっとも多いのは左右どちらかに 2 個あるいは 3 個ある比較的均一な分布をしているもので 20 通りある．この結果から，個々の気体分子が勝手に飛び回っているだけで，全体に広がる傾向が現れることがわかる．

図 5・8 気体分子は容器全体に広がろうとするか？

この場合，分子の数は 5 個だけなので，たまにはそれらの分子は容器の片側のみに集まることになるが，分子の数が増えると，この確率は急激に小さくなる．分子 10 個では（$2^{10} =$）1024 分の 2 となり，分子 20 個では約 100 万分の 2 となる！ 1 mol の気体では 6×10^{23} 個の分子を対象としているので，この確率は実質ゼロである．

5・6・2 温度は均一になる

物質全体の温度が均一になることについても同様に考えてみよう．温度は分子運動の激しさを表す尺度であるから，物質全体の温度が均一であることは，物質のど

の部分の分子も同じ激しさで運動していることを示す．もう一度，系を単純化してみよう．いま，ある物質が10個の分子からなるとする．個々の分子は振動するか，あるいは止まっているかの状態がとれる．この場合，前者は運動エネルギー"1"，後者は運動エネルギー"0"とする．そして系には，全運動エネルギー"5"を与える．ここで，運動している分子を で，止まっている分子を●で表す．さらに，この物質を左右半分に分けて，それぞれの部分の温度は，その部分にある分子の運動エネルギーの平均に比例するとする．

全運動エネルギーが"5"である限り，どの分子が運動して，あるいは止まっているかはまったくの偶然であるとして，可能な場合をすべて並べると図5・9のようになる．これは図5・8とまったく同じである！ つまり，物質のどちらか一方だけが熱い状態（左上の一つか右下の一つ）の場合の数は少なく，左と右の温度が近い場合がもっとも場合の数が多い．

つまり，個々の分子はまったく勝手に運動するだけであるが，集団として見たときには，物質全体の温度は均一になる傾向が現れるということである．

> 全運動エネルギーが"5"であるので，10個の分子のうち，5個が振動し，5個が止まっていることになる．

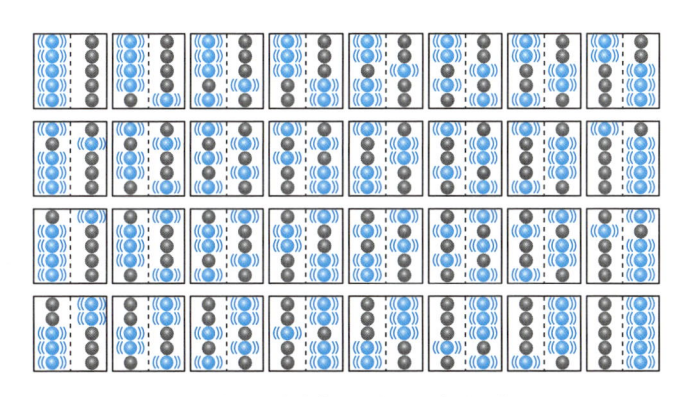

図 5・9 温度は均一になろうとするか？

5・6・3 エントロピーと熱力学の第二法則

以上，二つの場合の考察から，気体が容器いっぱいに広がったり，温度が均一になる傾向は，もともと個々の原子や分子にそのような性質があるわけではなく，単にそういう"場合の数"が多いので確率的に起こりやすいと考えれば理解できる．

この場合の数に対応する量を**エントロピー**といい，S で表す．エントロピーと場合の数 W はつぎの式で関係づけられ，場合の数が大きいほどエントロピーは大きい．

$$S = k_B \ln W \tag{5・5}$$

ここで，k_B は**ボルツマン定数**とよばれ，$k_B = 1.38 \times 10^{-23}\,\mathrm{J\,K^{-1}}$ である．

この用語を使って，反応が進む方向を表すと，反応はエントロピーが増加する方向に進むとなる．これを**熱力学の第二法則**という．

場合の数が多い状態は，気体が容器全体に広がっていたり，分子運動が物質全体にわたっていたり，というように乱雑な状態といえる．したがって，「エントロピーは乱雑さの度合いを表す」，あるいは「反応はより乱雑になる方向へ進む」と

> エントロピー entropy
>
> ボルツマン定数
> Boltzmann constant
>
> 熱力学の第二法則 second law of thermodynamics

いう表現もよく使われる．

5・7 エントロピーと熱

エントロピーは別の形で表現することもできる．ある温度 T の系に熱 q がゆっくり入ってきたとき，系のエントロピーの増加 ΔS は，

$$\Delta S = \frac{q_{\text{rev}}}{T} \tag{5・6}$$

rev は "可逆" を表す（後述）．

で与えられる．q の単位は J で T の単位は K であるから，この定義からの S の単位は J K^{-1} であり，(5・5) 式とつじつまはあっている．この式もここでは証明しないが，その意味を考えてみよう．

熱は分子のランダムな運動だから，熱が流入すると系がそれだけ乱れるので，エントロピーが増加する．ところがこの影響は，系の温度によって異なる．分子があまり運動していない低い温度では，熱の流入の影響が大きく（T が小さいと，同じ q でも ΔS は大きい），分子が活発に運動している高い温度では，同じだけ熱が流入しても，影響は小さい（T が大きいと，同じ q でも ΔS は小さい）．これが，q を T で割ってあることの意味である．

うるさい教室では，私語をしてもあまり影響はないが，静かな教室では，同じ私語でも教室を乱す効果が大きい．

熱がゆっくり出入りするというのは，急に熱が入ってくると系の中に温度差が生じ，その温度差による系の中での熱の移動によってもエントロピーが発生してしまうからである．温度差を無限に小さくすると，無限に遅くはなるが，均一な温度を保ったまま熱が伝わることになる．このような過程を**可逆過程**という．可逆的に熱 q_{rev} が流入したとき，熱量をそのときの温度で割った量だけエントロピーが増加するというのが，(5・6) 式の意味するところである．

可逆過程 reversible process

ある物質の固体をゆっくり加熱して液体にする場合には，固体から液体に変化している間，温度はその物質の融点 $T_{\text{融点}}$ に保たれている．一定の圧力で加熱を行う場合には，流入する熱量は系のエンタルピー変化に等しいから（(5・4) 式），固体 (s) から液体 (l) になるときの融解エンタルピーを $\Delta H_{\text{融解}}$ とすると，つぎの関係が成り立つ．

$$\Delta S_{\text{融解}} = \frac{q_{\text{融解, rev}}}{T_{\text{融点}}} = \frac{\Delta H_{\text{融解}}}{T_{\text{融点}}}$$

また，液体 (l) が気体 (g) になる場合にも，ゆっくり加熱すると，温度は沸点 $T_{\text{沸点}}$ で一定に保たれた状態で熱が流入するから，

$\Delta S_{\text{融解}}$，$\Delta S_{\text{蒸発}}$ をそれぞれ "融解エントロピー"，"蒸発エントロピー" という．

$$\Delta S_{\text{蒸発}} = \frac{q_{\text{蒸発, rev}}}{T_{\text{沸点}}} = \frac{\Delta H_{\text{蒸発}}}{T_{\text{沸点}}}$$

図 5・10 に，融解と蒸発のエンタルピーとエントロピーの様子を示した．固体 ⇌ 液体，液体 ⇌ 気体のエントロピー変化は，その熱量を測定することによって，具体的に求めることができる．

5・8 ギブズエネルギー

ある状態から出発して，個々の原子あるいは分子は勝手に動くだけであるにもか

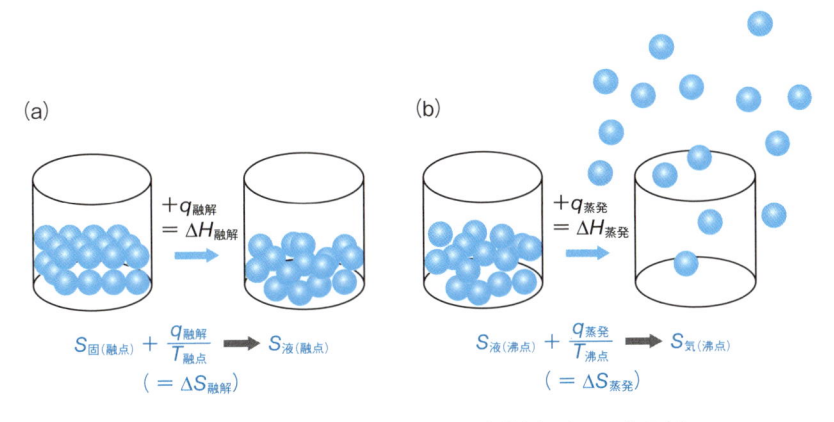

図 5・10 融解(a)と蒸発(b)のエンタルピーとエントロピー

かわらず，よりエントロピーの大きな状態に変化していくことがわかった（熱力学の第二法則）．ところが，この法則は使い勝手が良くない．というのは，ある系の反応がどちらへ進むか判定したい場合に，エントロピーが増加するかどうか（場合の数が多くなるかどうか）は，私たちが調べたい系とは関係なく，外界も含めて宇宙全体で判断しなければいけないからである．

フラスコの中の反応を考えたい場合，フラスコの中が系である（図5・3参照）．フラスコの中で発熱反応が起こったとき，この反応による熱が外界に伝わると，外界の分子の運動が活発になる．そのため，外界のエントロピーが増加する．このときに，全エントロピーが増加する限り，フラスコの中ではエントロピーは減少してもかまわない．すなわち，系と外界をあわせて，場合の数を定めなければ，反応がどちらへ進行するか判定できないのである．

私たちは通常，"系"の中だけの性質を用いて，反応がどちらへ進行するか判定したい．圧力一定，温度一定という条件をつければ，それが可能になる．

まず，外界のエントロピー変化から見積もろう．一定圧力では，系のエンタルピーは吸熱した分だけ増加し，発熱した分だけ減少する（(5・4)式）．

$$q = \Delta H_\text{系}$$

ところで，外界から見ると，外界に入ってくる熱は $-q$ となる．したがって，"外界"のエントロピー変化は，

$$\Delta S_\text{外界} = \frac{-q_\text{rev}}{T} = -\frac{\Delta H_\text{系}}{T}$$

となる．

さて，全エントロピー変化 ΔS_total を系内と外界とに分けて書いて，これが増加するのだから，

$$\Delta S_\text{total} = \Delta S_\text{系} + \Delta S_\text{外界} = \Delta S_\text{系} - \frac{\Delta H_\text{系}}{T} \geq 0$$

これで，式はすべて系内の量になった．並べ替えて*，

$$\Delta H - T\Delta S \leq 0$$

温度と圧力が一定であるなら，温度差などが生じないという前提であるので，熱は必ず可逆的に出入りする．

* すべて系内の量であるので"系"の添字を省いたが，この式の ΔH も ΔS も系の変化である．

したがって，$\Delta H - T\Delta S$ が負になる方向が，圧力一定，温度一定のもとで，反応が自発的に進む方向であることがわかる．

ギブズエネルギー
Gibbs energy

ここで，**ギブズエネルギー** G を，つぎのように定義する．

$$G = H - TS \tag{5・7}$$

温度一定では，

$$\Delta G = \Delta H - T\Delta S$$

となるから，これに上で求めた自発的な変化が起こる方向をあわせると，温度，圧力一定で，自発的に起こる反応は，

$$\Delta G \leq 0 \tag{5・8}$$

となる．まとめると，温度，圧力一定では，自発変化はギブズエネルギーが減少する方向に起こるということになる．

5・9　エネルギーと安定，不安定

　高いところにあるボールは，低いところに落ちようとする．低いところにあるボールは勝手に高いところに上ろうとはしない．図5・11(a)に示すように，高いところはポテンシャルエネルギーが大きく，低いところは小さい．したがって，ポテンシャルエネルギーの高いところは不安定で，ポテンシャルエネルギーの低いところは安定であるように見える．これは，本当だろうか？

　図5・11(b)を見てみよう．高いところにあるボール（①）は確かに低いところに向かって運動し始めるが，低いところに移動したときには，最初にもっていたポテンシャルエネルギーは運動エネルギーに変わっただけで，全エネルギーには変化

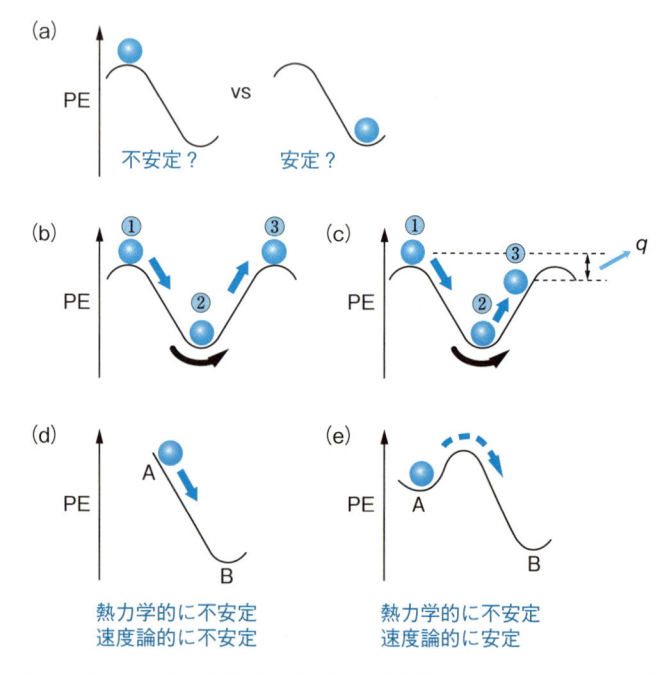

図 5・11　ポテンシャルエネルギーと安定，不安定　PE はポテンシャルエネルギー

はない（②）．エネルギーは保存されるので，低いところにいったボールはその運動エネルギーを使って，もとの高さまで戻る（③）．どちらにいる状態が安定であるということはない．

ところが，図5・11(c)に示すように，現実には，ボールはいったん坂を下ったら（①→②），同じ高さまでは戻らない（③）．往復するたびに上がる高さは低くなり，ついには坂の底で止まってしまう．これは，ボールと坂との間の摩擦や空気の抵抗などのためである．それでは，最初にボールがもっていたエネルギーは，どうなったのだろうか？

ボールのもっていたエネルギーは，坂や空気の分子にぶつかって，それらの運動エネルギーに変わったのである．つまり，発熱したことになる．いい換えれば，ボールは坂の一番低いところに止まって，最初にもっていたポテンシャルエネルギーがすべて熱エネルギーとしてまわりを加熱し，分子の運動がより激しくなることで，エントロピーを最大限に増加させたのである．

化学変化に対しても，しばしば，「エネルギーが高い」と「不安定である」，あるいは「エネルギーが低い」と「安定である」というように，これらは同じ意味で使われる．こういう場合には，エネルギーの高い状態から低い状態に移ったときのエネルギーの差が，熱エネルギーとしてまわりを加熱して，周囲のエントロピーを増加させているという背景があることを覚えておこう．全体のエネルギーは決して少なくならない．

エネルギーの高い状態が，実際にエネルギーの低い状態に変化するかどうかには，また別の問題がある．図5・11(d)と(e)もポテンシャルエネルギーが高いAにボールがある状態である．(d)はそのままBに移ることができるのに対し，(e)はBに移るための山を超えるのが大変である．ボールは最終的にBに移るにしても，(d)では早く，(e)では時間がかかる．

最初と最後の状態だけを比べる視点から，エネルギーの高い状態を不安定，エネルギーの低い状態を安定というのを「熱力学的な (thermodynamic) 安定性」という．それに対し，変化の速度が速いか遅いかの視点からの安定性を「速度論的な (kinetic) 安定性」という．図5・11(d)は熱力学的にも速度論的にも不安定な状態，(e)は熱力学的には不安定で，速度論的には安定な状態である．ダイヤモンドはグラファイトよりも熱力学的には不安定であり，標準状態で，

$$\text{C(ダイヤモンド)} \longrightarrow \text{C(グラファイト)} \quad \Delta G^\circ = -2.9\,\text{kJ}$$

である．ところが，この反応が起こるためにはエネルギーの高い状態を超えなければならず（活性化エネルギーが大きい，6章参照），そのためダイヤモンドは速度論的には十分に安定である．

練習問題

5・1 つぎの反応式を ΔH° を使って書き直せ．

$$2\text{NaHCO}_3(\text{s}) \longrightarrow \text{Na}_2\text{CO}_3(\text{s}) + \text{H}_2\text{O}(\text{l}) + \text{CO}_2(\text{g}) \quad 85\,\text{kJ 吸熱}$$

5・2 10^5 Pa のもと，1 mL の液体が気体になって 1 L に膨張した．気体がした仕事はいくらか．

5・3 25 ℃，10^5 Pa における，つぎの反応の標準反応エンタルピーを求めよ．

$$CH_3OH(l) + \frac{3}{2} O_2(g) \longrightarrow CO_2(g) + 2H_2O(l)$$

ただし，以下の生成エンタルピーのデータを用いよ．

$CH_3OH(l)$ −239 kJ mol^{-1}，$CO_2(g)$ −394 kJ mol^{-1}，$H_2O(l)$ −286 kJ mol^{-1}

5・4 つぎのどちらがエントロピーが大きいか，それぞれ答えよ．

(a) 1 mol の液体と 1 mol の気体，(b) 液体中に固体を入れた瞬間の状態と固体が溶けて溶液になった状態

5・5 G と U の関係を示せ．

5・6 気体の入った断熱（熱の出入りがない）容器を圧縮した．温度はどうなるか．

5・7 真空の部屋で，気体の入ったビニール袋に穴をあけたら，気体は部屋いっぱいに広がった．気体はいくら仕事をしたか．

5・8 一定の温度と圧力（10^5 Pa）で起こった反応で，100 kJ の熱を発生し，体積が 0.1 m^3 増加した．この反応の ΔU と ΔH を求めよ．

5・9 氷から水，水から水蒸気の相変化のエントロピー変化を求めよ．

発 展 問 題

5・10 発熱反応と吸熱反応の例を調べよ．

5・11 −20 ℃の氷を 120 ℃の水蒸気にする過程で，液体の水を気体にする段階のエンタルピー変化が，他の過程より圧倒的に大きい．その理由を考えよ．また，相変化のエントロピー変化が大きいのはどの過程か．その理由を考えよ．

6 物質は変化する―反応速度と平衡

- 反応速度は，単位時間あたりの濃度変化で表される．
- 反応速度が反応物（出発物）の濃度に比例する反応を一次反応という．
- 分子のエネルギーはボルツマン分布にしたがい，温度が高いほどエネルギーの高い分子が多い．
- 反応は，温度が高いほど速く進む．
- 反応は，活性化エネルギーだけエネルギーの高い遷移状態を経て進む．
- 触媒は，活性化エネルギーを小さくして反応速度を速くするが，それ自身は変化しない．
- 生成物がひき続いて反応することを逐次反応という．律速段階が全体の反応速度を決める．
- 正反応と逆反応が起こる反応を可逆反応という．
- 可逆反応はやがて濃度が一定の平衡状態に達する．
- 平衡状態の濃度の関係は，平衡定数 K で与えられる．
- 平衡定数と標準反応ギブズエネルギーは $\Delta G° = -RT \ln K$ で関係づけられる．
- 平衡状態にある系に変化を与えると，その変化を打ち消す方向に反応が進む．これをル・シャトリエの原理という．

　反応には，鉄がさびるようにゆっくり進むものから，水素と酸素が爆発的に反応して水ができるように一瞬で起こるものまで，さまざまな速度で進むものがある．また，温度が低いと進みにくい反応も，加熱すると速く進むようになる．さらに，反応物（出発物）とは別に，それ自身は反応しない別の物質を加えると，反応が速くなることもある．

　反応物から生成物ができると同時に，生成物から反応物へ戻る反応も同時に進む反応もある．このような反応は，やがてどちらの方向にも反応が進んでいないように見える状態に落ち着く．

　この章では，このようなさまざまな反応の取扱いを学ぼう．

6・1 反応速度
6・1・1 一次反応

　非常に速く進む化学反応もあれば，ゆっくり進む反応もあることを述べた．このような化学反応の速度は，どのように決まるのだろうか．

　まず，化学反応の例を見ながら，反応速度を調べよう．過酸化水素 H_2O_2 の水溶液は，そのままの状態では安定であり，消毒薬として販売されている．ところが，少量の二酸化マンガン MnO_2 を加えると，次式のように H_2O_2 が分解し，水と酸素が生成する．

$$2H_2O_2 \xrightarrow{MnO_2} 2H_2O + O_2$$

　反応速度は，一定時間にどれだけ反応が進行したかを示す量であるが，注目する

反応速度 reaction rate

物質によっていろいろな示し方ができる．この反応では，H₂O₂の濃度が時間とともに減少する量で表すこともできるし，時間とともにO₂が発生する量としても表すことができる．

原理的にはH₂Oが生成する速度で表すこともできるが，水溶液中の反応の場合には水の量の変化を検出するのは難しいだろう．

ここでは，H₂O₂の濃度の減少に注目しよう．この反応の進み具合を調べるために，H₂O₂の水溶液をつくり，初濃度 1.00 mol L⁻¹ から実験を始め，一定時間ごとに水中の過酸化水素の濃度を測定したところ，図6・1のようになった．

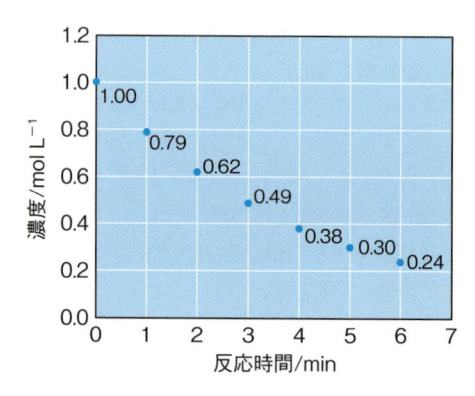

図 6・1　H₂O₂ の濃度変化　図中の数値は濃度．横軸のminは単位が分（min）であることを示す．

[ ]はモル濃度を表す．単位は mol L⁻¹

一定時間 Δt あたりのH₂O₂の濃度の変化量は，$\Delta[\mathrm{H_2O_2}]/\Delta t$ であるが，反応速度は Δt を限りなく小さくした極限である $\mathrm{d}t$ として，

$$r = -\frac{\mathrm{d}[\mathrm{H_2O_2}]}{\mathrm{d}t}$$

で与えられる．H₂O₂が減ったときに速度が正になるようにマイナスを付けてある．すなわち，r は図6・1のグラフの傾きから求められる．

グラフにおける1分ごとの濃度変化から反応速度を近似的に求めて，反応速度に関する法則を探ってみよう．反応開始時，つまり時間ゼロでは，1分の間に 0.21 mol L⁻¹ だけ減少した．したがって速度 $r(0\,\mathrm{min})$ は，

$$r(0\,\mathrm{min}) = -\frac{\Delta[\mathrm{H_2O_2}]}{\Delta t} = -\frac{-0.21\,\mathrm{mol\,L^{-1}}}{1\,\mathrm{min}} = 0.21\,\mathrm{mol\,L^{-1}\,min^{-1}}$$

この値は1分から2分の変化分から計算したので，「1.5分後」の反応速度とみなしたほうがより正確ではある．

である．さらに，その1分後の反応速度 $r(1\,\mathrm{min})$ は，1分から2分の間に 0.17 mol L⁻¹ だけ減少したことから，

$$r(1\,\mathrm{min}) = -\frac{-0.17\,\mathrm{mol\,L^{-1}}}{1\,\mathrm{min}} = 0.17\,\mathrm{mol\,L^{-1}\,min^{-1}}$$

である．

> **例題**　上記の例について，2, 3, 4, 5分後の反応速度を求めよ．
> **解答**　本文と同様にして，0.13, 0.11, 0.08, 0.06（単位はすべて mol L⁻¹ min⁻¹）となる．

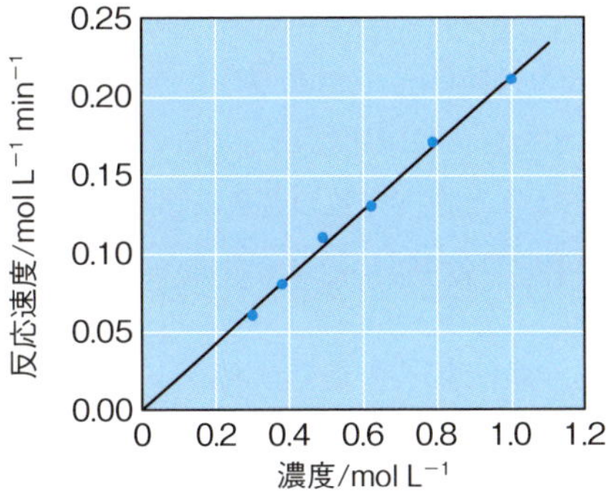

図 6・2 反応中の濃度と反応速度との関係
もとのデータは図6・1のもの.

法則を探るためには，グラフをつくって一目で傾向がわかるようにするのが大切である．濃度を横軸に，そのときの反応速度を縦軸にとったグラフを図6・2に示す．

図から反応速度は，反応物の濃度に比例していることがわかる．このような反応を**一次反応**という．この比例関係を式で表すと，

$$r = k[H_2O_2]$$

であり，比例定数 k を**速度定数**という．r の単位が（濃度/時間）で，$[H_2O_2]$ の単位が（濃度）であるので，k の単位は（1/時間）である．グラフの傾きから，$k = 0.21\ \text{min}^{-1}$ となる．時間の単位に秒（s）を用いると，

$$k = 0.21\frac{1}{\text{min}} = 0.21 \times \frac{1}{60\ \text{s}} = 3.5 \times 10^{-3}\frac{1}{\text{s}}$$

となり，$k = 3.5 \times 10^{-3}\ \text{s}^{-1}$ とも表せる．

一次反応 first-order reaction

速度定数 rate constant

一次反応であることがわかったら，反応の仕組みについて何がわかるだろうか？仮に分子Aと分子Bが2分子衝突して反応が起こるとすると，反応速度は分子Aの濃度に比例するし，分子Bの濃度にも比例するだろう．したがって，

$$r = k[A][B]$$

のような反応速度が予想される．このような反応でAとBが同じ分子であれば，

$$r = k[A][A] = k[A]^2$$

となり，Aの濃度の2乗に比例することになる．このように，反応速度が反応物の濃度の2乗に比例する反応，あるいは2種類の反応物のそれぞれの濃度の積に比例する反応を**二次反応**という．

二次反応 second-order reaction

そう考えると，一次反応であるということは，分子が他の分子とぶつかることなく反応するという反応機構を予測することができる．したがって，過酸化水素の分解反応は，「H_2O_2 分子が他の H_2O_2 分子と衝突して起こるのではなく，H_2O_2 1分子がある確率で分解する」という仕組みで進行していることが予想される．

二酸化マンガンがないと反応はとても遅い．二酸化マンガンの役割については6・1・5節で述べる．

反応速度を調べると，分子のミクロな世界に関する測定をまったくしなくても，分子の世界で起こっていることを予測できるのである！

上で見た関係より，反応速度 r は，

$$r = -\frac{d[H_2O_2]}{dt} = k[H_2O_2]$$

である．この式を解くと $[H_2O_2]$ が，つぎのように求まる．
$$[H_2O_2] = [H_2O_2]_{t=0}\exp(-kt)$$
ここで，$[H_2O_2]_{t=0}$ は，時間 $t=0$ のときの $[H_2O_2]$ である．この式は，図 6・1 のように減衰する曲線を表す．また，ちょうど速度定数の逆数に等しい時間だけたったとき，$[H_2O_2]$ は最初の濃度の 1/e（約 2.7 分の 1）になる．

例題 濃度変化 $[H_2O_2]=[H_2O_2]_{t=0}\exp(-kt)$ の特徴を調べてみよう．(a) $t=1/k$ を代入して $[H_2O_2]$ を求めよ．(b) $t=2/k$ の $[H_2O_2]$ を求めよ．(c) $t=t_1$ と $t=t_1+1/k$ の $[H_2O_2]$ を求めて比較せよ．

解答 (a) $[H_2O_2]=[H_2O_2]_{t=0}\exp(-k\cdot 1/k)=[H_2O_2]_{t=0}\exp(-1)=[H_2O_2]_{t=0}/e$．(b) $[H_2O_2]=[H_2O_2]_{t=0}\exp(-k\cdot 2/k)=[H_2O_2]_{t=0}\exp(-2)=[H_2O_2]_{t=0}/e^2$．$t=1/k$ の濃度のさらに 1/e になる．(c) $t=t_1$ では，$[H_2O_2]=[H_2O_2]_{t=0}\exp(-kt_1)$，$t=t_1+1/k$ では，
$$[H_2O_2] = [H_2O_2]_{t=0}\exp\left(-k\left(t_1+\frac{1}{k}\right)\right) = [H_2O_2]_{t=0}\exp(-kt_1-1))$$
$$= [H_2O_2]_{t=0}\exp(-kt_1)\exp(-1) = \frac{[H_2O_2]_{t=0}\exp(-kt_1)}{e}$$
$t=t_1$ のときの濃度の 1/e になる．つまり，どの時間からでもその時間から 1/k だけたつと，いつでも濃度が 1/e になる．

例題では，一次反応で反応物の濃度が減少する場合，どの時間からでも濃度が 1/e になる時間が一定であることを見たが，同じように，減少する物質の濃度が半分になる時間もいつも一定になる．一般に，反応物の濃度が最初の濃度の半分に減少する時間を**半減期**という．

半減期 half-life
半減期については 8・8 節でも取上げる．

6・1・2 温度が高いほどエネルギッシュな分子が多い：ボルツマン分布

化学反応は温度が高いほうが速く進む．その理由を考察するために，ここで分子の運動と温度の関係を調べておこう．温度は分子運動の活発さを表すのであった．温度が高いほど，分子はそれだけ余分のエネルギーをもって飛び回ったり振動していたりする．

一般に，温度 T と，エネルギー E をもつ分子の数 $N(E)$ は，

$$N(E) = \exp\left(-\frac{E}{k_B T}\right) \tag{6・1}$$

という比例関係にしたがうことが知られている．ここで，k_B（$=1.38\times 10^{-23}$ J K^{-1}）はボルツマン定数であり，この分布を**ボルツマン分布**という．図 6・3(a) に示すように，温度が高くなるほど，エネルギーの高い分子の割合が増える．

ボルツマン分布
Boltzmann distribution

ボルツマン分布を見ると，速度がゼロの分子がもっとも多いことになるが，実際には速度がゼロの状態は，x 方向，y 方向，z 方向の速度の成分がすべてゼロであるので，場合の数が一つしかなく，このような状態の分子数は少ない．速度が大きくなるほど，x 方向，y 方向，z 方向のいろいろな組合わせが可能になり，場合の数が多くなる．ボルツマン分布に場合の数を考慮すると，図 6・3(b) のような分子の速度の分布が得られる．

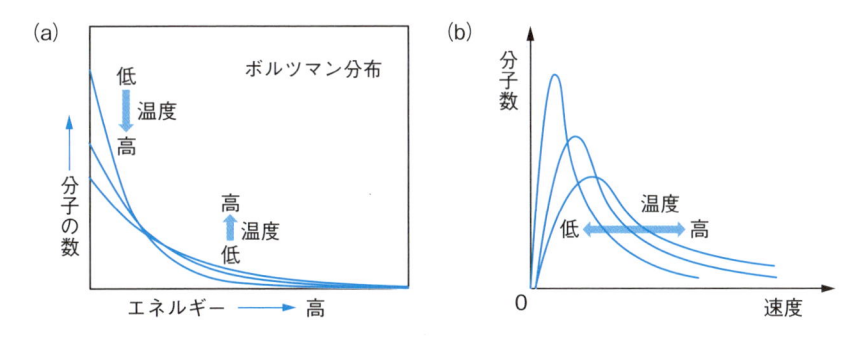

図 6・3 **温度が高いほど，エネルギーの高い分子が増える**　(a)ボルツマン分布，(b)速度分布

ボルツマン定数は1分子あたりの気体定数といえる量であり，ボルツマン定数にアボガドロ定数 $N_A = 6.02 \times 10^{23}\,\mathrm{mol^{-1}}$ を掛けると気体定数 R になる．

$$R = N_A k_B = 6.02 \times 10^{23}\,\mathrm{mol^{-1}} \times 1.38 \times 10^{-23}\,\mathrm{J\,K^{-1}} = 8.31\,\mathrm{J\,K^{-1}\,mol^{-1}}$$

したがって，(6・1)式の括弧内の分母，分子にアボガドロ定数を掛けて，1モルあたりのエネルギー E_{mol} を使って，

$$N(E) = \exp\left(-\frac{E_{\mathrm{mol}}}{RT}\right) \tag{6・2}$$

とも表すことができる．

6・1・3　反応は温度が高いほど速く進む：アレニウスの式

酢酸エチルを希塩酸に混ぜると，化学反応が起こり，酢酸とエタノールができる．水が加わることによって，もともとつながっていた分子が分解されるので，このような反応を**加水分解**という．反応はつぎのように表される．

酢酸エチルは液体である．

加水分解 hydrolysis

Ac はアセチル (acetyl) 基，Et はエチル (ethyl) 基の略である．**基** (group) とは，原子のグループのこと (9・2節参照)．

分子構造が少々複雑であるので，簡略化しよう．原子の組換えに直接かかわらない部分をまとめて上式のように Ac と Et という記号でまとめると，反応式は以下のように簡単になる．

$$\text{AcOEt} + \mathrm{H_2O} \xrightarrow{\mathrm{H^+}} \text{AcOH} + \text{HOEt}$$

この反応の反応速度は，酢酸エチル濃度に比例する．反応速度 r は，酢酸エチルが減少する速度と，酢酸が生成する速度，エタノールが生成する速度がすべて同じで，

$$r = -\frac{d}{dt}[\text{AcOEt}] = \frac{d}{dt}[\text{AcOH}] = \frac{d}{dt}[\text{HOEt}]$$

と表される．これが酢酸エチル濃度に比例するので，

$$r = -\frac{d}{dt}[\text{AcOEt}] = k[\text{AcOEt}]$$

と書ける．

　さて，温度を変えて反応速度を調べる実験をして，それぞれの温度で速度定数を求めたところ，表6・1に示すように，温度が上がるほど反応速度が速くなった．温度が20℃上昇するごとに，反応速度はだいたい4倍くらいになっている．数値が並んだ表よりも，グラフのほうがデータの傾向がわかるので，表6・1の結果をグラフにしてみよう（図6・4）．

表 6・1　酢酸エチルの加水分解の速度定数と温度の関係

温度/℃	速度定数/s^{-1}
10	1.7×10^{-5}
30	8.6×10^{-5}
50	3.3×10^{-4}
70	1.3×10^{-3}
90	4.5×10^{-3}

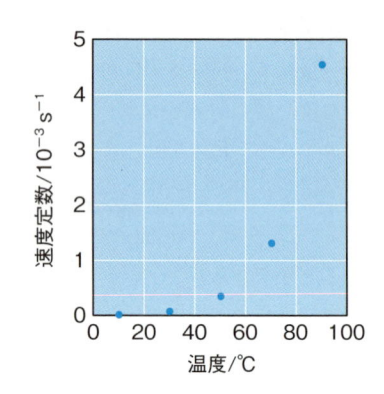

図 6・4　酢酸エチルの加水分解の速度定数と温度の関係

アレニウスの式
Arrhenius equation

　速度定数 k と絶対温度 T は，つぎの**アレニウスの式**にしたがうことが知られている．

$$k = A \exp\left(-\frac{E_a}{RT}\right) \tag{6・3}$$

ここで，A は頻度因子とよばれる定数，E_a は活性化エネルギー，R は気体定数，T は絶対温度である．次節で，この式の意味を考えよう．

練習問題でアレニウスの式を使って，図6・4のデータを解析してみよう．

6・1・4　遷移状態と活性化エネルギー

　(6・3)式の指数関数 $\exp(-E_a/RT)$ は，ボルツマン分布と同じ形をしている．ということは，反応速度は，反応前よりも E_a だけ高い状態にいる分子の数に比例する，ということを表す．反応物（出発物）が反応するためには，いったんそれだけエネルギーの高い状態に上がらなければならず，図6・5に示すように，この状態を経て反応が進行すると考えられる．

　反応が進むときに経由するもっともエネルギーの高いこの状態（エネルギーが反応前よりも E_a だけ高い状態）を**遷移状態**という．また，反応が進行するために超えなければいけないエネルギー E_a を**活性化エネルギー**という．

遷移状態 transition state
活性化エネルギー activation energy

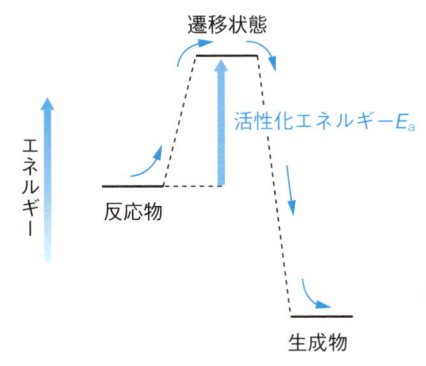

図 6・5 反応が進むためには活性化エネルギーを超えるエネルギーが必要

　これで，温度が高いほど反応が速くなる理由を理解することができる．(6・3)式から活性化エネルギーE_aが同じならば，温度Tが高いほど速度定数kが大きくなることがわかる．温度が高いほど活性化エネルギー以上のエネルギーをもった分子の割合が多くなり，反応して生成物に向かうことができるのである．

　(6・3)式のAの単位はkと同じであり，一次反応ならば（1/時間）である．つまり，Aは遷移状態に向かうような変化が単位時間あたり何回起こるかという頻度を表している．A回の試みのうち，活性化エネルギーを超えるエネルギーをもっていた回数の割合が$\exp(-E_a/RT)$であるので，その積の回数(k)だけ反応が進むことになる．

　それでは，遷移状態とは具体的にはどのような状態だろう．反応物や生成物と違って，経由するだけの状態であるので，取出して調べるわけにはいかない．それでもさまざまなデータを積み重ねて，遷移状態の構造が推測されている．

　酢酸エチルの加水分解反応の遷移状態は，図6・6のような構造をしていると考えられている．水分子が酢酸エチルの二重結合した炭素に攻撃して部分的に結合し，酢酸エチル分子が少しひずんだ構造である．

分子どうしが反応するときには，一方の分子がもう一方の分子と衝突しなければならないが，これを「攻撃する」と表現することがある．特に有機化学の分野では，よくこの表現が用いられる．

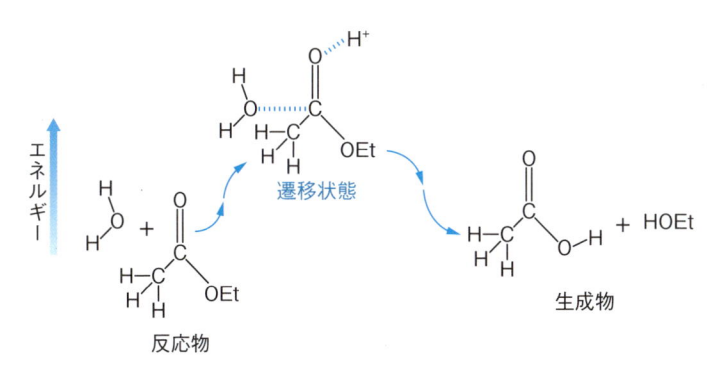

図 6・6 酢酸エチルの加水分解反応の遷移状態

図6・6では省略してあるが，水分子が酢酸エチル分子に結合した中間体が生成したあと，もう一つ別の遷移状態を経て生成物ができる（6・1・6節参照）．

6・1・5 触　媒

　過酸化水素の分解の反応式では二酸化マンガンMnO_2と，酢酸エチルの加水分解の反応式ではH^+と，矢印の上に書いた．これは，反応物以外に，これらの物質を加えて反応を行うことを意味している．MnO_2やH^+を加えなくても反応は進む

かもしれないが，これらを加えることで反応が速くなる．しかし，MnO₂ や H⁺ は反応物でも生成物でもないので，反応式の左辺にも右辺にも現れず，反応が終わった後も変わらずに，MnO₂ や H⁺ として残っている．それでも，反応を加速するという役割を果たしている．この二つの条件，

① 反応を加速する．
② 反応の前後で，それ自身は変わらない．

触媒 catalyst

を満たす物質を**触媒**という．

　酢酸エチルの加水分解反応では，水素イオン H⁺ は，酢酸エチルの二重結合した酸素にいったん結合する．H⁺ は正電荷を帯びているので，酢酸エチル分子としても正電荷を帯び，水分子中の負電荷を帯びた酸素が炭素に結合しやすくなる．図 6・7 に示すように，H⁺ が結合することによって遷移状態が安定化されている．そうすると，活性化エネルギーが小さくてすむために，反応が速くなる．反応が終わった後，H⁺ は分子から離れてもとの状態に戻り，また別の酢酸エチル分子に結合し，反応を促進する．

① H⁺ が結合すると，
② 電子が，より不足し，
③ 負電荷を帯びた酸素が炭素により結合しやすくなる．

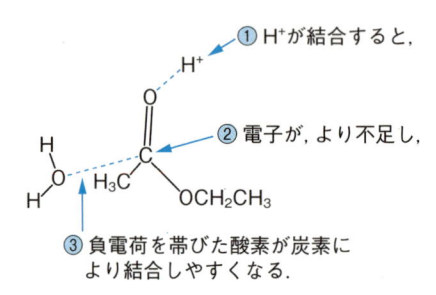

図 6・7　H⁺ を触媒とする酢酸エチルの加水分解の遷移状態

したがって，触媒は，反応物と生成物の平衡（6・2 節参照）には何の影響も与えない．

　触媒が存在するときの反応経路のエネルギーを図 6・8 に示す．触媒は遷移状態を安定化し，活性化エネルギーを下げることによって反応を加速する．図を見てわかるように，触媒は，反応物と生成物のエネルギーには何の影響も与えない．

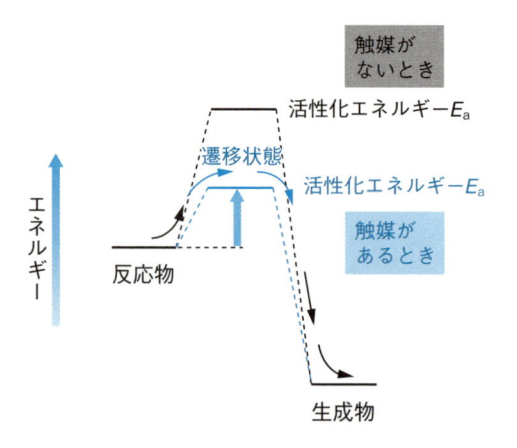

図 6・8　触媒は遷移状態を安定化し，活性化エネルギーを小さくする

6・1・6 逐次反応と律速段階

過酸化水素 H_2O_2 の水溶液にヨウ化カリウム KI を加えると，急速に反応が起こり，水と酸素に分解する．

$$2H_2O_2 \longrightarrow 2H_2O + O_2$$

この反応は 2 段階で起こることが知られている．

第 1 段階　　$H_2O_2 + I^- \longrightarrow H_2O + OI^-$

第 2 段階　　$H_2O_2 + OI^- \longrightarrow H_2O + O_2 + I^-$

第 1 段階では，過酸化水素がヨウ化物イオン I^- と反応し，過酸化水素は還元されて水となり，I^- は酸化されて次亜ヨウ素酸イオン OI^- となる．第 2 段階では，生成した OI^- が H_2O_2 と反応し，もう 1 分子の水と酸素を生じ，I^- が再生する．第 1 段階と第 2 段階の反応式を足すと，全体の反応式になることを確認しよう．この反応で，I^- は反応に関与して反応を加速しているが，反応終了後には変化していないので全体の反応式には現れない．したがって，I^- は二酸化マンガン MnO_2 と同様に，"触媒" として働いていることがわかる．

このように，ある反応が起こり，ひき続いて別の反応が起こるような反応を**逐次反応**という．このような連続的な反応では，それぞれの段階ごとに反応速度式が書けるが，そのうちもっとも遅い段階が全体としての反応の速度を決めることになる．このような段階のことを**律速段階**という．

過酸化水素とヨウ化カリウムの反応では，第 1 段階が律速段階である．つまり，次亜ヨウ素酸イオンができる段階が反応全体の速度を決め，いったん次亜ヨウ素酸ができると速やかに第 2 段階の反応が起こり，酸素が発生する．この反応過程のエネルギー変化を図 6・9 に示した．反応物から生成物に至るまでに二つの山（遷移状態）があり，第 1 段階の遷移状態を超えるための活性化エネルギー(1) のほうが，第 2 段階の活性化エネルギー(2) よりも大きい．

> 過酸化水素の水溶液が酸性の場合には，ヨウ化カリウムを加えると，ヨウ化物イオンが還元されてヨウ素分子が生じる反応が起こる．
> $H_2O_2 + 2I^- + 2H^+$
> 　　$\longrightarrow I_2 + 2H_2O$

> 過酸化水素水溶液に少量の洗剤を入れておいてからヨウ化カリウムを加えると，発生した酸素のために泡が大量に生じる．「象の歯磨き粉」という実演実験として知られている．

逐次反応 successive reaction

律速段階 rate-determining step

図 6・9 逐次反応と律速段階

6・2 平衡状態
6・2・1 可逆反応と平衡状態

酢酸エチルと水から酢酸とエタノールができる反応を見た．実は，酢酸とエタノールから酢酸エチルと水ができるという逆向きの反応も起こる．このように，両方の向きの反応がともに起こる反応を**可逆反応**という．可逆反応は，

$$\text{AcOEt} + \text{H}_2\text{O} \rightleftarrows \text{AcOH} + \text{HOEt}$$

のように逆を向いた矢印を重ねて表す．左辺から右辺に変化する反応を**正反応**，右辺から左辺に変化する反応を**逆反応**という．

さて，酢酸エチルを水に混ぜた瞬間には酢酸とエタノールは存在しないので，逆反応は起こらない．反応が進むと，酢酸エチルの濃度は減少するので正方向の反応速度は小さくなるが，一方，酢酸とエタノールの濃度が増加してきて，逆反応の速度は大きくなってくる．そして，ついには，正方向と逆方向の反応速度が等しくなる．この状態では，すべての濃度はそれ以上変化せず，反応が止まったように見える．このように，正方向と逆方向の反応速度が等しいために，見かけ上，反応が止まっている状態を**平衡状態**という．平衡状態では濃度は変化しないが，正方向，逆方向とも平衡状態に達する前とまったく同じように反応が起こっている．

もう一つ例を見てみよう．濃硝酸を銅片に注ぐと，褐色の気体である二酸化窒素 NO_2 が発生する．これを一定の圧力のもとで置いておくと，無色の気体である四酸化二窒素 N_2O_4 が生成する反応が起こり，体積が収縮し，気体の色が薄くなる．

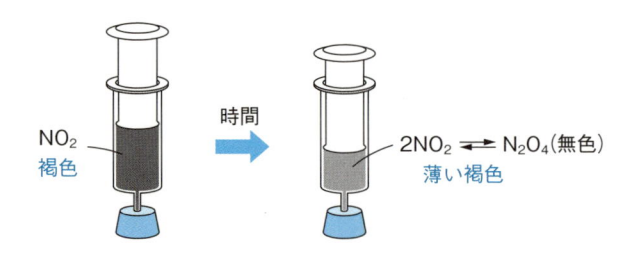

このときの NO_2 と N_2O_4 の量の時間変化は図6・10(a)のようになる．NO_2 は，最初大きな速度で減少するが，徐々に緩やかな減少になり，やがて一定量に落ち着く．それにともなって N_2O_4 が生成するが，こちらの量も当然一定値に落ち着いてくる．

図6・10(a)の曲線の傾きから求められる反応速度を図6・10(b)に示した．最初は NO_2 量が多いために，正反応 $2\text{NO}_2 \rightarrow \text{N}_2\text{O}_4$ の速度は大きいが，やがて一定値に落ち着く．逆反応 $2\text{NO}_2 \leftarrow \text{N}_2\text{O}_4$ の速度は，最初は N_2O_4 が存在しないのでゼロであるが，N_2O_4 の生成とともに増加し，やがて正反応速度と同じ一定値になる．したがって，正反応速度から逆反応速度を引いた正味の速度は，最初は正反応速度と同じであるが，やがてゼロになる．

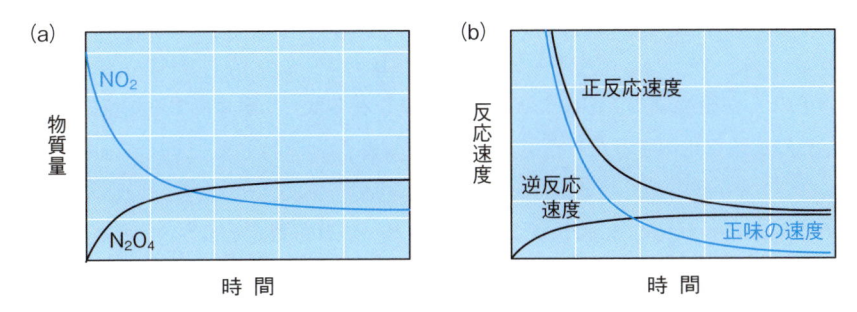

図 6・10 反応 $2NO_2 \rightleftarrows N_2O_4$ の時間経過　(a)物質量の変化．(b)反応速度の時間経過．正反応は $2NO_2 \rightarrow N_2O_4$, 逆反応は $2NO_2 \leftarrow N_2O_4$, 正味の速度は（正反応速度－逆反応速度）．

6・2・2　平衡定数

いま，物質 A と物質 B が溶液中で，互いに変化する可逆反応があるとしよう．

$$A \rightleftarrows B$$

そして，A から B への反応速度 $r_{A \rightarrow B}$ と，B から A への反応速度 $r_{B \rightarrow A}$ がそれぞれ反応物の濃度に比例すると仮定しよう．

$$r_{A \rightarrow B} = k_{A \rightarrow B}[A]$$
$$r_{B \rightarrow A} = k_{B \rightarrow A}[B]$$

平衡状態では正反応と逆反応の速度が等しく，$r_{A \rightarrow B} = r_{B \rightarrow A}$ であるから，

$$k_{A \rightarrow B}[A]_{eq} = k_{B \rightarrow A}[B]_{eq}$$

である．ここで，$[A]_{eq}$ や $[B]_{eq}$ は，それぞれの平衡状態でのモル濃度を表す．したがって，$[B]_{eq}$ と $[A]_{eq}$ の比は，

$$\frac{[B]_{eq}}{[A]_{eq}} = \frac{k_{A \rightarrow B}}{k_{B \rightarrow A}}$$

正反応，逆反応とも一次反応である．

ここで，$k_{A \rightarrow B}$ も $k_{B \rightarrow A}$ も定数であるから，$k_{A \rightarrow B}/k_{B \rightarrow A}$ も定数である．この定数をまとめて K と書こう．

$$\frac{[B]_{eq}}{[A]_{eq}} = K$$

この式は平衡状態の濃度について成り立つ式で，K を**平衡定数**という．この式が意味しているのは，互いに変化できる A と B を含む溶液があったときに，平衡状態になっていれば，A と B の濃度の比は常に同じ値 K であるということである．たとえば，$K=4$ とすると，$[A]_{eq}=0.1\ mol\ L^{-1}$ ならば $[B]_{eq}=0.4\ mol\ L^{-1}$, $[A]_{eq}=0.01\ mol\ L^{-1}$ ならば $[B]_{eq}=0.04\ mol\ L^{-1}$ である．

平衡定数
equilibrium constant

例題　濃度が $[A]=0.01\ mol\ L^{-1}$ の A だけの溶液をつくり放置すると，反応 $A \rightleftarrows B$ が起こり，やがて平衡状態になった．$K=4$ として，このとき A と B の濃度はいくらか．

解答　A が減ったのと同じだけ B ができるから，その和は常に変わらず，平衡状態でも $[A]_{eq}+[B]_{eq}=0.01\ mol\ L^{-1}$ であり，また $K=[B]_{eq}/[A]_{eq}=4$ である．これらの関係を使って，$[A]_{eq}=0.002\ mol\ L^{-1}$, $[B]_{eq}=0.008\ mol\ L^{-1}$ が求まる．

つぎに，2モルのAが反応して1モルのBができる反応を考えよう．

$$2A \rightleftarrows B$$

2分子のAが衝突することによって反応が進むならば，Bが生成する正反応の速度は[A]の2乗に比例するだろう．これを仮定しよう．

$$r_{A \to B} = k_{A \to B}[A]^2$$

Bが消滅する逆反応の速度は[B]に比例すると，これも仮定しよう．

$$r_{B \to A} = k_{B \to A}[B]$$

平衡時には両方の速度が等しいから，

$$k_{A \to B}[A]^2_{eq} = k_{B \to A}[B]_{eq}$$

<small>正反応は二次反応であり，逆反応は一次反応である．</small>

したがって，

$$\frac{[B]_{eq}}{[A]^2_{eq}} = \frac{k_{A \to B}}{k_{B \to A}}$$

右辺は定数であるから，今度は$[B]_{eq}/[A]^2_{eq}$が一定となることがわかる．これをまとめて平衡定数Kとすると，

$$\frac{[B]_{eq}}{[A]^2_{eq}} = K$$

一般には，以下の可逆反応

$$aA + bB + ... \rightleftarrows cC + dD + ...$$

があるとき，左辺の物質の濃度の化学量論係数で累乗したものの積を分母とし，右辺の物質の濃度の化学量論係数で累乗したものの積を分子とした分数の値が平衡状態では一定になる．この定数が平衡定数Kである．

$$K = \frac{[C]^c_{eq}[D]^d_{eq}...}{[A]^a_{eq}[B]^b_{eq}...} \qquad (6 \cdot 4)$$

反応速度が$k_{正反応}[A]^a[B]^b$や$k_{逆反応}[C]^c[D]^d$という形をしているなら，正反応の速度＝逆反応の速度とおけば，(6・4)式が導かれる．しかし実際は，反応速度は反応式の化学量論係数とは直接関係ないことも多い．ところが，平衡定数はいつも(6・4)式で与えられる．

<small>本章の発展問題参照．</small>

ここで，平衡定数の単位について説明しておこう．上の例で，$K=[B]/[A]$ならば単位はないが，$K=[B]/[A]^2$ならば，単位は$L\,mol^{-1}$となる．ところが，平衡定数は，正式な定義では単位の付かないただの数値である．しかし本書では，平衡定数の計算にモル濃度の値を使うことがわかりやすいように単位を付けておく．

もう一つ平衡定数に関する注意をしておこう．たとえば，つぎの反応を水中で行う場合のように，反応に溶媒がかかわる場合がある．

$$AcOEt + H_2O \rightleftarrows AcOH + HOEt$$

この場合，水は溶媒として働いており，溶質の濃度が薄い限り，量が増減しても反応速度や平衡に影響を与えない．したがって，水は平衡定数には含めず，この反応の平衡定数はつぎのようになる．

$$K = \frac{[AcOH]_{eq}[HOEt]_{eq}}{[AcOEt]_{eq}}$$

6・2・3 平衡定数とギブズエネルギー

定温,定圧の場合,反応はギブズエネルギーが負になる方向に進むことを,5章で見た.平衡状態は,それ以上反応がどちらの方向にも進まない反応である.したがって,平衡状態は,反応がどちらに進んでもギブズエネルギーが大きくなるような状態,すなわち,ギブズエネルギーが最小の状態である.

簡単な可逆反応 A⇄B を例にとって,平衡定数とギブズエネルギーの関係を紹介しておこう.図 6・11 は横軸が反応の進行度を示す.左端が A だけが $1\,\mathrm{mol\,L^{-1}}$ 存在する状態,右端がすべてが B に変化して B だけが $1\,\mathrm{mol\,L^{-1}}$ 存在する状態である.縦軸は,系のギブズエネルギーで,両端以外は混合物のギブズエネルギーである.

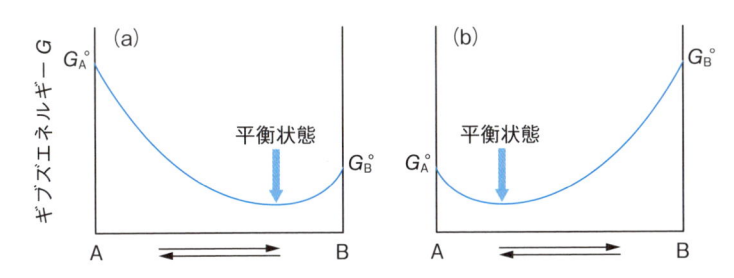

図 6・11 **ギブズエネルギー変化と平衡状態** (a) $G_\mathrm{A}^\circ > G_\mathrm{B}^\circ$ の場合,平衡状態で $[\mathrm{A}]_\mathrm{eq} < [\mathrm{B}]_\mathrm{eq}$, (b) $G_\mathrm{A}^\circ < G_\mathrm{B}^\circ$ の場合,平衡状態で $[\mathrm{A}]_\mathrm{eq} > [\mathrm{B}]_\mathrm{eq}$

反応はギブズエネルギーが減少する方向に進むから,$1\,\mathrm{mol\,L^{-1}}$ の A のギブズエネルギーを G_A° として,$1\,\mathrm{mol\,L^{-1}}$ の B のギブズエネルギーを G_B° とすると,

$\Delta G^\circ = G_\mathrm{B}^\circ - G_\mathrm{A}^\circ < 0$ の場合,A→B の反応が進みやすい(図 6・11a)

$\Delta G^\circ = G_\mathrm{B}^\circ - G_\mathrm{A}^\circ > 0$ の場合,A←B の反応が進みやすい(図 6・11b)

ここで,G_A° や G_B° を**標準ギブズエネルギー**,ΔG° を**標準反応ギブズエネルギー**という.

さて,平衡状態は,ギブズエネルギーが最小の状態だから,図 6・11 のギブズエネルギー曲線の底の平らな点,すなわちギブズエネルギー曲線の傾きがゼロになる点である.ここでは導出までは説明できないが,平衡定数と標準反応ギブズエネルギーの間には,つぎの関係がある.

$$\Delta G^\circ = -RT \ln K = -RT \ln \frac{[\mathrm{B}]_\mathrm{eq}}{[\mathrm{A}]_\mathrm{eq}} \qquad (6\cdot5)$$

この関係から,

$\Delta G^\circ < 0$ の場合,$\ln([\mathrm{B}]_\mathrm{eq}/[\mathrm{A}]_\mathrm{eq}) > 0$ より,$[\mathrm{A}]_\mathrm{eq} < [\mathrm{B}]_\mathrm{eq}$ であり B ができやすい

$\Delta G^\circ > 0$ の場合,$\ln([\mathrm{B}]_\mathrm{eq}/[\mathrm{A}]_\mathrm{eq}) < 0$ より,$[\mathrm{A}]_\mathrm{eq} > [\mathrm{B}]_\mathrm{eq}$ であり A ができやすい

ことがわかる.

標準ギブズエネルギー
standard Gibbs energy
標準反応ギブズエネルギー
standard reaction Gibbs energy

標準ギブズエネルギーとは,標準状態(1 bar(ほぼ1気圧)で,溶質ならば $1\,\mathrm{mol\,L^{-1}}$)でのギブズエネルギーである.

例題 反応 A⇄B について(25℃),(a) $K=10$ の場合に ΔG° を求めよ.(b) $\Delta G^\circ = 100\,\mathrm{kJ}$ の場合に,K を求めよ.

解答 (a) (6・5)式から,
$$\Delta G° = -RT \ln 10 = -8.31 \text{ J K}^{-1} \text{ mol}^{-1} \times 298 \text{ K} \times \ln 10$$
$$= -5700 \text{ J mol}^{-1} = -5.70 \text{ kJ mol}^{-1}$$

(b) (6・5)式より,
$$K = \exp\left(-\frac{\Delta G°}{RT}\right) = \exp\left(-\frac{100000 \text{ J mol}^{-1}}{8.31 \text{ J K}^{-1} \text{ mol}^{-1} \times 298 \text{ K}}\right) = 2.9 \times 10^{-18}$$

実質的にすべてAのまま存在することがわかる.

6・2・4 ル・シャトリエの原理

ル・シャトリエの原理
Le Chatelier's principle

平衡状態にある系に，何らかの変化を与えると，その変化を打ち消す方向に反応が進む，という**ル・シャトリエの原理**が知られている．以下のような例が，代表的なものである．

・温度を上げると，吸熱する方向に反応が進行する．
・温度を下げると，発熱する方向に反応が進行する．
・気相を圧縮すると，分子数が減る方向に反応が進行する（図6・12）．
・気相を膨張させると，分子数が増える方向に反応が進行する（図6・12）．

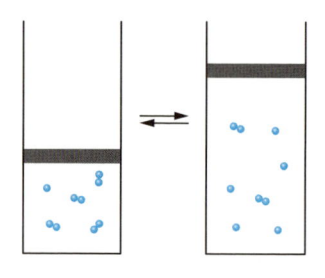

図6・12 ル・シャトリエの原理
気相を圧縮すると分子数が減る反応が進み，膨張させると分子数が増える反応が進む．

なぜこのようなことが起こるか，考察してみよう．まず，温度の効果を考えよう．平衡定数とギブズエネルギーの関係を表す(6・5)式から始める．ある温度 T で，
$$\ln K = -\frac{\Delta G°}{RT}$$
が成り立つが，ギブズエネルギーの定義 $G = H - TS$ を，温度一定の標準状態の変化にあてはめると，
$$\Delta G° = \Delta H° - T\Delta S°$$
となる．これを上式に代入すると，
$$\ln K = -\frac{\Delta H° - T\Delta S°}{RT} = -\frac{\Delta H°}{RT} + \frac{\Delta S°}{R}$$
また，別の温度 T' でも同様の関係が成り立ち，温度 T と T' で標準反応エンタルピー $\Delta H°$ や標準反応エントロピー $\Delta S°$ の値が変化しないとすると，
$$\ln K' = -\frac{\Delta H°}{RT'} + \frac{\Delta S°}{R}$$

上の二つの式の差をとって,

$$\ln K' - \ln K = -\frac{\Delta H°}{RT'} + \frac{\Delta H°}{RT} = \frac{\Delta H°}{R}\left(\frac{1}{T} - \frac{1}{T'}\right) \quad (6\cdot 6)$$

この式を**ファントホッフの式**という．さて，温度を T から T' へ上げる場合，つまり，$T<T'$ の場合を考えよう．発熱反応ではエンタルピー変化は負であった（$\Delta H°<0$）．したがって，ファントホッフの式の右辺は，負となる．すると左辺から，$K'<K$ となることがわかる．つまり，温度を上げると平衡定数が小さくなる，いい換えると，吸熱反応である逆反応が進むことがわかる．

ファントホッフの式
van't Hoff equation

つぎに気体の圧縮，膨張の効果を調べよう．気体の水素と固体のヨウ素から気体のヨウ化水素ができる可逆反応を例にとろう．

$$H_2(g) + I_2(s) \rightleftarrows 2HI(g)$$

この反応は，2モルの反応物から2モルの生成物ができる反応であるが，気体だけに着目すると1モルの気体が2モルの気体に増える反応である．気体の平衡定数は，それぞれの気体の分圧を使って表すことができる（4・4節参照）．また，固体のヨウ素には，濃度や分圧に相当するようなものはなく，大きくても小さくても純粋な固体として存在している限り，反応におよぼす効果は同じであり，平衡には影響を与えない．したがって，平衡定数は，

$$K = \frac{p_{HI}^2}{p_{H_2}}$$

となる．分圧 p_{HI} や p_{H_2} は実測はできないが，その気体のモル分率を混合気体の圧力に掛けて求められる（4・4・3節参照）．したがって，混合気体の圧力を p_{mix} とすると，平衡定数はつぎのようになる．

$$K = \frac{p_{HI}^2}{p_{H_2}} = \frac{(x_{HI} p_{mix})^2}{x_{H_2} p_{mix}} = \frac{x_{HI}^2}{x_{H_2}} p_{mix}$$

ところで，平衡定数 K は，(6・5)式から標準ギブズエネルギーと温度がわかれば決まる量であるので，圧力に依存しないことがわかる．そこで，K が一定であれば，気相を圧縮して p_{mix} を大きくすると，x_{HI}^2/x_{H_2} が小さくなるはずである．つまり，気相を圧縮すると，HI が減少し，H_2 が増加する．すなわち，気体分子数が減る方向に反応が進むことが説明できた．

例題 気体分子数が減る反応 $2A(g) \rightleftarrows B(g)$ について考察せよ．

解答 平衡定数は，

$$K = \frac{p_B}{p_A^2} = \frac{x_B p_{mix}}{(x_A p_{mix})^2} = \frac{x_B}{x_A^2}\frac{1}{p_{mix}}$$

となるから，p_{mix} を増加させると，B が増えて，A が減る．これは分子数が減る反応である．p_{mix} を減少させると，逆に分子数が増える反応が進み，A が増える．

練 習 問 題

6・1 反応 A→B の反応速度を求める実験を行い,Aの濃度と反応速度の関係を調べて,表に示す結果を得た.
(a) 濃度に対して反応速度を示すグラフをつくれ.
(b) 濃度の2乗に対して反応速度を示すグラフをつくれ.
(c) 反応速度は濃度とどのような関係にあるか.
(d) 反応速度 r を [A] で表せ.

濃度と反応速度の関係

[A]/mol L^{-1}	速度/mol L^{-1} s^{-1}
0.2	0.06
0.4	0.25
0.6	0.52
0.8	0.99
1.0	1.53

6・2 速度定数が k の一次反応で反応物の濃度が減少する場合,半減期はいくらか.

6・3 アレニウスの式の両辺の対数をとると,

$$\ln k = \ln A - \frac{E_a}{RT}$$

となる.縦軸に $\ln k$ を,横軸に $1/T$ をとったグラフをつくると,傾きが $-E_a/R$ の直線となるので,活性化エネルギー E_a を求めることができる.表6・1のデータから活性化エネルギーを求めよ.

6・4 つぎの反応の正反応と逆反応では,どのようなことが起こっているか.
(a) 塩化ナトリウムを水に混ぜた.その一部だけが溶けた.
(b) 容器に水を少し入れて蓋をして静置した.

6・5 反応 AcOEt+H$_2$O ⇌ AcOH+HOEt をエタノール中で行う場合の平衡定数を表せ.

6・6 反応 A⇌B について (25℃),(a) K=0.1, 1 の場合にそれぞれ $\Delta G°$ を求めよ.(b) $\Delta G°$=−100 kJ の場合に,K を求めよ.

6・7 (6・6)式を用いて,発熱反応と吸熱反応,温度を上げると温度を下げるの四つの場合について,それぞれ反応が進む方向を調べよ.

発 展 問 題

6・8 多くの化学反応は,いくつかの素反応とよばれる単純な段階に分けられ,それが連続して起こる(逐次反応).このような反応の場合には,速度は濃度の化学量論係数で累乗したものの積に比例する形では表されない.しかし,素反応は単純に分子が衝突して起こる反応であるので,その反応速度は濃度の化学量論係数乗の積に比例する.たとえば,反応

$$2A + B \rightleftharpoons 2C$$

が,以下の二つの素反応からなるとする.

$$A + B \rightleftharpoons C + B' \tag{1}$$
$$A + B' \rightleftharpoons C \tag{2}$$

この場合に,平衡状態で一定になる濃度の比は,$[C]_{eq}^2/[A]_{eq}^2[B]_{eq}$ であることを示せ.

7 酸・塩基反応と酸化・還元反応

- 水素イオンを放出する物質を酸,水素イオンを受取る物質を塩基という.
- 酸は強酸と弱酸,塩基は強塩基と弱塩基に分類される.
- 酸の強さは酸性度定数で,塩基の強さは塩基性度定数で表される.
- 水中の水素イオン濃度は pH で表され,pH＝−log[H$^+$] である.
- pH の大きさによって,水溶液は酸性・中性・塩基性に分けられる.
- 酸と塩基を混ぜると互いの効果が打ち消される.この反応を中和という.
- 酸化は電子を失う反応,還元は電子を得る反応である.
- 電子のやりとりは,酸化数で考えると便利である.
- 酸化還元反応を組合わせることで電池ができる.
- 電池で得られる電圧 E は,反応のギブズエネルギー変化 ΔG と $\Delta G=-nFE$ の関係がある.
- 電圧 E を与えることで,$\Delta G>0$ の反応を起こすことができる.

　食酢やレモン汁はすっぱいが,分子レベルで見てもこれらには共通の特徴がある.食酢とセッケン水を混ぜると反応が起こって,白濁する.これらの物質や反応の主役は水素イオン H$^+$ である.

　水素イオンは,もっとも単純な物質である.この単純な物質が,他の原子とくっついたり離れたりする酸・塩基反応は,身のまわりや生物の体内で数多く起こっている,特に重要な反応である.

　また,原子と原子は電子によって結合しているから,すべての化学反応は電子のやりとりであるとみなすことができる.そのなかでも,一方の反応物から他方へ電子が移るとみなせる反応のことを酸化・還元反応という.さまざまな燃焼反応や,鉄がさびる反応,電池の中で起こる反応など,酸化・還元反応はとても広い範囲にわたる.ここでは,基本的な酸化・還元反応のみを取扱うことにする.特に,電極を用いた反応では,電子のやりとりがはっきりとわかり,電圧を測定することで,ギブズエネルギーなどの基本的な物理量を調べることもできる.

酸化・還元反応は,太陽電池や燃料電池などエネルギー変換の基礎ともなる.燃料電池については 8・1・1 節参照.

　この章では,代表的な反応として,酸・塩基反応と酸化・還元反応を見てみよう.

酸 acid
塩基 base
水素イオンのやりとりによって定義されたものを,ブレンステッドの酸塩基という.そのほか,アレニウスの酸塩基(酸:H$^+$ を放出,塩基:OH$^-$ を放出),ルイスの酸塩基(8・2 節,8・7・3 節参照)がある.

7・1 酸・塩基反応

　水素イオンを放出する物質を**酸**といい,水素イオンを受取る物質を**塩基**という.ここでは 6 章で述べた平衡定数にもとづいて,このような酸と塩基が平衡に達した状態を見てみよう.

7・1・1 酸

食酢は主成分が**酢酸**の水溶液である．レモンのすっぱい成分は**クエン酸**である．両方の分子とも**カルボキシ基** COOH という部分構造が含まれる．

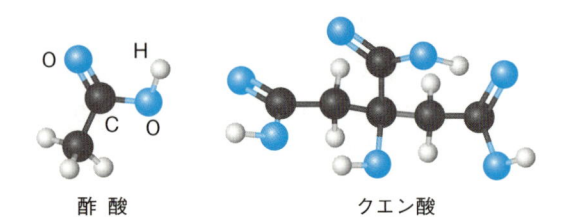

> 酢酸 acetic acid
> クエン酸 citric acid
> **カルボキシ基**(carboxy group) は COOH または CO_2H と書くが，
>
> とつながっていて，C で分子の他の部分とつながっている．

カルボキシ基をもつ分子を水中に入れると，一部の分子が水素イオンを放出する．放出された水素イオンは水中では水分子と結合して，**オキソニウムイオン** H_3O^+ として存在すると考えられている．

> オキソニウムイオン
> oxonium ion

したがって酢酸の水中での反応は，以下のようになる．

$$CH_3COOH + H_2O \rightleftarrows CH_3COO^- + H_3O^+$$

また，塩化水素 HCl は気体であるが，水に溶けるとほぼすべての分子が水素イオンを放出し，塩化物イオン Cl^- とオキソニウムイオンになる．

$$HCl + H_2O \rightleftarrows Cl^- + H_3O^+$$

このように，水素イオンを放出する性質をもつ物質が"酸"である．

> 塩化水素 HCl の水溶液を**塩酸**(hydrochloric acid) という．
>
> 酢酸やクエン酸は弱酸であり，塩化水素は強酸である（7・1・5 節参照）．

7・1・2 塩 基

アンモニア NH_3 は気体であるが，水に溶けると一部の分子は水から水素イオンを受取って，アンモニウムイオン NH_4^+ と水酸化物イオン OH^- を生じる．

$$NH_3 + H_2O \rightleftarrows NH_4^+ + OH^-$$

また，水酸化ナトリウム NaOH は白色固体であるが，これを水に溶かすと，ナトリウムイオン Na^+ と水酸化物イオン OH^- に解離する．

$$NaOH \longrightarrow Na^+ + OH^-$$

さらに，NaOH から生じた OH^- が水から水素イオンを受取る反応も起こる．

（NaOH から生じた）OH^- + H-O-H $\rightleftarrows$ H-O-H +（水から生じた）OH^-

見かけ上，そのように見えないが，常にこの反応は起こっているので，OH^- は NaOH と水分子のどちらに由来するかは区別ができない．いずれにせよ，溶けた NaOH の分だけ水中に OH^- が増える．

セッケンの主成分は，**脂肪酸**のナトリウム塩である．脂肪酸とは，炭素と水素が鎖状につながった炭化水素とよばれる部分に，カルボキシ基が結合した分子である．セッケンでは，カルボキシ基の水素イオンが解離して，カルボン酸イオンに

> 脂肪酸 fatty acid
> 脂肪酸は脂質の原料である（9・4・3 節参照）．

7・1 酸・塩基反応　103

なっている．これは陰イオンであるが，電荷はつりあっているはずであるので，陽イオンのナトリウムイオンが付近に存在している．

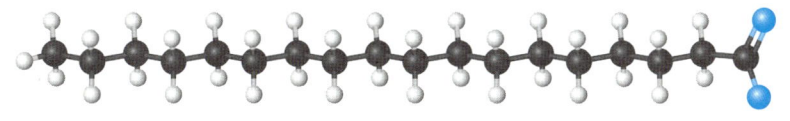

セッケンの主成分である脂肪酸イオン

セッケンの主成分である脂肪酸イオンを化学式で書くと，

$$CH_3CH_2CH_2CH_2CH_2CH_2CH_2CH_2CH_2CH_2CH_2CH_2CH_2CH_2CH_2CH_2CH_2COO^-$$

となるが，長いので，炭化水素の部分をRで表すと，RCOO$^-$となる．陽イオンも一緒にしてRCOONaとよく書かれるが，水に溶けている状態では，RCOO$^-$とNa$^+$とは別々に水分子に取囲まれている．

カルボン酸イオンを水に溶かすと，一部の分子が水から水素イオンを受取って中性のカルボン酸になり，水酸化物イオンOH$^-$を生じる．

$$RCOO^- + H_2O \rightleftharpoons RCOOH + OH^-$$

アンモニア，水酸化ナトリウム，カルボン酸イオンのように，水素イオンを受取る性質をもつ物質が"塩基"である．

> アンモニアは弱塩基であり，水酸化ナトリウムは強塩基である（7・1・5節参照）．

7・1・3　共役酸と共役塩基

もう一度，塩化水素およびアンモニアが水に溶ける反応を見てみよう．

$$\underset{\text{酸}}{HCl} + \underset{\text{塩基}}{H_2O} \rightleftharpoons \underset{\text{塩基}}{Cl^-} + \underset{\text{酸}}{H_3O^+}$$

$$\underset{\text{塩基}}{NH_3} + \underset{\text{酸}}{H_2O} \rightleftharpoons \underset{\text{酸}}{NH_4^+} + \underset{\text{塩基}}{OH^-}$$

上の式からわかるように，酸であるHClからH$^+$が放出されて生成したCl$^-$は逆反応でH$^+$を受取ることができるので"塩基"である．一方，塩基であるNH$_3$からH$^+$を受取って生成したNH$_4^+$はH$^+$を放出できるので"酸"である．このような酸と塩基の関係を"共役"といい，HClをCl$^-$の**共役酸**といい，Cl$^-$をHClの**共役塩基**という．同様に，NH$_3$をNH$_4^+$の**共役塩基**といい，NH$_4^+$をNH$_3$の**共役酸**という．これらの関係を示すと，下記のようになる（水は省略した）．

$$\underset{(Cl^- \text{の共役酸})}{HCl} \rightleftharpoons H^+ + \underset{(HCl \text{の共役塩基})}{Cl^-}$$

$$\underset{(NH_4^+ \text{の共役塩基})}{NH_3} + H^+ \rightleftharpoons \underset{(NH_3 \text{の共役酸})}{NH_4^+}$$

> HClは強酸であり，ほとんどがH$^+$とCl$^-$に分かれるので，実際にはCl$^-$はほとんどH$^+$を受取らない．
>
> 共役酸　conjugate acid
> 共役塩基　conjugate base

例題　つぎの反応式の左辺で，酸と塩基はどれか．また，右辺で共役塩基と共役酸はどれか．

(a) $H_2CO_3 + H_2O \rightleftharpoons HCO_3^- + H_3O^+$

(b) $H_2O + CN^- \rightleftharpoons OH^- + HCN$

解答 (a) 酸：H_2CO_3, 塩基：H_2O, 共役塩基：HCO_3^-, 共役酸：H_3O^+, (b) 酸：H_2O, 塩基：CN^-, 共役塩基：OH^-, 共役酸：HCN

7・1・4 酸・塩基反応の平衡定数

酢酸の水中での反応

$$CH_3COOH + H_2O \rightleftharpoons CH_3COO^- + H_3O^+$$

の平衡定数は，

$$K_a = \frac{[CH_3COO^-][H_3O^+]}{[CH_3COOH]}$$

である．[ ]は，モル濃度である．また，水は溶媒であるので平衡定数には入れない（6・2・2節参照）．このように，酸が水中で水素イオンを放出する反応の平衡定数を**酸性度定数**あるいは**酸解離定数**といい，acidity の a を付けて，K_a という記号で表す．

右式において K_a は mol L^{-1} の単位をもつが，K_a, K_b に関しては単位を付けないで数値部分のみで表そう．

酸性度定数 acidity constant
酸解離定数 acid dissociation constant

塩基であるアンモニアを水に溶かしたときの反応式とその平衡定数は，

$$NH_3 + H_2O \rightleftharpoons NH_4^+ + OH^-$$

$$K_b = \frac{[NH_4^+][OH^-]}{[NH_3]}$$

塩基性度定数 basicity constant

となる．やはり，溶媒である水は平衡定数に入れない．K_b を**塩基性度定数**という．

酸と塩基の強さについては，次節で説明する．

以上の式から，K_a が大きいほど H$^+$ をより多く放出し，K_b が大きいほど H$^+$ をより多く受取れることがわかる．つまり，K_a が大きいほど強い酸であり，K_b が大きいほど強い塩基であるといえる．酸性度定数と塩基性度定数は平衡定数であるから，温度に依存することに注意しよう（6・2・4節参照）．

表 7・1 にいくつかの酸の K_a と塩基の K_b の値を示した．これらの値のほとんどは 10 のマイナス何乗という値になるので，より簡潔に表すために，その対数にマイナスを付けた値で表すことがよくある．これを **pK_a** という．

モル濃度の単位を除いた数値部分の対数を計算する．

$$pK_a = -\log K_a$$

ここで負号が付いているので，pK_a が小さいほど酸は強いことを表し，大きいほど弱いことを表す．対数をとるので，pK_a の値が 1 違うと，K_a の大きさは 10 倍違う

リン酸は三つまで，炭酸は二つまで H$^+$ を放出する．たとえば，炭酸の第1段階の解離は $H_2CO_3 + H_2O \rightarrow HCO_3^- + H_3O^+$ であり，第2段階の解離は $HCO_3^- + H_2O \rightarrow CO_3^{2-} + H_3O^+$ である．表の値は第1段階のもの.

表 7・1 いくつかの酸の K_a, pK_a と塩基の K_b, pK_b （25 ℃）

酸		K_a	pK_a
リン酸	H_3PO_4	7.6×10^{-3}	2.12
フッ化水素酸	HF	3.5×10^{-4}	3.45
ギ酸	HCOOH	1.8×10^{-4}	3.75
酢酸	CH_3COOH	1.8×10^{-5}	4.75
炭酸	H_2CO_3	4.3×10^{-7}	6.37
シアン化水素酸	HCN	4.9×10^{-10}	9.31
塩基		K_b	pK_b
ヒドロキシアミン	NH_2OH	1.1×10^{-8}	7.97
アンモニア	NH_3	1.8×10^{-5}	4.75
トリメチルアミン	$(CH_3)_3N$	6.5×10^{-5}	4.19

ことになる．同様に，塩基性度定数についても pK_b＝－log K_b と定義される．

7・1・5 強酸と弱酸，強塩基と弱塩基

もう一度，酢酸水溶液を見てみよう．酢酸の酸性度定数は，$K_a = 1.8 \times 10^{-5}$ である．

$$K_a = \frac{[CH_3COO^-][H_3O^+]}{[CH_3COOH]} = 1.8 \times 10^{-5}$$

たとえば，[CH_3COOH]＝1 mol L^{-1} とすると，[CH_3COO^-]＝[H_3O^+]＝4×10^{-3} mol L^{-1} 程度となるから，酢酸分子のうち 0.4 ％程度しか解離していないことになる．このように，一部の分子だけが解離する物質を**弱酸**という．

それに対し，塩化水素 HCl は水溶液になると，ほとんどすべての分子が塩化物イオン Cl$^-$ と水素イオン H$^+$ に解離する．このように，ほとんどの分子が水素イオンを放出する物質を**強酸**という．

アンモニアの塩基性度定数は，$K_b = 1.8 \times 10^{-5}$ である．

$$K_b = \frac{[NH_4^+][OH^-]}{[NH_3]} = 1.8 \times 10^{-5}$$

この値から，ほんの一部の分子だけが水素イオンを受取って NH$_4^+$ になることがわかる．このように，わずかの分子だけが水素イオンを受取り（**プロトン化**されるという），結果として，わずかに OH$^-$ を生じる物質を**弱塩基**という．

一方，水酸化ナトリウム NaOH は水中でほとんどすべてが解離して水酸化物イオン OH$^-$ とナトリウムイオン Na$^+$ として存在する．このように，ほとんどの分子が水素イオンを受取るか，OH$^-$ を放出する物質を**強塩基**という．

水は酸でもあり塩基でもある．これまで，酸性物質や塩基性物質を水に溶かしたときの反応を見てきた．今度は，水に注目してみよう．酢酸との反応では，水は，酢酸から水素イオンを受取る．すなわち，この反応では，水は"塩基"として働いている．一方，アンモニアとの反応では，水はアンモニアに水素イオンを与えている．すなわち，水はこの反応では"酸"として働いている

また，何も溶けていない純水中でも，つぎのような水素イオンのやりとりが絶えず起こっている．

$$H_2O + H_2O \rightleftarrows H_3O^+ + OH^-$$

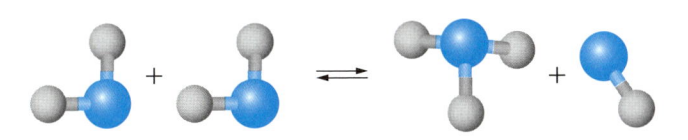

この反応の平衡定数は，水自身は溶媒であるので式には入らず，25 ℃の水では，

$$K_W = [H_3O^+][OH^-] = 10^{-14} (\text{mol L}^{-1})^2 \qquad (7・1)$$

となる．添字の W は，水（water）を示す．これを**水のイオン積**という．

何も溶けていない純水では，[H_3O^+] と [OH^-] は等しいから，

$$[H_3O^+] = [OH^-] = 10^{-7} \text{ mol L}^{-1}$$

となる．

塩基の強さも pK_a で表されることがある．この場合は，その塩基の共役酸の pK_a を意味している．つまり，塩基 B の pK_a とは，その共役酸 BH$^+$ のつぎの反応の平衡定数 K_a の対数に負号を付けたものである：BH$^+$＋H$_2$O ⇄ B＋H$_3$O$^+$．

弱酸 weak acid

強酸 strong acid

プロトン化 protonation

弱塩基 weak base

強塩基 strong base

このように，酸にも塩基にもなりうる物質を両性化合物という（8・4・1 節も参照のこと）．

水のイオン積 ion product

7・1・6 pH とは

水中のオキソニウムイオン H_3O^+ は通常 10^{-x} mol L^{-1} 程度の濃度で存在するので，より簡単に表すために，一般的にはモル濃度の数値部分の対数をとってマイナスを付けて表す．

K_a の対数に符号を付けたものを pK_a としたのと同様である．

このようにして表した H_3O^+（これからは，H^+ と書く）の濃度を **pH**（ピーエイチと読む）という．

$$pH = -\log[H^+] \tag{7・2}$$

たとえば，$[H^+]=10^{-7}$ mol L^{-1} なら $pH=-\log(10^{-7})=7$，$[H^+]=1$ mmol L^{-1} なら $pH=-\log(10^{-3})=3$ という具合いである．$[H_3O^+]$ が小さいと pH は大きく，$[H^+]$ が大きいと pH は小さい．

pH から水素イオン濃度 $[H^+]$ を求める場合は，「10 のマイナス pH 乗」として求められる．

$$[H^+] = 10^{-pH} \text{ mol L}^{-1}$$

上記の式から，pH が 1 大きいと，H^+ の濃度が 1/10 であることがわかる．pH の大きさによって，溶液はつぎのように区別される．

　　酸性溶液：pH < 7　　$[H^+] > [OH^-]$
　　中性溶液：pH = 7　　$[H^+] = [OH^-]$
　　アルカリ性溶液：pH > 7　　$[H^+] < [OH^-]$

pH が 1 ごとに色が変わる pH 試験紙が市販されている．

参考までに，身近な物質の pH を図 7・1 に示した．

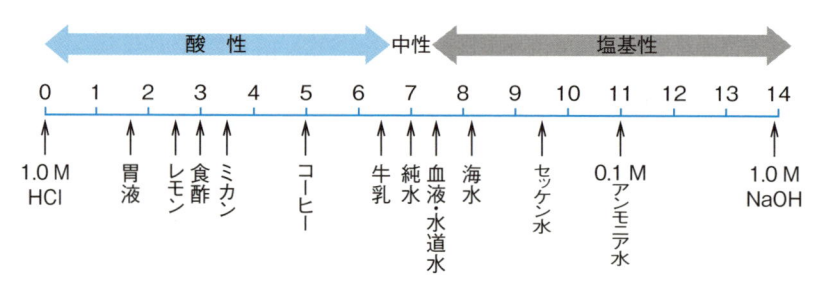

酸性 ← 0 1 2 3 4 5 6 → 中性 ← 7 8 → 塩基性 9 10 11 12 13 14

1.0 M HCl / 胃液 / 食酢 / レモン / ミカン / コーヒー / 牛乳 / 純水・水道水 / 血液 / 海水 / セッケン水 / 0.1 M アンモニア水 / 1.0 M NaOH

図 7・1 身近な物質の pH

7・1・7 中 和

塩酸と水酸化ナトリウム水溶液を混ぜると，つぎの反応が起こる．

$$HCl + NaOH \longrightarrow NaCl + H_2O$$

塩酸は酸性，水酸化ナトリウム水溶液は塩基性であるが，HCl と NaOH が当量であるなら，生成する塩化ナトリウム水溶液は中性である．このように，酸と塩基の性質を打ち消す反応を**中和**という．

物質量が等しい（1 mol 対 1 mol）関係を当量，2 倍の場合を 2 当量などという．

中和 neutralization

この反応を少し詳しく見てみよう．HCl は強酸，NaOH は強塩基であり，水溶液中ではすべて解離して存在する．

　　（反応前）　$H^+ + Cl^- + Na^+ + OH^-$

H^+ と OH^- の間には，つぎの反応が起こる．

$$H^+ + OH^- \rightleftharpoons H_2O$$

この反応は可逆反応であるが，通常の実験のように，塩酸や水酸化ナトリウム水溶液の場合には，左辺のイオンが過剰であるので，正味の反応は正方向に進む．

$$H^+ + OH^- \longrightarrow H_2O$$

Na^+ と Cl^- は，反応後にも変化なくそれぞれ水和されて溶けているので，全反応は，

$$H^+ + Cl^- + Na^+ + OH^- \longrightarrow Cl^- + Na^+ + H_2O$$

である．つまりこの中和反応は水素イオン H^+ と水酸化物イオン OH^- から水 H_2O ができる反応である．Na^+ と Cl^- の組は，別々に水和されていても，反応式では NaCl と書くことが多い．このような酸からの陰イオンと塩基からの陽イオンの組合わせを**塩**（えん）という．

塩 salt

例題 つぎの酸と塩基の中和を反応式で表せ．それぞれの反応で生成する塩は何か．(a) 酢酸と水酸化ナトリウム，(b) 塩酸とアンモニア水溶液

解答 (a) $CH_3COOH + NaOH \rightarrow CH_3COONa + H_2O$．生成する塩は酢酸ナトリウム CH_3COONa．(b) $HCl + NH_3 \rightarrow NH_4Cl$．この反応では，HCl は H^+ を放出し，NH_3 がそれを受取り，NH_4^+ となる．生成した Cl^- と NH_4^+ の組（NH_4Cl と書く）が塩である．

硫酸は H_2SO_4 という組成をもち，2 段階の反応によって合計 2 個の水素イオンを放出する．

$$H_2SO_4 + H_2O \longrightarrow HSO_4^- + H_3O^+$$
$$HSO_4^- + H_2O \longrightarrow SO_4^{2-} + H_3O^+ \quad pK_a = 1.92$$

このように，2 個の水素イオンを放出する酸を 2 価の酸という．

HCl や CH_3COOH などは 1 個の水素イオンを放出するので 1 価の酸である．

この反応の 1 段階目は強酸であり，すべて解離するが，2 段階目は弱酸としてふるまい，$pK_a=1.92$ という平衡に達する．いずれにせよ硫酸を完全に中和するには，硫酸 1 mol が放出する 2 mol の H^+ を受取る塩基が必要である．

$$H_2SO_4 + 2NaOH \longrightarrow Na_2SO_4 + 2H_2O$$

このような量の関係を，硫酸は 2 当量の水酸化ナトリウムで中和される，などと表現する．また，ここで生成する塩は硫酸ナトリウム Na_2SO_4（水中では $2Na^+ + SO_4^{2-}$）である．

例題 つぎの中和反応の反応式を書け．(a) 塩酸と水酸化カルシウム $Ca(OH)_2$，(b) 硫酸と水酸化カルシウム

解答 (a) $2HCl + Ca(OH)_2 \rightarrow CaCl_2 + 2H_2O$，(b) $H_2SO_4 + Ca(OH)_2 \rightarrow CaSO_4 + 2H_2O$

ここで，中和が終わった後の塩の水溶液の pH について考察してみよう．塩酸と水酸化ナトリウム水溶液から生じる塩は，NaCl であり，Na^+ と Cl^- として溶けている．NaOH は強塩基，HCl は強酸であり，完全に解離した状態が安定であるので，

$$Na^+ + H_2O \longrightarrow NaOH + H^+ \quad \text{および} \quad Cl^- + H_2O \longrightarrow HCl + OH^-$$

のような反応は起こらない．したがって，Na^+ や Cl^- は水の解離に影響を与えず，NaCl 水溶液は中性（pH=7）である．一般に，強酸と強塩基から生じる塩の水溶液は中性である．

これに対し，CH_3COONa 水溶液は，CH_3COO^- と Na^+ として溶けている．

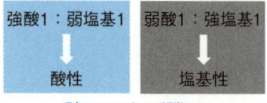

CH₃COOH は弱酸であるので，かなりの分子が解離していない状態になるはずである．したがって，

$$CH_3COO^- + H_2O \longrightarrow CH_3COOH + OH^-$$

という反応が起こる．一方の Na^+ は上で見たように水の解離に影響を与えない．したがって，CH₃COONa 溶液は OH^- が過剰になり，塩基性を示す．一般に，弱酸と強塩基から生成する塩の水溶液は塩基性である．

例題 NH₄Cl 水溶液は酸性，中性，塩基性のいずれか．
解答 NH₄Cl は NH_4^+ と Cl^- として溶けている．NH₃ は弱塩基であり，かなりの分子が中性の NH₃ として存在するはずである．したがって，

$$NH_4^+ + H_2O \longrightarrow NH_3 + H_3O^+$$

という反応が起こる．Cl^- は水の解離に影響を与えない．したがって，NH₃ 溶液は H^+ が過剰となり，酸性を示す．一般に，強酸（HCl）と弱塩基（NH₃）から生成する塩（NH₄Cl）の水溶液は酸性である．

7・1・8 溶液の pH を求めてみよう

以下，さまざまな溶液の pH の求め方を学ぼう．

強酸水溶液の pH　強酸の pH は，酸がすべて解離するとして簡単に求まる．たとえば，$1\,mol\,L^{-1}$ の塩酸の場合，$1\,mol\,L^{-1}$ の H^+ が生じるから，

$$pH = -\log 1 = 0$$

強塩基水溶液の pH　強塩基では，溶かした分子数だけ OH^- が生じる．$0.1\,mol\,L^{-1}$ の NaOH 水溶液の場合，$[OH^-]=0.1\,mol\,L^{-1}$ である．あとは，水のイオン積（(7・1) 式）を使って，$[OH^-]$ から $[H^+]$ を求める．すると $[H^+]=10^{-13}\,mol\,L^{-1}$ となるから，

$$pH = -\log 10^{-13} = 13$$

弱酸水溶液の pH　弱酸の場合は，酸の一部しか解離しないので，少し計算が必要である．$0.1\,mol\,L^{-1}$ の酢酸を調整したときの pH を求めよう．

$$CH_3COOH + H_2O \rightleftharpoons CH_3COO^- + H_3O^+$$

$$K_a = \frac{[CH_3COO^-][H^+]}{[CH_3COOH]} = 1.8 \times 10^{-5}\,mol\,L^{-1}$$

最初に溶かした CH₃COOH の濃度は $0.1\,mol\,L^{-1}$ であるが，反応が進んで平衡になったときには CH₃COOH は減っているはずである．そこで，CH₃COOH の $x\,mol\,L^{-1}$ が解離したとしよう．その結果，CH_3COO^- と H^+ が $x\,mol\,L^{-1}$ ずつ生成する．つぎのような表をつくると考えやすい．

	CH₃COOH	CH₃COO⁻	H⁺
最初	0.1	0	0
平衡になったとき	$0.1-x$	x	x

ここで，最初から水中に存在している $10^{-7}\,mol\,L^{-1}$ の H^+ を考慮していないが，酢

酸を 0.1 mol L^{-1} も入れたのだから，6桁も少ない量は考えなくてもよいということで，とりあえずゼロにしてある．しかし，この近似が妥当かどうかは，[H$^+$]を求めた後で検証しなくてはいけない．

平衡時の濃度を酸性度定数の式に代入しよう．

$$K_a = \frac{x^2}{0.1-x} = 1.8 \times 10^{-5} \text{ mol L}^{-1}$$

x についての二次方程式を解くと，正の解としてただ一つ求まり，$x = 0.0013$ となる．つまり，[H$^+$] = 0.0013 mol L^{-1} であり，

$$\text{pH} = -\log[\text{H}^+] = -\log 0.0013 = 2.9$$

となる．ここで求まった[H$^+$] = 0.0013 mol L^{-1} は，最初の水中の[H$^+$]の 10^{-7} mol L^{-1} よりも 10^4 倍以上も大きい．したがって，最初の水中の[H$^+$]を無視した近似には問題なかったことがわかる．

例題　弱塩基水溶液の pH　0.1 mol L^{-1} のアンモニア NH$_3$ 水溶液の pH を求めよ．

解答　弱酸の場合と同じように計算するが，得られた[OH$^-$]から[H$^+$]を求めて pH に変換する．

$$\text{NH}_3 + \text{H}_2\text{O} \rightleftharpoons \text{NH}_4^+ + \text{OH}^-$$

$$K_b = \frac{[\text{NH}_4^+][\text{OH}^-]}{[\text{NH}_3]} = 1.8 \times 10^{-5} \text{ mol L}^{-1}$$

x mol L^{-1} がプロトン化されたとすると，つぎのような表ができる．また，最初の[OH$^-$] = 10^{-7} mol L^{-1} をゼロに近似している．

	NH$_3$	NH$_4^+$	OH$^-$
最初	0.1	0	0
平衡になったとき	0.1 $-$ x	x	x

塩基性度定数の式に平衡時の値を代入すると，

$$K_b = \frac{x^2}{0.1-x} = 1.8 \times 10^{-5} \text{ mol L}^{-1}$$

となり，x についての二次方程式が得られる．この式を解いて $x = 0.0013$ が求まる．この x は[OH$^-$]の値だから，水のイオン積（(7・1)式）を用いて[H$^+$]を求めると，[H$^+$] = $10^{-14}/0.0013 = 7.7 \times 10^{-12}$ mol L^{-1} となる．したがって，

$$\text{pH} = -\log(7.7 \times 10^{-12}) = 11.1$$

となる．この場合も，[OH$^-$] = 0.0013 mol L^{-1} は，最初に存在していた 10^{-7} mol L^{-1} の OH$^-$ より圧倒的に多いので，最初に OH$^-$ を無視した近似は妥当である．

7・2　酸化・還元反応

酸化・還元は多くの化学反応に見られる現象であり，鉄がさびる反応や電池の中で起こる反応など，実にさまざまな場面で起こっている．酸化・還元反応は，本質的には以下のように電子のやりとりである．

酸化（される）とは，電子を失う反応
還元（される）とは，電子を得る反応

酸化 oxidation
還元 reduction

同じ「酸」の字があるからといって，「酸・塩基」と「酸化・還元」を混同しないようにしよう．

化学反応式を用いれば，以下のように表現される．

① $A \longrightarrow A^+ + e^-$　　　Aは酸化された．
② $B + e^- \longrightarrow B^-$　　　Bは還元された．

そして，①と②を組合わせると，③のようになる．以下のどの表現も同じ意味を表している．

③ $A + B \longrightarrow A^+ + B^-$　　　Aは酸化され，Bは還元された．
　　　　　　　　　　　　　　　　　AはBによって酸化された．（BはAを酸化した．）
　　　　　　　　　　　　　　　　　BはAによって還元された．（AはBを還元した．）

ここで重要なのは上記③の式からわかるように，酸化と還元は同時に起こるということである．つまり，電子を得る物質があれば，必ず電子を失う物質がある．

7・2・1 酸化・還元と酸化数

見かけ上，電子がはっきりと現れない反応でも，酸化・還元の考え方が適用される．たとえば，銅片 Cu を空気中で強く熱すると，黒色の酸化銅 CuO になる．

$$2Cu + O_2 \longrightarrow 2CuO$$

酸化銅は，Cu^{2+} と O^{2-} がイオン結合で結びついている固体であるので，この反応によって Cu 原子は2個の電子を失い，酸素原子は2個の電子を得ている．したがって，Cu は酸化され，O_2 は還元されている．加熱した酸化銅を水素気体中に入れると，酸化銅は再び銅になり，水が生成する．

$$CuO + H_2 \longrightarrow Cu + H_2O$$

この反応によって，Cu^{2+} は2個の電子を得て Cu になっているので，銅は還元されたことになる．この2個の電子を供給したのは H_2 であるから，H_2 は電子を失い，酸化されたことになる．

さて，本当に H_2 は電子を失ったのだろうか．水素は反応後には酸素と結合して H_2O になっている．反応前も反応後も，共有結合で結合した中性の分子であるから，電子のやりとりは存在しないように見える．しかし，水分子中の H−O 結合の電子は，酸素の電気陰性度が水素よりも大きいために，酸素のほうに偏っており，水素が少し正電荷（δ+），酸素が少し負電荷（δ−）を帯びている（3・5節）．いい換えると，水分子中では，水素は部分的に酸化されており，酸素は部分的に還元されている．

そこで，酸化・還元の関係をはっきりさせたい場合には，形式的に整数個の電子が完全に移ったと仮定し，水素を1個の電子を失った H^+，酸素を2個の電子を得た O^{2-} であるとしてよく扱われる．このときの電子数の増減を**酸化数**という．電子を失った状態の酸化数は正，電子を得た状態の酸化数は負とする．

酸化数 oxidation number

上記の反応では，それぞれの原子の酸化数はつぎのようになる．

$$2\underline{Cu} + \underline{O}_2 \longrightarrow 2\underline{Cu}\,\underline{O}$$
$$\,0 \,\,0 +2\,-2$$

$$\underline{Cu}\,\underline{O} + \underline{H}_2 \longrightarrow \underline{Cu} + \underline{H}_2\underline{O}$$
$$+2\,-2 \,\,0 \,\,0 +1\,-2$$

以上のことから，

酸化（される）とは，酸化数が増加する反応
還元（される）とは，酸化数が減少する反応

といい換えることもできる．酸化数の決め方を表7・2にまとめた．

表7・2 酸化数の決め方

① 単体を構成する原子の酸化数は0である．たとえば，H_2の水素の酸化数は0．
② イオンになっている原子の酸化数は，イオンの価数に等しい．たとえば，O^{2-}の酸化数は-2である．
③ 共有結合を構成する原子は，結合電子がすべて電気陰性度の大きい原子に属するとして，②にしたがって考える．
④ 化合物中のH，Oの酸化数は，それぞれ原則的に$+1$，-2である．
⑤ 塩や中性の分子では，各原子の酸化数の総和は0である．

例題 表7・2を参考にして，以下の酸化数を求めよ．(a) O_2の酸素，(b) H^+，(c) HClの塩素，(d) HNO_3の酸素と窒素

解答 (a) ①より，酸化数は0である．(b) ②より，$+1$である．(c) 電気陰性度は塩素原子のほうが大きいので，③より結合電子は塩素に属するとして，②にしたがうと，-1となる．(d) ④より，酸素の酸化数は-2である．また，窒素の酸化数は，水素が$+1$，酸素が$(-2) \times 3 = -6$であるので，⑤にしたがうと，$+5$となる．

電子を奪って，相手を酸化する物質を**酸化剤**といい，電子を与えて，相手を還元する物質を**還元剤**という．反応$A+B \to A^+ + B^-$では，Aが還元剤，Bが酸化剤である．

酸化剤と還元剤それぞれの反応は，電子のやりとりを示す**半反応**で表すことができる．おもな半反応を表7・3に示す．表では還元反応を正反応として示してあり，左辺の物質が酸化剤，右辺の物質が還元剤である．これらの反応は可逆反応であり，逆反応が酸化反応である．

$$（酸化剤） + ne^- \rightleftarrows （還元剤）$$

酸化剤 oxidizing reagent
還元剤 reducing reagent
半反応 half-reaction

表7・3 半反応式と標準電極電位

酸化剤		還元剤	標準電極電位/V
Na^+	$+ e^-$ →	Na	-2.71
Mg^{2+}	$+ 2e^-$ →	Mg	-2.36
① $2H_2O$	$+ 2e^-$ →	$H_2 + 2OH^-$	-0.83
Zn^{2+}	$+ 2e^-$ →	Zn	-0.76
Fe^{2+}	$+ 2e^-$ →	Fe	-0.44
② $2H^+$	$+ 2e^-$ →	H_2	0
Cu^{2+}	$+ 2e^-$ →	Cu	$+0.34$
① $O_2 + 2H_2O$	$+ 4e^-$ →	$4OH^-$	$+0.40$
Fe^{3+}	$+ e^-$ →	Fe^{2+}	$+0.77$
$NO_3^- + 4H^+$	$+ 3e^-$ →	$NO + 2H_2O$	$+0.96$
② $O_2 + 4H^+$	$+ 4e^-$ →	$2H_2O$	$+1.23$
$Cr_2O_7^{2-} + 14H^+$	$+ 6e^-$ →	$2Cr^{3+} + 7H_2O$	$+1.33$
Cl_2	$+ 2e^-$ →	$2Cl^-$	$+1.36$
$MnO_4^- + 8H^+$	$+ 5e^-$ →	$Mn^{2+} + 4H_2O$	$+1.51$
$H_2O_2 + 2H^+$	$+ 2e^-$ →	$2H_2O$	$+1.78$
F_2	$+ 2e^-$ →	$2F^-$	$+2.87$

（左列下向き：強い酸化剤，中列上向き：強い還元剤，右列：低←電位→高）

標準電極電位について，また，①，②については7・2・4節参照．
この表の右上の物質から左下の物質へ（より上の反応式の右辺の物質からより下段の反応式の左辺の物質へ）電子が移動する（7・2・4節，例題参照）．

例題 表7・3にある過マンガン酸イオン MnO_4^- がマンガン(Ⅱ)イオン Mn^{2+} に変化する半反応のつくり方を示せ．

解答 ① MnO_4^- と Mn^{2+} において，マンガンに関する化学量論係数をつりあわせる．この場合，両方とも1であるので，以下のように書ける．

$$MnO_4^- \longrightarrow Mn^{2+}$$

② 電子を加えて，酸化数をつりあわせる．MnO_4^- の Mn の酸化数は +7 であり，Mn^{2+} の酸化数は +2 であるので，この場合，左辺に電子数 $5e^-$ を加える．

$$MnO_4^- + 5e^- \longrightarrow Mn^{2+}$$

③ 水を加えて，両辺の酸素の数をそろえる．

$$MnO_4^- + 5e^- \longrightarrow Mn^{2+} + 4H_2O$$

④ 水素イオンを加えて，両辺の水素の数をそろえる．

$$MnO_4^- + 8H^+ + 5e^- \longrightarrow Mn^{2+} + 4H_2O$$

このようにして，半反応ができあがる．両辺で電荷の合計が等しい（+2）ことに注意しよう．

半反応から酸化・還元反応の式をつくる方法については，練習問題 7・5 で取上げる．

酸化剤と還元剤の半反応において，電子の数をそろえて二つの半反応を組合わせると，酸化・還元反応の式をつくることができる．

7・2・2 硫酸銅水溶液に亜鉛を入れると

図 7・2 のように硫酸銅 $CuSO_4$ 水溶液に金属の亜鉛 Zn を入れると，亜鉛の一部が溶けて，亜鉛の表面に金属の銅 Cu が析出する．ここで起こっている反応を考えよう．

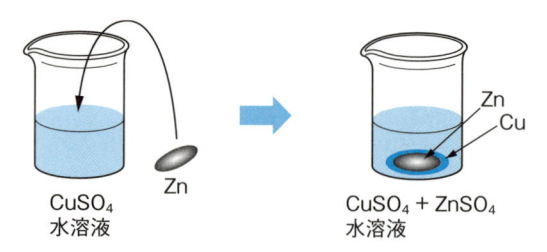

図 7・2 硫酸銅 $CuSO_4$ 水溶液に金属の亜鉛を入れると，亜鉛の一部が溶けて，亜鉛の表面に銅が析出する

亜鉛や銅など金属は，水に溶けるときには原子ではなくイオンとなっている．水分子は酸素が負に，水素が正に帯電しているために，水分子は，Zn^{2+} や Cu^{2+} などの陽イオンを，酸素の部分で取囲むようにして溶かし込む．硫酸銅水溶液では，硫酸銅は銅イオン Cu^{2+} と硫酸イオン SO_4^{2-} として存在している．そこに金属の亜鉛がくると，亜鉛が酸化されて亜鉛イオンになり（式1），銅イオンが還元されて銅になる（式2）という酸化・還元反応が起こる．反応全体は亜鉛の電子が銅イオンに受渡される反応で，式(1)と式(2)を足した式(3)で表される（図 7・3）．

$$Zn \longrightarrow Zn^{2+} + 2e^- \qquad (1)$$
$$+\underline{)\ Cu^{2+} + 2e^- \longrightarrow Cu \qquad (2)}$$
$$Zn + Cu^{2+} \longrightarrow Zn^{2+} + Cu \qquad (3)$$

この反応が起こるのは，標準電極電位が銅のほうが亜鉛よりもより正であり，電子は銅中に存在するほうが安定なためである．

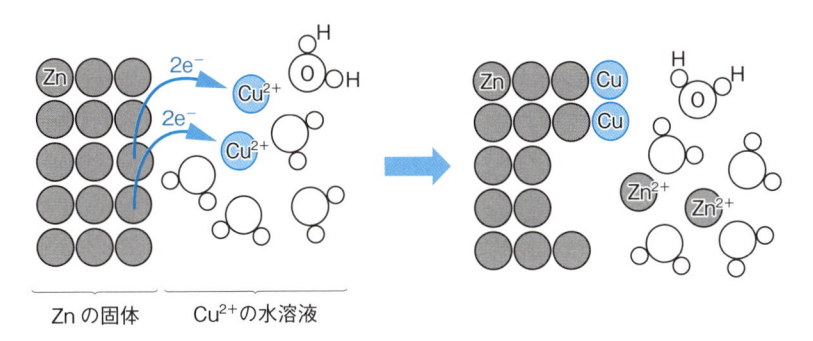

図 7・3 **酸化・還元反応** 亜鉛 Zn が酸化されて亜鉛イオン Zn²⁺ として水に溶け，銅イオン Cu²⁺ が還元されて，金属の銅 Cu として析出する．

7・2・3 電位，電位差，電流

亜鉛と銅の酸化・還元反応を利用して，電気エネルギーを取出すことを考えよう．まず，そのために必要な，電位や電圧，電流について説明する．

ある位置 A に存在する 1 C（クーロン）の電荷が，別の位置 B に存在するときよりも 1 J（ジュール）だけ大きいエネルギーをもっているときに，A の**電位**は B よりも 1 V（ボルト）高いという．そして，2 点間の電位の差を**電位差**あるいは**電圧**という．地上の物体は，高い場所にいるほうが大きいポテンシャルエネルギーをもつのであった．電位とは，電荷にとっての「高さ」に相当するものである．

高い場所にある質量をもつ物体は，低い場所に移動しようとする．同じように，電位の高い場所にある正電荷は，電位の低い場所に移動しようとする．

電位 ϕ の位置にある電荷 q は，電位ゼロの位置にあるときよりも，$q\phi$ だけ大きなエネルギー E をもつ．

$$E = q\phi \tag{7・3}$$

電位 1 V の位置にある電荷 1 C のエネルギーは，電位ゼロの位置にあるときよりも，1 J だけ大きい．すなわち，1 J = 1 C × 1 V である．

電子は $-e = -1.60 \times 10^{-19}$ C の負電荷をもつから，電位 1 V の位置にある電子のエネルギーは，電位ゼロの位置にあるときよりも，

$$E = -e\phi = -1.6 \times 10^{-19}\,\text{C} \times 1\,\text{V} = -1.6 \times 10^{-19}\,\text{J}$$

だけ大きい．マイナスが付いているので，普通に表現すると，電位 1 V の位置にある電子のエネルギーは，電位ゼロの位置にある電子よりも 1.6×10^{-19} J だけ小さい，となる．あるいは，電位 −1 V の位置にある電子のエネルギーは，電位ゼロの位置にある電子よりも，1.6×10^{-19} J だけ大きい．

このエネルギーの大きさはよく使うので，**エレクトロンボルト**（eV）という特別な名前が付けられており，1 eV = 1.6×10^{-19} J である．

電流は，電子の流れである．もっと正確にいうと，ある断面を単位時間に通過する電荷の量である．ある断面を，時間 t の間に電荷 q が通過したとき，電流

電位 electric potential
電圧 voltage

正電荷は，物体が低いほうに向かうように，電位の低いほうに向かう．

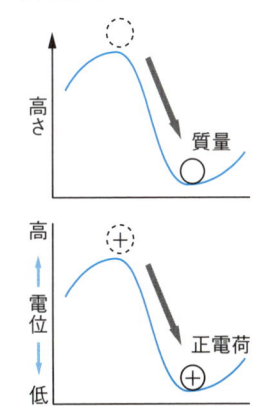

電子は負電荷をもっているので，電位の高いほうに向かう．そのため，より高い電位を下にとった図（下側に正電位，上側に負電位）を書くとわかりやすい．

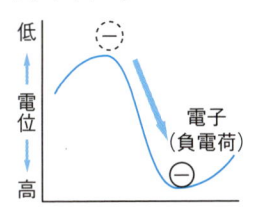

電流 electric current

$$I = \frac{q}{t} \tag{7・4}$$

が流れたという．1Cの電荷が1sの間に流れたとき，1A（アンペア）の電流が流れた，という．

$$1\,\text{A} = \frac{1\,\text{C}}{1\,\text{s}}$$

1個の電子は $-e=-1.60\times10^{-19}$ C の電荷をもつから，1モルの電子は，

$$-F = N_A(-e) = 6.02 \times 10^{23}\,\text{mol}^{-1} \times (-1.60 \times 10^{-19})\,\text{C}$$
$$= -9.63 \times 10^4\,\text{C mol}^{-1}$$

の電荷をもつ．N_A はアボガドロ定数である．この電子1モルあたりの電荷の絶対値 $F=9.63\times10^4$ C mol^{-1} を**ファラデー定数**という．

ファラデー定数
Faraday constant

たとえば，1秒間に1モルの電子が流れると，電流は，

$$I = \frac{q}{t} = \frac{-F \times 1\,\text{mol}}{t} = \frac{-9.63 \times 10^4\,\text{C}}{1\,\text{s}} = -9.63 \times 10^4\,\text{A}$$

である．電子は負電荷をもつ（と決めてしまった）ので，電流の方向と電子が流れる方向は逆向きとなる．

7・2・4 電　池

電池 battery または cell

　自発的に進む酸化還元反応を利用して，電気エネルギーを取出す装置を**電池**という．硫酸銅溶液に金属亜鉛を入れた場合，確かに亜鉛から銅に電子は自発的に移動するが，このままでは電気エネルギーを取出すことができない．ところが，移動する電子を導線で外に取出せるように工夫すると，電池をつくることができる．実用的には使われていないが，仕組みが簡単なダニエル電池を題材に，電池の原理を理解しよう．

　ダニエル電池は，図7・4のような構成になっている．硫酸亜鉛 ZnSO$_4$ 水溶液に亜鉛板 Zn を，硫酸銅 CuSO$_4$ 水溶液に銅板 Cu を浸し，それぞれの溶液は，イオンは通過できるがなるべく液が混ざらないような膜で仕切っておく．亜鉛板と銅板は導線で結んで電球かモーターをつなぐか，あるいは電圧計をつないで電圧を測れるようにしておく．

　ダニエル電池を組立てると，以下の反応が自発的に起こる．亜鉛 Zn が Zn^{2+} に

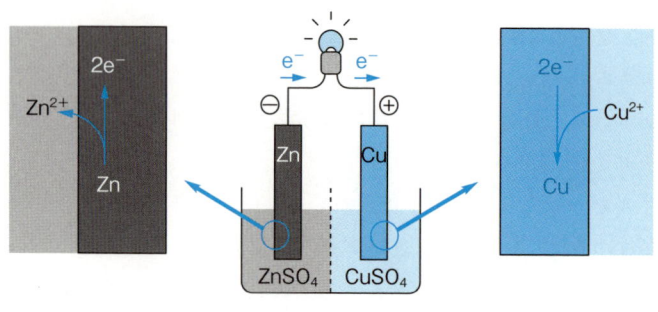

図7・4　ダニエル電池

なって水に溶ける．このとき残された電子は，受取ってもらえる物質（Cu^{2+}）が電極表面付近の溶液中にはないので，導線を伝わって，銅板に達する．銅の表面では，水溶液中の Cu^{2+} に導線からきた電子が受渡されて Cu となり銅板の表面に析出する．

水溶液中の H^+ よりも Cu^{2+} のほうが電子を受取りやすい（表 7・3 参照）．

$$\begin{array}{r}\text{亜鉛電極}: Zn \longrightarrow Zn^{2+} + 2e^- \\ +\underline{)\text{銅電極}: Cu^{2+} + 2e^- \longrightarrow Cu} \\ Zn + Cu^{2+} \longrightarrow Zn^{2+} + Cu\end{array}$$

電子は導線（金属）を通れるが溶液中を移動することができず，イオンは溶液中を移動できるが導線を通れないという性質をうまく利用してある．$ZnSO_4$ と $CuSO_4$ がともに $1\,mol\,L^{-1}$ のとき，亜鉛電極に対する銅電極の電位は $+1.10\,V$ になる*．このように電池で得られる電位差を**起電力**という．

起電力 electromotive force

* 逆に亜鉛電極に対する銅電極の電位は $-1.10\,V$ である．電位をいうときには，何を基準としたかを明記しなければいけない．

ここで，電位がより負に大きい電極を負極，正に大きい電極が正極という．ダニエル電池の場合は，亜鉛電極が負極，銅電極が正極である．一般に起電力を発生する電池の場合は，負極で酸化反応が起こり，正極で還元反応が起こる．もうひとつの電極の呼び名として，酸化反応が起こる電極を**アノード**，還元反応が起こる電極を**カソード**という（章末のコラム参照）．ダニエル電池の場合は亜鉛電極がアノード，銅電極がカソードである．

アノード anode
カソード cathode

電位差は 2 本の電極間の相対値であるので，ある電極固有の起電力を表すときには，基準となる電極が必要である．このような基準には，以下の反応が平衡になっている，標準状態（気体（H_2）は $1\,bar$（ほぼ 1 気圧），溶質（H^+）は $1\,mol\,L^{-1}$）での**標準水素電極**，

$$2H^+ + 2e^- \rightleftharpoons H_2$$

が採用されている．ある半反応の**標準電極電位**は，その半反応が標準状態で起こる電極の標準水素電極に対する電位として定義される．

標準水素電極
standard hydrogen electrode

標準電極電位
standard electrode potential
標準電極電位は標準酸化還元電位ともいう．

いくつかの半反応と，その反応が起こる電極の標準電極電位を表 7・3（p. 111）にのせた．

例題 ダニエル電池の起電力を表 7・3 から求めよ．
解答 表 7・3 より，

$$\text{正極}: Cu^{2+} + 2e^- \longrightarrow Cu \qquad E° = +0.34\,V$$
$$\text{負極}: Zn^{2+} + 2e^- \longrightarrow Zn \qquad E° = -0.76\,V$$

であり，亜鉛に対する銅の電位は $+0.34\,V - (-0.76\,V) = 1.10\,V$ となる．これから，銅電極中の電子のエネルギーは亜鉛電極中の電子のエネルギーよりも，$1.10\,eV$ だけ小さいことがわかる．電子は負電荷をもつので，電位が正であるほどエネルギーが低く，電位が負であるほどエネルギーが高い．また，この反応では Cu^{2+} が酸化剤として，Zn が還元剤として働いている．

さて，電子はより高い電位のほうへ移動する傾向があることを学んだところで，もう一度表 7・3 を見てみよう．表の上のほうの反応はより低い電位で起こる反応であり，右辺の物質中にある電子のエネルギーは高い．したがって，電子は放出さ

イオン化傾向
ionization tendency

れて左辺の状態になりやすい．表の下のほうの反応はより高い電位で起こる反応であり，右辺の物質中にある電子のエネルギーは低い．したがって，電子は物質中にとどまった右辺の状態が安定である．

いい換えると，標準電極電位は還元剤と酸化剤の強さを表している．電位の低い反応の右辺の物質ほど還元剤として強く，電位の高い反応の左辺の物質ほど酸化剤として強い．いいかえると，標準電極電位がより負である物質ほど電子を放出しやすいので，イオンになりやすい．このイオンへのなりやすさの序列は**イオン化傾向**ともよばれる．すなわち，標準電極電位がより負である物質ほどイオン化傾向が大きい．

電池を組立てると，標準電極電位がより正の反応が起こる電極が正極，より負の反応が起こる電極が負極になり，その電位差が電池の理論的な起電力になる．

例題 標準電極電位から考えて，つぎの物質はどのように反応するか．
(a) Na と F_2，(b) Na と F^-，(c) Na^+ と F_2，(d) Na^+ と F^-

解答 (a) Na 中の電子より F^- 中の電子のほうが安定なので，Na から F_2 に電子が移動して，Na^+ と F^- が生成する．(b) F^- はすでに電子を受取っていて，Na の電子の行き場がないので何も起こらない．(c) Na^+ はすでに電子を放出していて，F が奪える電子はないので，何も起こらない．(d) これで安定な状態であり，何も起こらない．

水の酸化・還元反応に関しては，表7・3中の式①または式②の組合わせが使われる．水の還元反応の式

$$① \quad 2H_2O + 2e^- \longrightarrow H_2 + 2OH^-$$

の両辺に $2H^+$ を加えると，

$$2H_2O + 2e^- + 2H^+ \longrightarrow H_2 + 2OH^- + 2H^+$$

両辺の $2H_2O(=2OH^- + 2H^+)$ が消去できて，

$$② \quad 2H^+ + 2e^- \longrightarrow H_2$$

となり，水の還元反応の式①と式②は同じ反応を表す式であることがわかる．酸素の還元反応の式①と式②についても確認してみよう．

同じ水の還元（0 V と -0.83 V）や酸素の還元（$+1.23$ V と $+0.40$ V）の式で電位が違うのは，標準電極電位が，式にでてくる各々の物質が標準状態にある場合の値であるからである．したがって，式①は $[OH^-]=1\,mol\,L^{-1}$，すなわち pH=14 での電位，式②は $[H^+]=1\,mol\,L^{-1}$，すなわち pH=0 での電位を示す．このように，反応に H^+ や OH^- が関与する酸化・還元反応は，pH によって電位が異なる．

7・2・5 ギブズエネルギー変化と電位差の関係

前節のダニエル電池では，1モルの銅または亜鉛が反応したとき，2モルの電子が流れるので，

$$\begin{aligned}
\text{エネルギー変化} &= \text{反応あたりの電子数} \times \text{電子1モルあたりの電荷} \times \text{電位} \\
&= n \times (-F) \times E = 2 \times (-9.63 \times 10^4)\,C\,mol^{-1} \times (1.10\,V) \\
&= -212\,kJ\,mol^{-1}
\end{aligned}$$

となり，$212\,kJ\,mol^{-1}$ だけのエネルギーを取出せる．このエネルギーは，反応ギブ

ズエネルギーと関係づけられる．ここでは，そのことについて明らかにしよう．

ギブズエネルギーには二つの大きな特徴がある．定温，定圧の変化に適用するという前提で，

> ギブズエネルギーの特徴（定温，定圧で）
> ① 自発的に起こる反応では，ギブズエネルギーは減少する．
> ② ギブズエネルギーは，膨張以外の仕事で系から取出すことのできる最大の仕事を表す．

特徴①については，6章で述べた．以下，特徴②について説明しよう．ギブズエネルギーの定義

$$G = U + pV - TS$$

に戻ろう．定温，定圧では，ギブズエネルギー変化は，

$$\Delta G = \Delta U + p\Delta V - T\Delta S$$

である．熱力学の第一法則 $\Delta U = q + w$（(5・1)式）より，

$$\Delta G = q + w_{膨張} + w_{膨張以外} + p\Delta V - T\Delta S$$

ここで，仕事を，膨張，収縮といった体積変化による仕事と，それ以外の仕事に分けて書いた．

$$w = w_{膨張} + w_{膨張以外}$$

それ以外の仕事とは，電気的なエネルギーを取出す，バネを縮めるなど，体積変化にともなう仕事と熱以外のあらゆるエネルギーの出入りをさす．膨張による仕事は圧力一定では，$w_{膨張} = -p\Delta V$ であるから，右辺が簡単になって，

$$\Delta G = w_{膨張以外} + q - T\Delta S$$

系がする仕事は，$-w_{膨張以外}$ であり，

$$-w_{膨張以外} = -\Delta G + q - T\Delta S$$

ここで，無駄にエントロピーが発生しないように可逆的に仕事をしたとき，最大の仕事をすることができる．可逆過程では，$q_{rev} = T\Delta S$ であるから，右辺がさらに簡単になって，最大の仕事は以下のようになる．

$$w_{膨張以外} = \Delta G$$

電池で取出されるエネルギーは，膨張による仕事以外のエネルギーの一種であり，定温・定圧下において無駄なく電力に変換できればギブズエネルギー変化に等しくなる．取出される電気エネルギーは nFE であった．そのぶん系のギブズエネルギーが減少するから，

$$\Delta G = -nFE \tag{7・6}$$

という関係が成り立つ．標準状態の反応では，

$$\Delta G° = -nFE° \tag{7・7}$$

である．ダニエル電池で，電力として外に取出すことのできる 212 kJ は，ギブズエネルギーの減少量であったのだ．

6・2・3 節の (6・5) 式で，平衡定数と標準反応ギブズエネルギーの間には，つぎの関係があることを述べた．

$$\Delta G° = -RT \ln K$$

> 可逆過程で最大の仕事ができることはクラウジウスの不等式という関係を用いて示すことができる．ここでは導出まで説明できないが，クラウジウスの不等式は $q \leq \Delta S/T$ であり，可逆過程では等号が成り立つが，急に熱が伝わるなど可逆でない過程が入ると，余分にエントロピーが発生することを示している．

> ΔG が負であれば，つまり起電力 E が正の値であれば，反応は自発的に進む．ダニエル電池では起電力が $+1.10$ V であったことを思い出そう．

これと(7・7)式をあわせると,
$$RT \ln K = nFE° \qquad (7・8)$$
である.したがって,電極電位を測定することによって,反応の平衡定数を求めることができる.

例題 ダニエル電池の反応,
$$Cu^{2+} + Zn \longrightarrow Cu + Zn^{2+} \qquad E° = +1.10\,\text{V}$$
の平衡定数を求めよ.温度は25℃とする.

解答 平衡定数は,ZnとCuは固体であり,量が変わっても平衡に影響しないので含まれず,$K = [Zn^{2+}]_{eq}/[Cu^{2+}]_{eq}$ となる.(7・8)式より,
$$K = \exp\left(\frac{nFE°}{RT}\right) = \exp\left(\frac{2 \times 9.65 \times 10^4\,\text{C mol}^{-1} \times 1.10\,\text{V}}{8.31\,\text{J mol}^{-1}\,\text{K}^{-1} \times 298\,\text{K}}\right) = e^{85.7} = 1.7 \times 10^{37}$$
と非常に大きい値になる.実質的に完全に反応が進行することを示している.

7・2・6 水の電気分解

電池とは逆に,自発的には進まない反応を,電気エネルギーを使って進めることができる.図7・5に示すように,硫酸ナトリウム Na_2SO_4 の水溶液に2本の電極を差し込んで,両電極の間にある程度以上の電圧をかけると,電位が正側の電極から酸素分子 O_2 の泡が,負側の電極から水素分子 H_2 の泡がでてくる.このとき,どのような反応が起こっているだろうか.

> ここでは説明は省略するが,純水ではなくイオンの溶液を使うのは,反応が起こる電極と電極表面付近の溶液の間に十分な電位差を形成させるためである.

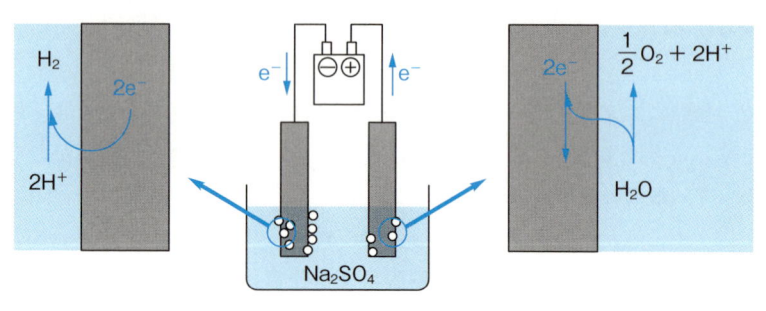

図 7・5 水の電気分解

正電位をかけた電極には電子が入ろうとするので,分子から電子が奪われる反応,すなわち酸化反応が促進される.電気分解で酸化反応が起こる電極を陰極またはアノードという.ここで起こる反応は,

① $H_2O \longrightarrow \dfrac{1}{2}O_2 + 2H^+ + 2e^-$
　　　　　　　　　　　　　↑電極へ入る

である.水分子から2個の電子が奪われると同時に,水素と酸素の結合が切れて,新たに酸素と酸素の結合ができる.一方,負電位をかけた電極からは電子は出ていこうとするので,分子に電子が与えられる反応,すなわち還元反応が起こる.電気分解で還元反応が起こる電極を陽極またはカソードという.反応は,

② $2H^+ + 2e^- \longrightarrow H_2$
　　　　　　　　↑電極から出てくる

である．2個の水素イオンに電子が受渡され，水素原子どうしが結合する．

式①と式②をあわせると，

$$H_2O \longrightarrow (1/2)O_2 + 2H^+ + 2e^-$$
$$+\ )\ 2H^+ + 2e^- \longrightarrow H_2$$
③ $H_2O \longrightarrow (1/2)O_2 + H_2$

式③となり，結局，水が水素と酸素に分解することがわかる．

水を電気分解するためには，2本の電極間にどれだけ電圧をかければよいか考えよう．表7・3から必要な標準電極電位のデータは，

④ $O_2 + 4H^+ + 4e^- \longrightarrow 2H_2O \quad E° = +1.23\,V$

⑤ $2H^+ + 2e^- \longrightarrow H_2 \quad E° = 0\,V$

であり，両電極の電位差は1.23 Vであるから，1.23 Vをかければよいことがわかる．しかし実際は，電極表面で起こる反応にも活性化エネルギー（6・1・4節参照）が必要であり，1.23 V以上の電圧をかけなければ反応は進行しない．

式③をつくろうとして，半反応式（式④）に1/2を掛けて，
$(1/2)O_2+2H^++2e^-\to H_2O$
$\quad E°=+0.62\,V$
としてはいけない．電位は物質量に比例する量ではないからである．このことは，物質量に比例するギブズエネルギーに換算してみるとよくわかる（(7・7)式にもとづいて確かめてみよう）．

正極と負極，陽極と陰極，アノードとカソード

電極の呼び方を整理しておこう．電位から呼び方を決めたのが正極と負極で，電位がより正な電極が正極，電位がより負な電極が負極である．これに対して，電極と溶液の境界で起こる反応から呼び方を決めたのが陽極（アノード）と陰極（カソード）で，酸化反応（溶液中の物質から電極に電子が受渡される）が起こるのが陽極（アノード），還元反応（電極から溶液中の物質へ電子が受渡される）が起こるのが陰極（カソード）である．

日本語の場合は，電池には正極と負極を使い，電気分解には陽極と陰極を使う習慣である．一方，アノードとカソードはどちらにも使われる．

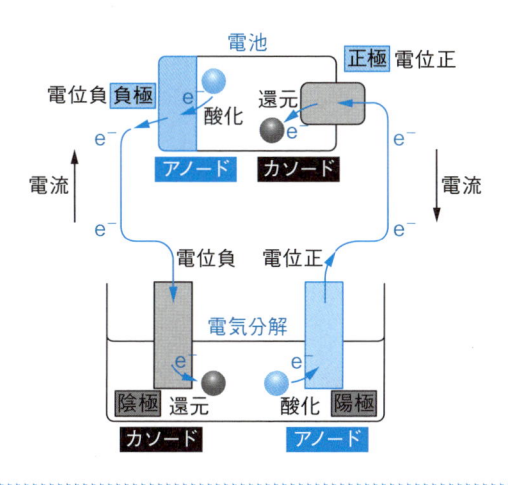

練 習 問 題

7・1 つぎの組合わせで混ぜたときの反応式を書け．

(a) CH_3COOH と NH_3，(b) HCl と $NaOH$，(c) CH_3COOH と $NaOH$，(d) CH_3COOH と HCl

7・2 つぎの pH を求めよ．

(a) $0.5\,mol\,L^{-1}$ の塩酸，(b) $1\,mol\,L^{-1}$ の塩酸，(c) $2\,mol\,L^{-1}$ の塩酸，(d) $1\,mol\,L^{-1}$ の水酸化ナトリウム水溶液，(e) $0.1\,mol\,L^{-1}$ のギ酸水溶液．ただし，$K_a = 1.8 \times 10^{-4}$ とする．

7・3 酢酸 CH_3COOH の解離の反応は，

$$CH_3COOH + H_2O \rightleftharpoons CH_3COO^- + H_3O^+$$

であり，その共役塩基の酢酸イオン CH_3COO^- の塩基としての反応は，

$$CH_3COO^- + H_2O \rightleftharpoons CH_3COOH + OH^-$$

である．

(a) 酢酸の酸性度定数 K_a を濃度で表せ．

(b) 酢酸イオンの塩基性度定数 K_b を濃度で表せ．

(c) $K_a K_b$ はいくらか．

7・4 つぎの酸化還元反応において，下線部の物質は酸化剤であるか，それとも還元剤であるか．理由もあわせて答えよ．

(a) $2FeSO_4 + \underline{H_2O_2} + H_2SO_4 \longrightarrow Fe_2(SO_4)_3 + 2H_2O$

(b) $Cu + 4\underline{HNO_3} \longrightarrow Cu(NO_3)_2 + 2NO_2 + 2H_2O$

7・5 表 7・3 を参考にして，つぎの酸化還元反応を反応式で表せ．

(a) 銅 Cu に希硝酸 HNO_3 を加えると，銅は硝酸銅 $Cu(NO_3)_2$ として溶解し，一酸化窒素 NO が発生する．

(b) 硫酸 H_2SO_4 溶液中で過マンガン酸カリウム $KMnO_4$ に過酸化水素 H_2O_2 を加えると，酸素 O_2 が発生する．

7・6 定温，定圧の反応で，電気エネルギーを取出すと，そのぶん系のギブズエネルギーは減少する．系の内部エネルギーも同じだけ減少するか．

発 展 問 題

7・7 酢とセッケン水を混ぜたら白濁する．何が起こっているのだろうか．

7・8 表 7・3 から，水素と酸素から水が生成する反応を利用すると $1.23\,V$ の電圧が取出せるはずである．これは 7・2・6 節の電気分解の逆反応であり，これを利用した発電装置は "燃料電池" として知られている．どのような電池を組立てればよいか．

8 さまざまな元素と無機物質

- 水素は電子を失って H^+ に，得て H^- になる，あるいは単結合を形成する．ヘリウムは他の原子と結合しない．
- 第2周期の元素までの結合は，オクテット則でほぼ説明できるが，ホウ素などの例外がある．
- 炭素の同素体には，ダイヤモンド，グラファイト，グラフェン，カーボンナノチューブ，フラーレンがある．
- 第2周期の原子はs軌道とp軌道があわさった混成軌道をつくる．
- 特に炭素原子は sp^3 混成軌道，sp^2 混成軌道，sp 混成軌道によってさまざまな種類の物質をつくる．
- 結合方向を向いた軌道どうしからσ結合が，結合方向と垂直なp軌道どうしからπ結合ができる．
- ケイ素は半導体であり，ドーピングによって，n型やp型の半導体になる．
- 1，2，12～18族の元素を主要族元素といい，同じ族では最外殻の電子数が等しい．
- 3～11族の元素を遷移元素といい，内殻のd軌道やf軌道に電子が入っていく．
- 金属イオンはそのまわりに配位子を結合して，金属錯体を形成する．
- 放射性同位体は核反応によって別の元素に変化する．

　化学の最大の特徴の一つは，その多様性であろう．100を超える元素が組合わさることによって，無限の種類の物質ができる．化学の知識も増えたところで，もう少し詳しく各元素の特徴を周期表にそって見ていこう．最初に周期表の周期（横の行）ごとに，そのあとで族（縦の列）ごとに眺めることにする．元素の性質を決めるのは，その電子配置であるので，図8・1に電子が順番に入っていく軌道を周期表とともに示した．

　物質は，しばしば**無機物質**と**有機物質**に分類される．一般に，炭素を含む物質が有機物質で，炭素を含まない物質が無機物質である．ただしこの分類は本質的ではなく，どちらの物質も同じ原理に基づいてふるまう．この章では無機物質について取上げ，有機物質については9章で述べる．

無機物質 inorganic substance
有機物質 organic substance

無機物質と有機物質に分類されるのは，歴史的な経緯によることと，炭素を含む有機物質が他の元素からなる無機物質と同様に，むしろそれ以上に多様であることによるだろう．炭素を含む化合物のなかで，きわめて単純なもの，たとえば，炭素の単体，一酸化炭素 CO や二酸化炭素 CO_2，炭酸塩 $CaCO_3$ などは，有機物質ではなく無機物質として取扱われることが多い．

8・1 第1周期の元素
8・1・1 水　素

　水素原子は2・2節で，水素分子は3・3節で取上げたが，ここでもう一度整理しよう．**水素** H は，陽子1個と電子1個からなるもっとも簡単な原子である．電子を失って生成する水素イオン（陽子，プロトン）は単独で存在することはなく，他の分子と結合して存在する．たとえば，水の中では，次式のように水分子と結合して，オキソニウムイオン H_3O^+ として存在する．

$$H^+ + H-\ddot{O}-H \longrightarrow \left[H-\overset{H}{\underset{}{O}}-H\right]^+$$

　水素は，K殻すなわち1s軌道に電子を1個だけ含むので，もう1個電子を受取っ

122　8. さまざまな元素と無機物質

族	1	2	3	4	5	6	7	8	9	10	11	12	13	14	15	16	17	18
第1周期	1 H　1s																	2 He　1s
第2周期	3 Li	4 Be　2s											5 B	6 C	7 N	8 O	9 F	10 Ne　2p
第3周期	11 Na	12 Mg　3s											13 Al	14 Si	15 P	16 S	17 Cl	18 Ar　3p
第4周期	19 K	20 Ca　4s	21 Sc	22 Ti	23 V	24 Cr	25 Mn	26 Fe	27 Co	28 Ni	29 Cu	30 Zn　3d	31 Ga	32 Ge	33 As	34 Se	35 Br	36 Kr　4p
第5周期	37 Rb	38 Sr　5s	39 Y	40 Zr	41 Nb	42 Mo	43 Tc	44 Ru	45 Rh	46 Pd	47 Ag	48 Cd　4d	49 In	50 Sn	51 Sb	52 Te	53 I	54 Xe　5p
第6周期	55 Cs	56 Ba　6s	ランタノイド	72 Hf	73 Ta	74 W	75 Re	76 Os	77 Ir	78 Pt	79 Au	80 Hg　5d	81 Tl	82 Pb	83 Bi	84 Po	85 At	86 Rn　6p
第7周期	87 Fr	88 Ra　7s	アクチノイド															

| ランタノイド | 57 La | 58 Ce | 59 Pr | 60 Nd | 61 Pm | 62 Sm | 63 Eu | 64 Gd | 65 Tb | 66 Dy | 67 Ho | 68 Er | 69 Tm | 70 Yb | 71 Lu　4f |
| アクチノイド | 89 Ac | 90 Th | 91 Pa | 92 U | 93 Np | 94 Pu | 95 Am | 96 Cm | 97 Bk | 98 Cf | 99 Es | 100 Fm | 101 Md | 102 No | 103 Lr　5f |

図 8・1　**電子の入る軌道**　電子の入る順番が部分的に入れ替わる元素があるが，それらについては示していない．

実験室レベルで水素ガスを発生させるには，亜鉛 Zn に塩酸 HCl あるいは希硫酸 H_2SO_4 を作用させる．H_2 は常温では F_2 以外とは反応しないが，酸素 O_2 とは火気があると爆発的に反応するので注意しよう．

て陰イオンになることもできる．電気陰性度が小さい Na や Ca の化合物である NaH や CaH_2 において，水素は水素化物イオン $H:^-$ としてふるまう．

また，水素は 1s 軌道に電子 1 個を受取って共有結合を形成する．水素原子どうしで結合すると水素分子 H_2 となる．そのほかにも，さまざまな原子と共有結合する．炭素原子とはメタン CH_4，窒素とはアンモニア NH_3，酸素とは水 H_2O を形成し，ハロゲン，たとえば塩素と結合すると塩化水素 HCl になる．

例題　2 個の水素原子が電子を共有して水素分子ができる様子を表せ．
解答　図 3・13 と同様である．

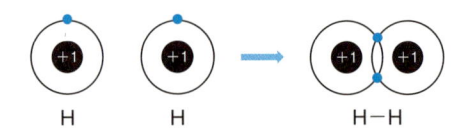

強酸については 7・1・5 節参照．

塩素のような電気陰性度の大きい原子と結合した水素は，電子対をその原子に与えて，水中では水素イオンとして離れていく．塩化水素は，塩素原子と水素原子が共有結合した気体分子であるが，水に溶かすとほぼすべての塩化水素分子は H^+ と Cl^- に解離する．すなわち，塩化水素は強酸である．

$$H-Cl + H_2O \rightleftharpoons H_3O^+ + Cl^-$$

燃料に水素を用いる "燃料電池" は，水素と酸素から水を生成する反応を利用して，電気エネルギーを取出す装置である．

負極：$H_2 \rightarrow 2H^+ + 2e^-$
正極：$O_2 + 4H^+ + 4e^- \rightarrow 2H_2O$

$$2H_2 + O_2 \rightarrow 2H_2O$$

8・1・2 ヘリウム

ヘリウム He については 2・2・3 節で述べた．K 殻すなわち 1s 軌道に 2 個の電子がある．オクテット則によると K 殻は 2 個でいっぱいであるので，ヘリウムは共有結合をつくらない貴ガス元素である．分子軌道によっても，共有結合をつくらないことが理解できる．図 8・2 に示すように，二つのヘリウム原子が近づいてくると，全体に広がったエネルギーの低い結合性軌道と，原子と原子の真ん中に節があるエネルギーの高い反結合性軌道ができるのは，図 3・10 に示した水素の場合と同じである．

節とは，電子の存在しない領域をさす．

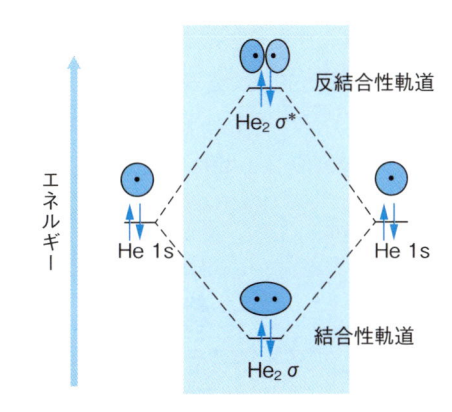

図 8・2 **ヘリウムは分子 He₂ をつくらない** 図 3・10 の H₂ と比較せよ．

水素と違うのは，ヘリウムの場合は各原子が電子を 2 個ずつもっていることである．仮に共有結合が形成されて分子 He₂ ができたとすると，全電子数は 4 個となる．したがって，電子は結合性軌道に 2 個入り，さらに反結合性軌道に 2 個入る．せっかく 2 個の電子がもとの原子軌道よりもエネルギーの低い結合性軌道に入っても，残りの 2 個がもとの原子軌道よりもエネルギーの高い反結合性軌道に入ってしまうので，全体としては安定化されない．しかも分子軌道の計算によると，原子軌道を基準とした結合性軌道のエネルギーの低下よりも反結合性軌道のエネルギーの上昇のほうがいくぶん大きい．したがって，分子になるとすると，むしろ個々の原子でいるよりもエネルギーが高くなる．したがって，ヘリウムは分子をつくらない．

ヘリウムは原子のまま気体として存在するが，沸点は 4 K であり，知られている物質のなかでもっとも低い．そのため，液体ヘリウムは極低温の装置や実験のための冷却剤として用いられる．

8・2 第 2 周期の元素

第 2 周期の元素の電子配置は表 2・1 にあるが，簡略化して表 8・1 に示した．

リチウム Li は，電子が 1 個入った 2s 軌道のエネルギーが高く，電子を 1 個放出し，Li^+ になりやすい．金属結晶を形成する．

ベリリウム Be は，2s 軌道に電子 2 個をもち，これらを放出して Be^{2+} になりそ

Li^+ はリチウムイオン電池の材料であり，ノートパソコンや携帯電話などの電源などに広く利用されている．

ホウ素と同様にベリリウムもオクテット則に従わない元素である（p.45 の例題参照）．

各軌道に入っている電子の数を上付きの数字で示してある．たとえば，1s² は 1s 軌道に 2 個の電子が入っていることを示す．

表 8・1 第 2 周期元素の電子配置

	K殻	L殻		K殻	L殻
Li	$1s^2$	$2s^1$	N	$1s^2$	$2s^2 2p^3$
Be	$1s^2$	$2s^2$	O	$1s^2$	$2s^2 2p^4$
B	$1s^2$	$2s^2 2p^1$	F	$1s^2$	$2s^2 2p^5$
C	$1s^2$	$2s^2 2p^2$	Ne	$1s^2$	$2s^2 2p^6$

うであるが，2 個の電子を放出するのに必要なエネルギーは大きいため，Be^{2+} となるよりも共有結合を形成しやすい．また，ベリリウム単体は金属である．

ホウ素は金属と非金属の中間の性質を示す（図3・5参照）．

ホウ素 B については，3・3・2 節では省略していた．ホウ素は L 殻に 3 個の電子をもつので，オクテット則を満たすためには，5 個の電子を受取る必要がある．しかし，ホウ素自身は 3 個の電子しか提供できないので，相手の原子とは三つしか結合することができない（図 8・3）．ホウ素が 3 個の水素原子と結合した分子を "ボラン" というが，ボラン中のホウ素は L 殻に 6 個の電子しかもっていないので，この分子は単独では安定に存在しない．

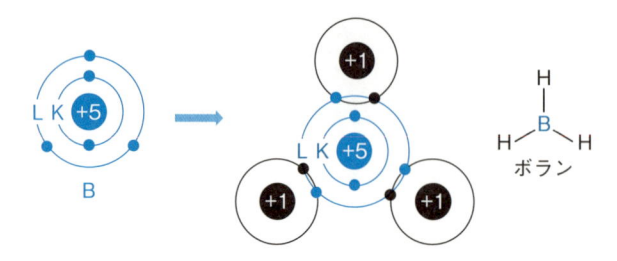

図 8・3 ホウ素は自身が L 殻にもつ 3 個の電子全部を共有しても，8 個にはならず，オクテット則を満たすことができない

ボランは，もう一組の電子対を受取れば，オクテット則を満たすので安定に存在できる（図 8・4）．実際，ボランはさらに他の分子から電子対を受取る性質をもつ．たとえば，アンモニアの孤立電子対を受入れることによって，アンモニアと結合する．

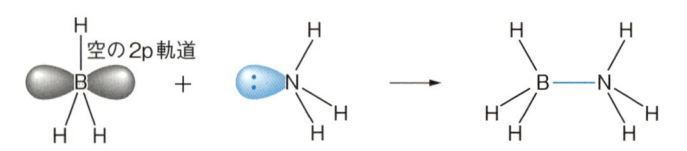

図 8・4 ボランは電子対を受取ってオクテット則を満たす

ルイス酸 Lewis acid
ルイス塩基 Lewis base

このように電子対を受取る物質を**ルイス酸**という．これに対し，電子対を供与する物質を**ルイス塩基**という．

ルイス酸 ＋ ：ルイス塩基 ⟶ ルイス酸：ルイス塩基
　　　　　　↑　　　　　　　　　　　　↑
　　　　　非共有電子対　　　　　　　共有電子対

ボランは安定ではないが,"ジボラン"とよばれる分子は安定に存在する.ジボランはホウ素原子2個と水素原子6個が下図のように結合してできている.

$$\begin{array}{c} H \quad\quad H \quad\quad H \\ \diagdown \quad / \quad \diagdown \quad / \\ B \quad\quad B \\ / \quad \diagdown \quad / \quad \diagdown \\ H \quad\quad H \quad\quad H \end{array}$$

この図では,棒は原子のつながり方を表しているだけで,電子対には対応していない.棒1本が一組の電子対だとすると,この構造中に棒は8本あるから,共有結合にかかわる電子が16個あることになるが,実際には価電子はホウ素が3個ずつと水素が1個ずつで全部で12個しかない.このように結合のそれぞれに一対の価電子を割りあてようとしても電子の数が足りない化合物のことを"電子不足化合物"という.

ホウ素原子の単体には,いくつかの**同素体**が知られているが,どれも12個のホウ素原子が二十面体状に結合したB_{12}を単位としてつながったものである.B_{12}の中では,ホウ素原子は5個の他のホウ素原子と結合している.

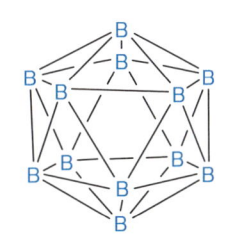

ホウ素単体の基本構造

オクテット則は,ボランがルイス酸であることを正しく予測したが,ジボランやホウ素単体の構造とはつじつまがあわない.このようにオクテット則はすべての場合にあてはまるものではない.それでも,特に炭素を中心とした有機分子の構造を,量子化学の計算なしに,正しく予測することができる非常に有用な法則である.

炭素 C は,L殻に4個の電子をもつので,他の原子からの4個の電子を共有してオクテット則を満たす.したがって,4価の結合を形成し,孤立電子対をもたない.

炭素原子は,水素原子や別の炭素原子などと共有結合して多くの有機分子を形成するが,これらについては9章で詳しく述べる.一方,炭素原子だけからでも,いろいろな構造がつくりだされる.つまり,炭素にはいくつかの同素体が知られている.

そのうちの一つ,**ダイヤモンド**では,それぞれの炭素原子は4個の炭素原子によって正四面体状に囲まれている(図8・5).なぜ,そのように結合しているかについては,8・3節でふれる.ダイヤモンドは,すべての原子が共有結合で強く結合しているために,非常に硬いことで知られる.

7章では,酸はH^+を放出する物質,塩基はH^+を受取る物質として定義した.これをブレンステッドの定義という.H^+は電子対を受取って他の原子に結合し,H^+を受取る物質は自身の電子対を供与してH^+を受取るので,ブレンステッドの定義とルイスの定義はつじつまがあっている.

$$H^+ + :B \longrightarrow H:B^+$$
　　酸　　塩基

中心にある二つのB−H−B結合はそれぞれ2個の電子のみでつくられていることがわかっている.

同素体 allotrope
同素体とは,構造の異なる単体のことをいう.炭素のところで,もう少し具体的に述べる.

ダイヤモンド diamond

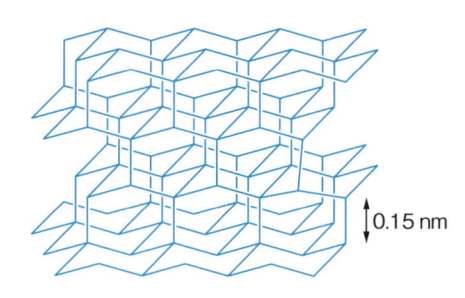

126   8. さまざまな元素と無機物質

図 8・5　ダイヤモンド　すべての角が炭素原子を示す.

グラファイト graphite
ファンデルワールス力については，3・5 節参照.
ダイヤモンドは電気を流さないが，グラファイトは電気をよく流す．このことについては，8・3 節の終わりでふれる.

走査トンネル顕微鏡は，鋭利な針で表面を走査して電流を検出しながら画像化する顕微鏡で，原子を直接「見る」ことができる．このグラファイト像では，測定の原理の関係で，六角形を形成する 6 個の炭素原子のうち，交互にある 3 個だけが見えている．左下の六角形で原子の位置を示した.

鉛筆の芯はグラファイトからできており，紙に押しつけると文字が書けるのは，この性質を利用している.

グラフェン graphene

カーボンナノチューブ carbon nanotube

フラーレン fullerene

グラファイト（黒鉛）は，炭素原子が六角形状に無限に結合した平面（シート）が積み重なった構造をしている（図 8・6）．シートとシートの間には，ファンデルワールス力が働いて互いに引きあっている.

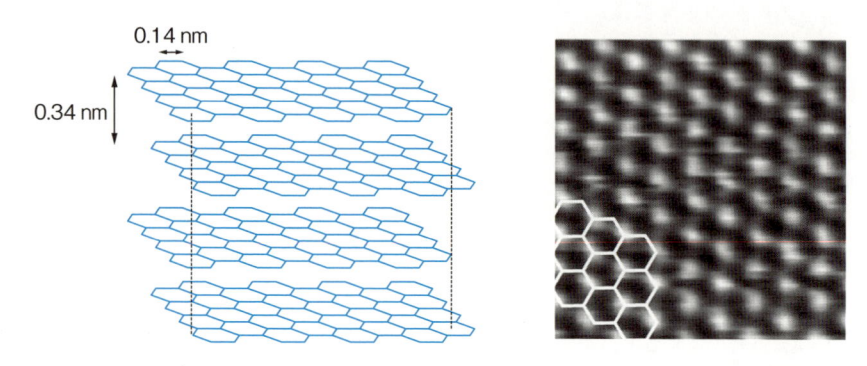

図 8・6　グラファイトの構造と走査トンネル顕微鏡によるグラファイトの表面像

グラファイトの結晶に粘着テープを貼りつけてからはがすと，シートをつくる共有結合に比べて，シートとシートを引きつけあうファンデルワールス力は弱いので，グラファイトが薄片となってはがれる．これをうまく繰返すと，ついには 1 枚のシートになる．原子 1 層からなるこの材料は，**グラフェン**とよばれる.

グラフェンやそれがいくつか積み重なった層が筒状にぐるっと巻いてできる構造が**カーボンナノチューブ**である（図 8・7）.

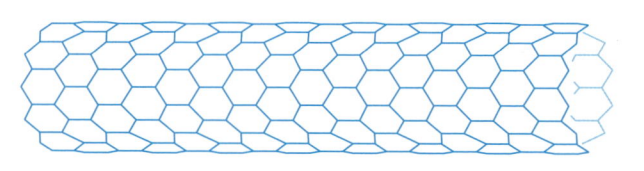

図 8・7　カーボンナノチューブ

また，60 個の炭素が球状に並んだ分子 C_{60} は，炭素原子で構成された五角形と六角形が組合わさってできている（図 8・8）．このようなサッカーボール様の分子を**フラーレン**という．フラーレンにはそのほかに C_{70}, C_{74}, … など，さまざまなも

のが知られている．

図 8・8　C₆₀　サッカーボール模様の五角形と六角形の角に炭素原子がある

　ダイヤモンドとグラファイトは古くから知られていたが，フラーレン（1985 年），カーボンナノチューブ（1991 年），そしてグラフェン（2004 年）は最近発見された炭素の同素体であり，いずれも新しい機能性物質として活発に研究されている．

このような基本的な物質が最近まで発見されなかったことは驚きである．

　炭素が完全燃焼すると，二酸化炭素 CO_2 になる．

$$C + O_2 \longrightarrow CO_2$$

固体状態の二酸化炭素がドライアイスであり，冷却剤として利用される．大気中の二酸化炭素は地球表面から放射される赤外線を吸収する．赤外線を吸収した分子は運動が活発になり温度が上昇するため，二酸化炭素は「温室効果ガス」とよばれる．最近，大気中の二酸化炭素濃度が急上昇しており，大きな問題となっている．

ドライアイスの結晶は，CO_2 分子が立方体の頂点と面の中心を占める面心立方格子（図 3・6）の構造をもつ．

　二酸化炭素は水に溶けると，炭酸 H_2CO_3 になる．

$$CO_2 + H_2O \rightleftharpoons H_2CO_3$$

水溶液中では，さらに以下のような平衡が成り立ち，弱酸として作用する．

$$H_2CO_3 \rightleftharpoons H^+ + HCO_3^- \quad pK_a = 6.37$$
$$HCO_3^- \rightleftharpoons H^+ + CO_3^{2-} \quad pK_a = 10.25$$

HCO_3^-：炭酸水素イオン

CO_3^{2-}：炭酸イオン

　燃焼の際に酸素が不足するなどの原因で，反応が完全に進まないと不完全燃焼になり，有毒な一酸化炭素 CO が生成する．

$$C + \frac{1}{2}O_2 \longrightarrow CO$$

例題　二酸化炭素と一酸化炭素の酸化数を比較せよ．
解答　炭素の酸化数に関して，$O=-2$ として，CO_2 は全体でゼロなので $C=+4$ であり，CO も全体でゼロなので $C=+2$ である．したがって，二酸化炭素中の炭素のほうがより酸化されている．

　窒素 N は，L 殻に 5 個の電子をもつので，他の原子からの 3 個の電子を共有してオクテット則を満たす．したがって，3 価の結合を形成し，結合に関与しない一組の孤立電子対をもつことになる．窒素原子どうしも三重結合によって安定な窒素分子 $N \equiv N$ を形成する．窒素分子は空気の主成分であり，その 78 % を占める．

　窒素が燃焼すると，NO や NO_2 などが生成する．"ノックス"とよばれるこれらの分子は，石油や石炭に含まれている窒素が燃焼して生じ，大気汚染のもとになっている．

硝酸 HNO₃ は強酸である．工業的にはアンモニアを酸化して得られる NO を空気により NO₂ に酸化し，これを水に溶かすことによってつくられる．

アンモニア NH₃ は N₂ と H₂ から触媒を用いて製造され，おもに肥料の原料として用いられる．

$$N_2 + 3H_2 \longrightarrow 2NH_3 \quad \Delta H^\circ = -92 \text{ kJ}$$

例題 窒素と水素からアンモニアを生成する反応は可逆反応である．アンモニアを多く得るためには反応容器の圧力と温度をどのようにすればよいか．

解答 ルシャトリエの原理（6・2・4節参照）から，温度は低く，圧力は高いほうが，平衡はアンモニアが多く生成する側に片寄る．しかし，温度が低いと反応速度が遅くなり，平衡に達するのに時間がかかる．工業的には，10^7 Pa（100気圧）程度の加圧下，400〜500 ℃で触媒を用いて製造される．

酸素 O は，L 殻に 6 個の電子をもつので，他の原子からの 2 個の電子を共有してオクテット則を満たす．したがって，2 価の結合を形成し，結合に関与しない二組の孤立電子対をもつことになる．酸素原子どうしも二重結合によって酸素分子 O＝O を形成する．酸素分子は空気中で窒素分子に次いで多く，21 ％を占める．われわれ動物の生命維持には不可欠の気体である．

オゾン ozone

酸素の同素体に，**オゾン** O₃ がある．オゾンはわずかに青色を呈する気体であり，酸素よりも強い酸化剤である．水分子の構造と同様に，折れ線形の構造をもつ．高度 10〜50 km の成層圏にはオゾン濃度が高い"オゾン層"があり，紫外線を吸収して，生物への悪影響を防ぐ働きをしている．このオゾン層が人間活動によって大気中に排出されたフロンガス（8・6節参照）によって破壊されるという問題が生じている．

酸化物 oxide

酸化物イオン 過酸化物イオン

超酸化物イオン

過酸化物 peroxide
超酸化物 superoxide

酸素は，他の元素と結合して**酸化物**とよばれる化合物を形成する．これまで見てきた第 2 周期の元素との酸化物だけでも，Li₂O, BeO, B₂O₃, CO, CO₂, NO, NO₂ などがあるが，ほかにも，Na₂O や MgO といったアルカリ金属やアルカリ土類金属（8・6節参照）の酸化物など，さまざまな元素との酸化物がある．このように，酸素は酸化物イオン O^{2-} が普通の状態であるが，過酸化物イオン O_2^{2-}，超酸化物イオン O_2^- も存在し，Na₂O₂ のような**過酸化物**，NaO₂ のような**超酸化物**をつくる．また，過酸化水素 H₂O₂ は強い酸化剤であり，分解して酸素を発生する．

$$2H_2O_2 \longrightarrow 2H_2O + O_2$$

フッ素 F は，L 殻に 7 個の電子をもつので，他の原子からの 1 個の電子を共有してオクテット則を満たす．したがって，1 価の結合を形成する．フッ素原子どうしも，単結合によってフッ素分子 F−F を形成する．

フッ素原子どうしの結合は弱く，容易に結合が切れて，他の元素と結合することができる．C−C 結合の結合エネルギーが 350 kJ mol⁻¹ 程度であるのに対し，F−F の結合エネルギーは 155 kJ mol⁻¹ である．

結合エネルギーとは，その結合を切るのに必要なエネルギーのことである．正確には結合エンタルピーをさすことが多い．

フッ素は，空きが一つある 2p 軌道のエネルギーが非常に低いので，電子を受取ってフッ化物イオン F⁻ になりやすい．また他の原子と共有結合した分子 X−F においても，電気陰性度のもっとも大きいフッ素が電子をより引きつけて，$X^{\delta+}-F^{\delta-}$ となる．

8・3 炭素原子のつながり方：混成軌道

前節の炭素の同素体で，ある炭素原子に着目すると，ダイヤモンドでは4個の原子と結合し，グラファイト，グラフェン，カーボンナノチューブ，フラーレンでは，3個の原子と結合している．炭素原子には，それ以外に2個の原子と結合する場合がある．

炭素原子に4個の原子が結合するときには，これらの原子はほぼ炭素を中心とした正四面体状に配置される．したがって，原子－炭素－原子のなす角（**結合角**という）は幾何学から約110°である（図8・9）．炭素原子に3個の原子が結合するときには，これらの原子はほぼ炭素を中心にした正三角形状に配置され，結合角は120°であり，炭素を含む4個の原子はすべて同一平面上に存在する．炭素原子に2個の原子が結合するときには，これらの原子は炭素を中心とした直線上に配置され，結合角は180°である．

結合角 bond angle

四つの原子と結合するときはほぼ正四面体

三つの原子と結合するときはほぼ正三角形

二つの原子と結合するときは直線形

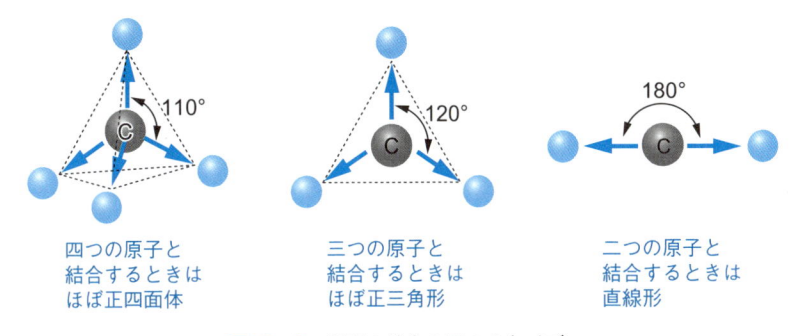

図 8・9 炭素の結合の三つのタイプ

炭素原子の結合に関与する4個の電子が入ったL殻の軌道のうち，2s軌道は球対称であるが，3種類の2p軌道は互いにx, y, zの座標軸のように直交している（図2・3参照）．これらの軌道に入っている電子が共有結合をつくるなら，結合角は90°になるはずであるが，実際はそうはならない．

s軌道，p軌道などは，原子が単独で存在しているときには，そのような形になるということであって，他の原子に囲まれている原子では，当然，電子の分布も変わって，分子中では電子の存在領域を表す軌道も変化する．ところが，原子があたかも分子中に存在するような形の軌道をもとからもっていたと考えると，それぞれの軌道で他の原子と結合するという取扱いができるので便利である．

正四面体状に伸びた4個の軌道は（図8・10），2s軌道と3種類の2p軌道を数学的に組合わせたものと同じになる．そこで，これらの軌道を**sp³混成軌道**という．

sp³混成軌道 sp³ hybrid orbital

同様に，正三角形状に伸びた3個の軌道は，2s軌道と2種類の2p軌道を組合わせたものと同じになる．これらの軌道を**sp²混成軌道**という．このとき余ったp軌道1個（たとえばp_z軌道）は，原子軌道のままの形を保っている．

sp²混成軌道 sp² hybrid orbital

直線状に両方向に伸びた2個の軌道は，2s軌道と一つのp軌道を組合わせたものと同じで，これらの軌道を**sp混成軌道**という．余ったp軌道2個（たとえばp_y軌道とp_z軌道）は，原子軌道の形を保っている．

sp混成軌道 sp hybrid orbital

8. さまざまな元素と無機物質

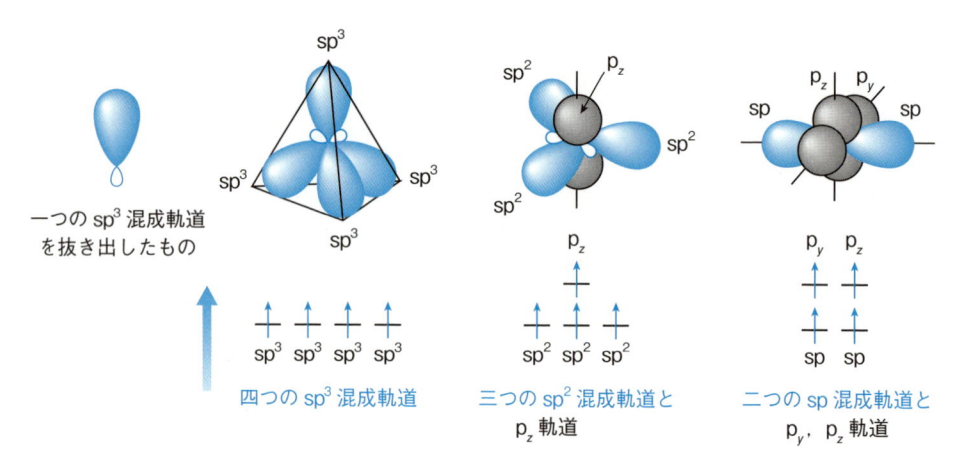

図 8・10 sp³, sp², sp 混成軌道

価電子数が4である炭素の場合は，どの混成も軌道の数は全部で4個であるから，それぞれの軌道に1個ずつ価電子をもつとする．四つの sp³ 混成軌道の場合，それぞれに1個ずつ電子が入っていて，それぞれが相手の原子がもつ電子1個ずつと共有結合をつくり，単結合で正四面体状に結合したダイヤモンド（図8・5）ができあがる．

また，炭素原子の sp³ 軌道どうしが重なるときは，図8・11(a)のように，どちらの軌道も相手原子のほうを向いて重なる．できあがる軌道は2個の原子を結ぶ軸のまわりに対称的に分布し，**σ(シグマ)軌道**とよばれる．σ軌道による結合を**σ結合**という．

σ軌道 σ orbital
σ結合 σ bond

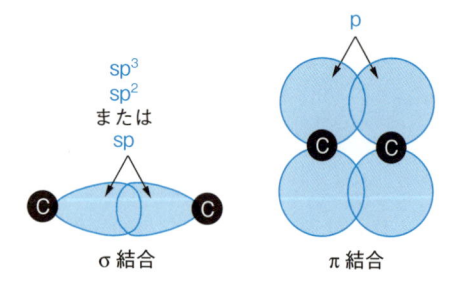

図 8・11 σ結合とπ結合

グラファイト（図8・6）などのように，炭素原子が3個の原子と結合するときには，その炭素原子は sp² 混成軌道をとる．この場合にも，3種類の sp² 軌道と残り一つの p 軌道それぞれに1個ずつ電子が入っている．sp² 軌道それぞれで電子を共有して3個の原子とσ結合を形成し，正三角形状につながる．

残った p 軌道は結合の方向を向いていないが，弱いながらも隣合う原子の p 軌道どうしが重なりあい，新たな分子の軌道が形成される．p 軌道は分子平面から上下に伸びているので，その重なりから分子平面の上下に軌道ができる．このような軌道を**π(パイ)軌道**といい，π軌道による結合を**π結合**という（図8・11b）．図8・12

π軌道 π orbital
π結合 π bond
上下あわせて1本のπ結合である．

のように，sp²混成の炭素間には，sp²混成軌道間の重なりによるσ結合とp軌道どうしの重なりによるπ結合が形成されることになる．このような結合が，C=Cのように二重線で表される二重結合である．

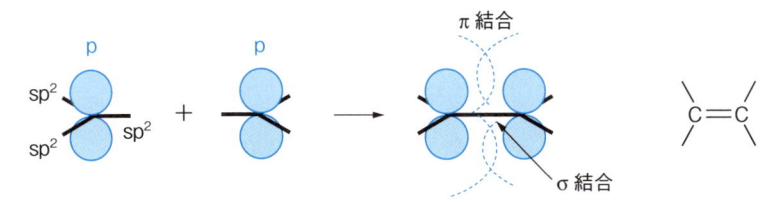

図 8・12　sp²軌道どうしからσ結合が，p軌道どうしからπ結合ができ，二重結合になる

グラファイトでは，図8・13(a)のように，すべての炭素原子が電子1個を含むp軌道をもっている．炭素原子が二つずつ組になって二重結合を形成すると，図8・13(b)のように表される．このように描くと，二重結合と単結合が交互に並ぶことになる．この表記法はしばしば使われるが，実際には二重結合と単結合が交互に並んでいるわけではない．横から見た様子を図8・13(c)に示したが，このように各原子のp軌道は互いに重なりあって，広い範囲にわたる大きなπ軌道ができる．

π軌道の中を多くの電子が動くことができるので，グラファイトは面に平行な方向に電気を流しやすい．

同様に，グラフェン，カーボンナノチューブ，フラーレンも表面にそって大きなπ軌道ができるので，電気を流しやすく，電子デバイスなどへの応用が研究されている．

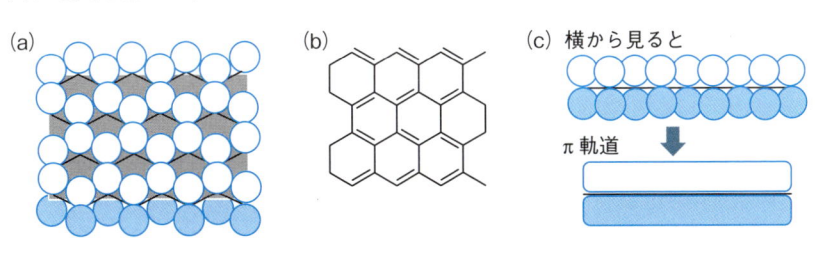

図 8・13　π軌道　(a) グラフェンの炭素のp軌道，(b) 二重結合による表記，(c) 横から見たπ軌道

例題　C_{60}のπ軌道は何個のp軌道からできるか．また，このπ軌道には電子がいくつ含まれるか．

解答　各炭素原子が一つずつp軌道をもつから60個のp軌道があり，これらが集まってπ軌道が構成される．各p軌道には電子が1個ずつ含まれているから，π軌道の電子は全部で60個である．p軌道のさまざまな組合わせによって60個のπ軌道ができ，そのうちエネルギーの低いほうから30個に電子は2個ずつ収容される．

8・4　第3周期の元素

8・4・1　第3周期の元素の性質

第3周期の元素の電子配置を表8・2に示した．NaからArまでの最外殻の電子

配置は, L 殻が M 殻になっただけで, Li から Ne までの第 2 周期の最外殻の電子配置とまったく同じである. 原子が他の原子と結合する性質は, 最外殻の電子配置によって決まるので, 族が同じ元素の性質には似ている点がある. しかし, 最外殻が違うために, 異なる点もまた多い. 特に, 最外殻の M 殻には空いた 3d 軌道が存在し, これも結合に関与するために, 結合する原子の数は第 2 周期の元素と異なり, オクテット則があてはまらないことも多い.

表 8・2 第 3 周期の元素の電子配置

	K 殻	L 殻	M 殻		K 殻	L 殻	M 殻
Na	$1s^2$	$2s^22p^6$	$3s^1$	P	$1s^2$	$2s^22p^6$	$3s^23p^3$
Mg	$1s^2$	$2s^22p^6$	$3s^2$	S	$1s^2$	$2s^22p^6$	$3s^23p^4$
Al	$1s^2$	$2s^22p^6$	$3s^23p^1$	Cl	$1s^2$	$2s^22p^6$	$3s^23p^5$
Si	$1s^2$	$2s^22p^6$	$3s^23p^2$	Ar	$1s^2$	$2s^22p^6$	$3s^23p^6$

ナトリウム sodium
マグネシウム magnesium
アルミニウム aluminium
または aluminum

ナトリウム Na, **マグネシウム** Mg, **アルミニウム** Al は, 最外殻電子数がそれぞれ 1, 2, 3 であり, それぞれ 1 価, 2 価, 3 価の陽イオンになりやすい. これらはいずれも金属結晶を形成する.

それぞれの元素の水酸化物, NaOH, $Mg(OH)_2$, $Al(OH)_3$ は, 固体では分子としての単位はなく, 金属原子と OH が交互に結合した構造をしている. これらの物質のふるまいを比較すると, 1→2→3 族という変化を反映した特徴が現れていて興味深い.

図 2・8 の最外殻軌道のエネルギーから推定されるように, 陽イオン Na^+, Mg^{2+}, Al^{3+} へのなりやすさは Na>Mg>Al である. Na→Ma→Al と進むにつれて, 陽イオンとしてではなく, 電子を共有して結合する傾向が大きくなる.

NaOH を水に入れると, Na^+ になりやすいことから容易に Na^+ と OH^- に解離し, 水に非常によく溶ける. したがって, NaOH は強塩基である. すでに OH^- の濃度が高い塩基性の水にもよく溶ける. 酸性の水では, OH^- がプロトン化されて H_2O としてはずれ, やはりよく溶ける.

イオンは水和されて水に溶ける (4・5・2 節参照). 純水への溶解度は NaOH が 1.1 kg L^{-1}, $Mg(OH)_2$ が 12 mg L^{-1} であり, $Al(OH)_3$ はほとんど溶けない.

中性や塩基性の水　　NaOH $\xrightarrow{H_2O}$ $Na^+ + OH^-$

酸性の水　　NaOH + H_3O^+ ⟶ $Na^+ + 2H_2O$

$Mg(OH)_2$ は, 酸性の水にはよく溶け, 中性の水にはわずかに溶けるが, 塩基性の水にはほとんど溶けない. 酸性では,

酸性の水　　$Mg(OH)_2 + 2H_3O^+$ ⟶ $Mg^{2+} + 4H_2O$

と, ヒドロキシ基が水となってはずれて陽イオンになるので溶けるが, 塩基性や中性の水では, 固体中で …−Mg−(OH)−Mg−(OH)−… と結合していたほうが, 水中で Mg^{2+} として水和されるよりも安定であるので, ほとんど溶けない. それでも中性の水には少し溶けて Mg^{2+} と OH^- となるので, 水溶液は弱塩基性を示す.

$Al(OH)_3$ は, イオンになるのに要するエネルギーが大きく, 中性の水にはほとんど溶けないが, 酸性や塩基性の水には溶ける. 酸性では, 上記と同じように Al^{3+}

イオンとなって水和されて水に溶ける.

酸性の水　$Al(OH)_3 + 3H_3O^+ \longrightarrow Al^{3+} + 6H_2O$

水中では$[Al(H_2O)_6]^{3+}$という金属錯体が生成する（8・7・3節）.

$Al(OH)_3$のAlとOHの共有結合を考えると，共有電子を含めてAlの電子は6個でありオクテット則を満たすために2個足りない．そこで，電子対を受入れてオクテット則を満たそうとするので，$Al(OH)_3$はルイス酸としてふるまう．したがって，塩基性水溶液中ではOH^-がルイス塩基となり，共有結合を形成して$[Al(OH)_4]^-$が生成し，これが水和されて水に溶ける.

塩基性の水　$Al(OH)_3 + OH^- \xrightarrow{H_2O} [Al(OH)_4]^-$

このように，酸に対しては塩基としてふるまい，塩基に対しては酸としてふるまい，結果的に酸性の水にも塩基性の水にも溶ける性質をもつ化合物を"両性化合物"という．酸化アルミニウム（アルミナ）Al_2O_3も両性化合物である.

水酸化物や酸化物が両性化合物になる元素は，Be, Al, Zn, Ga, Sn, Pb などである．これらの元素の位置を周期表で確認してほしい（図3・5参照）．金属元素の右端で主要族元素（8・5節参照）との境界に近い位置にあることがわかるだろう．電子を失って陽イオンにもなるし，電子を共有して共有結合もつくる中間的な性質をもつ元素である.

宝石のルビーやサファイアは，酸化アルミニウムに少量の不純物が混じったものである.

例題　$[Al(OH)_4]^-$の価電子をすべて記した構造式を書き，価電子数，オクテット則，酸化数について考察せよ.

解答　構造式は下記に示した．アルミニウムは価電子数3であり，中性の$\cdot OH$三つと共有結合し，陰イオン：OH^-一つと配位結合（8・7・3節参照）してオクテット則を満たす．結合してしまえば，四つのOHは等価である．酸化数はO=−2, H=+1, 全体で−1であるからアルミニウムは，$Al+4\times(-2)+4\times1=-1$より，$Al=+3$である．共有結合していても酸化状態を考えるときには，形式的にAl^{3+}とみなすのであった.

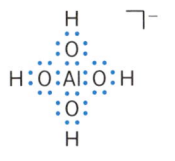

$$\begin{array}{c} H \\ | \\ O \\ H-O-Al-O-H \\ O \\ | \\ H \end{array}^-$$

塩化ナトリウム NaCl は，いわゆる食塩である．図1・6(b)に示したようにNa^+とCl^-が交互に積み重なったイオン結晶を形成する．NaCl 水溶液を電気分解すると，水酸化ナトリウム NaOH が生成する．NaCl 水溶液を電気分解すると，陽極（アノード）で起こる酸化反応は，

$$2Cl^- \longrightarrow Cl_2 + 2e^- \quad E° = +1.36\,V$$

であり，塩素が発生する*．陰極（カソード）では，還元反応

$$2H_2O + 2e^- \longrightarrow H_2 + 2OH^- \quad E° = -0.83\,V$$

が起こり，水素が発生する．全反応は，

$$2Na^+ + 2Cl^- + 2H_2O \longrightarrow 2Na^+ + Cl_2 + H_2 + 2OH^-$$

または，

* 塩素発生の標準電極電位は+1.36 V である．これは水が酸化されて酸素が発生する半反応 $O_2+4H^++4e^- \rightarrow 2H_2O$ の標準電極電位 1.23 V（表7・3）と比べて，より正である．電子は標準電極電位のより正な物質に属していたほうが安定であることから考えると，H_2OのほうがCl^-よりも酸化されやすくO_2が発生するはずである（7・2・4節参照）．しかし，水の酸化反応は活性化エネルギーが大きいために，実際はCl_2が発生する.

$$2NaCl + 2H_2O \longrightarrow 2NaOH + Cl_2 + H_2$$

である．

ケイ素 Si は，地殻での存在量が酸素に次いで多い元素である．ケイ素は炭素と同族で，最外殻電子数は4であり，やはり炭素と同様にダイヤモンド型構造をもつ結晶となる．しかし，炭素が C＝C，C≡C，C＝O，C＝N のような多重結合を形成するのに対し，ケイ素は炭素より原子が大きく p 軌道どうしが重なりにくいために，多重結合を形成しにくい．そのため，ケイ素は炭素のようには多様な分子をつくらない．

ケイ素の結晶は半導体であるため，コンピューターの回路を構成する材料に利用され，現在の IT 社会を支える重要な物質となっている．

二酸化ケイ素 SiO_2 は，さまざまな鉱物として存在する．また，いわゆるガラスの主成分である（図1・6c 参照）．通常のガラスはホウ素やアルミニウムなどいくつかの元素が混ざっている．石英ガラス（シリカガラス）は，SiO_2 の純度の高いガラスであり，現代の高速通信を支える光ファイバーの材料として利用されている．

リン P は，窒素と同族であり，最外殻電子数は5である．リン原子どうしはいろいろなつながり方をし，同素体がいくつもある．

たとえば，白リン（または黄リン）は自然発火しやすい反応性の高い固体であるが，それは4個のリン原子が四面体状に結合した分子からなる．結合角（∠P−P−P）が60°であり，かなりひずんでいると見ることができる．白リンの反応性が高いのは，このひずみを解消しようとして結合が切れて反応するためである．そのほかの同素体として，マッチや花火の原料となる赤リン，金属光沢をもつ黒リンがある．

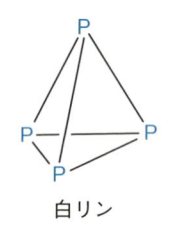

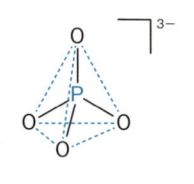

白リン

リン酸 H_3PO_4 は3個まで水素イオンを放出する3価の酸である．

$$H_3PO_4 + H_2O \rightleftharpoons H_2PO_4^- + H_3O^+ \qquad pK_a = 2.12$$
$$H_2PO_4^- + H_2O \rightleftharpoons HPO_4^{2-} + H_3O^+ \qquad pK_a = 7.21$$
$$HPO_4^{2-} + H_2O \rightleftharpoons PO_4^{3-} + H_3O^+ \qquad pK_a = 12.67$$

硫黄 S には同素体が非常に多い．もっとも普通に見られる硫黄の同素体は，斜方硫黄とよばれる黄色の結晶で，8個の硫黄原子が環状につながった分子 S_8 が積み重なってできている．

硫酸 H_2SO_4 は強酸であり，水素イオンを2個まで放出する2価の酸である．

$$H_2SO_4 + H_2O \rightleftharpoons HSO_4^- + H_3O^+ \quad \text{強酸}$$
$$HSO_4^- + H_2O \rightleftharpoons SO_4^{2-} + H_3O^+ \quad pK_a = 1.92$$

硫化水素 H_2S は水に溶けて，弱酸性を示す．

$$H_2S + H_2O \rightleftharpoons HS^- + H_3O^+ \quad pK_a = 6.88$$
$$HS^- + H_2O \rightleftharpoons S^{2-} + H_3O^+ \quad pK_a = 14.15$$

> 硫酸イオンはSを中心とする四面体構造をとる．

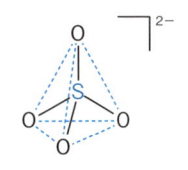

さまざま金属イオンを含む水溶液に H_2S を加えると，これらの硫化物が沈殿する．硫化物の沈殿は，それぞれの金属イオンに特有の色を呈するので，イオンの定性分析に利用できる．

塩素 Cl の最外殻電子数は，フッ素同様に 7 であり，1 価の陰イオンになりやすいが，電気陰性度はフッ素に比べてかなり小さい．塩素はさまざまな元素と塩化物を形成し，海水中には塩化物イオン Cl^- として多量に存在する．

> 塩素 chlorine

塩素分子 Cl_2 は気体で，水に溶け，その一部が反応して HCl と HClO を生じる．

$$Cl_2 + H_2O \longrightarrow HCl + HClO$$

> HClO：次亜塩素酸

塩化水素 HCl は気体であり，水によく溶ける．塩化水素の水溶液を塩酸という．塩酸は強酸であり，水溶液中で H^+ と Cl^- にほぼ完全に解離している．

8・4・2 半導体

> 半導体 semiconductor

半導体 とは，電気伝導率が 10^{-7} から $10^4\,S\,m^{-1}$ 程度で，導電体（金属）と絶縁体の中間の値を示す物質の総称である．前節でケイ素について見たので，現代の情報社会を支えるシリコン半導体とはどのようなものか，その概略を述べる．Si の正式な元素名はケイ素であるが，特に半導体に関しては英語名のまま「シリコン」とよばれることが多い．

> 単位 S はジーメンスといい，$A\,V^{-1}$（アンペア毎ボルト）と同じである．1 V の電圧をかけたときに 1 A の電流が流れるとき 1 S になる．値が大きいほど電流が流れやすいことを示す．電気伝導率（$S\,m^{-1}$）は，1 m の長さの材料に 1 V の電圧をかけたとき，断面 $1\,m^2$ あたりに流れる電流を表す．

ケイ素の結晶は，電気伝導率が約 $10^{-3}\,S\,m^{-1}$ の半導体であるが，**ドーピング** といってケイ素に少量のホウ素またはリンを加えることで電気伝導率を上げられる．

リンがドープされたケイ素は図 8・14(a) のように表される．ケイ素は最外殻の M 殻に価電子を 4 個もつ．リンは最外殻の M 殻に価電子を 5 個もつ．すると，矢印で示したように共有結合しない価電子 1 個が余り，この電子がケイ素の中を動き回ることができる．このように "電子" が電気伝導を担う半導体を **n 型半導体** という．

> ドーピング doping
>
> **n 型半導体**
> n-type semiconductor
> 負を意味する negative の n

ホウ素がドープされたケイ素は図 8・14(b) のように表される．ホウ素は最外殻の L 殻に価電子を 3 個もつ．すると，矢印で示した部分で共有電子対をつくることができない．ところが，隣のケイ素原子から電子がこの "孔" に移動してくることができ，$B^- - Si^+$ となる．電子が抜けた部分にはまたその隣から電子が移動してきて，$B^- - Si - Si^+$ のようになることができる．このようにして，生じた正の電荷はシリコンの中を動き回ることができる．電子の抜けた孔は **正孔** または **ホール** とよばれる．このように "正孔" が電気伝導を担う半導体を **p 型半導体** いう．

> 正孔またはホール hole
> **p 型半導体**
> p-type semiconductor
> 正を意味する positive の p

半導体には，n 型と p 型を組合わせたり電圧のかけ方を工夫することによって電気を流したり止めたりという制御をさせることができ，それがコンピューターの動作のもとになっている．

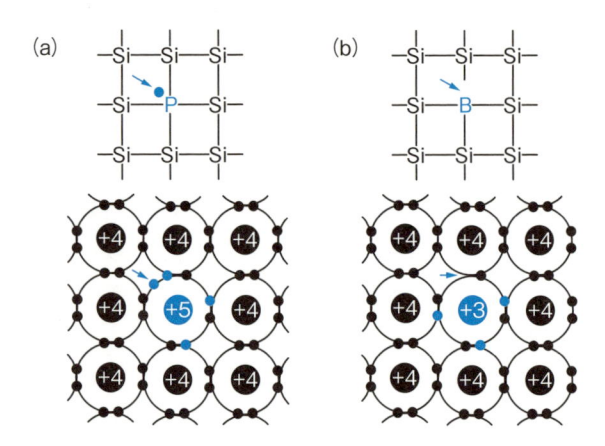

図 8・14 半導体のドーピング　(a)リンをドープしたケイ素，n 型半導体，(b)ホウ素をドープしたケイ素，p 型半導体

8・5　第 4 周期以降の元素

第 4 周期以降の元素の性質については，8・6 節，8・7 節で簡単にふれる．

第 4 周期の元素はカリウム K からクリプトン Kr までの 18 種類がある．ここでは，これらの元素の性質について述べることは省略するが，元素の性質を考えるうえで重要な電子配置について述べる．

表 8・3 に第 4 周期の元素の電子配置を示す．電子配置から予想されるように，カリウム K ($4s^1$) は 1 価の陽イオンになりやすく，カルシウム Ca ($4s^2$) は 2 価の陽イオンになりやすい．ところが，原子番号 21 の Sc 以降の電子配置はこれまでの傾向とは違ったものになる．Sc からはまだ占有されていない内殻の 3d 軌道に入っていく．そして，すべての 3d 軌道がいっぱいになったあと，原子番号 31 のガリウム Ga 以降は再び最外殻の 4p 軌道に順番に電子が入り，原子番号 36 のクリプトン Kr ですべての 4p 軌道がいっぱいになる．同様に，第 5 周期の元素では，まず 5s 軌道に電子が入ってから，つづいて 4d 軌道に電子が入っていく．

ただし，クロム Cr と銅 Cu では 4s 軌道に電子が 1 個しか入らず，Cr では電子が五つの 3d 軌道に 1 個ずつ入り，Cu では 3d 軌道はすべていっぱいになっている（表 8・3 参照）．これは，3d 軌道が 5 電子で半分だけ占められた状態や 10 電子で占められた閉殻構造が安定であることによる．

d 軌道や f 軌道の形については図 8・16 参照．

表 8・3　第 4 周期の元素の電子配置

	M 殻	N 殻		M 殻	N 殻
K	$[Ne]3s^23p^6$	$4s^1$	Ni	$[Ne]3s^23p^63d^8$	$4s^2$
Ca	$[Ne]3s^23p^6$	$4s^2$	Cu	$[Ne]3s^23p^63d^{10}$	$4s^1$
Sc	$[Ne]3s^23p^63d^1$	$4s^2$	Zn	$[Ne]3s^23p^63d^{10}$	$4s^2$
Ti	$[Ne]3s^23p^63d^2$	$4s^2$	Ga	$[Ne]3s^23p^63d^{10}$	$4s^24p^1$
V	$[Ne]3s^23p^63d^3$	$4s^2$	Ge	$[Ne]3s^23p^63d^{10}$	$4s^24p^2$
Cr	$[Ne]3s^23p^63d^5$	$4s^1$	As	$[Ne]3s^23p^63d^{10}$	$4s^24p^3$
Mn	$[Ne]3s^23p^63d^5$	$4s^2$	Se	$[Ne]3s^23p^63d^{10}$	$4s^24p^4$
Fe	$[Ne]3s^23p^63d^6$	$4s^2$	Br	$[Ne]3s^23p^63d^{10}$	$4s^24p^5$
Co	$[Ne]3s^23p^63d^7$	$4s^2$	Kr	$[Ne]3s^23p^63d^{10}$	$4s^24p^6$

[Ne]はネオン Ne の電子配置（$1s^22s^22p^6$）

例題　第 4 周期元素の 3d 軌道と 4s 軌道の電子配置を表 2・1 にならって示せ．

解答　表 8・3 を参照せよ．フントの規則から，同じエネルギーで空いている軌道がある場合は，一つずつの軌道にスピンをそろえて入る．Cr や Cu のように一部不規則な順に

入る場合がある.

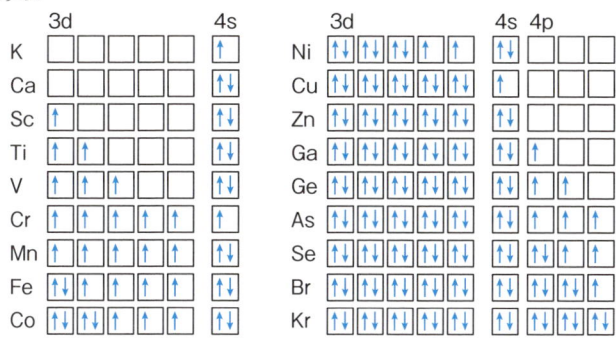

	3d	4s		3d	4s	4p
K	☐☐☐☐☐	↑	Ni	↑↓↑↓↑↓↑↑	↑↓	☐☐☐
Ca	☐☐☐☐☐	↑↓	Cu	↑↓↑↓↑↓↑↓↑↓	↑	☐☐☐
Sc	↑☐☐☐☐	↑↓	Zn	↑↓↑↓↑↓↑↓↑↓	↑↓	☐☐☐
Ti	↑↑☐☐☐	↑↓	Ga	↑↓↑↓↑↓↑↓↑↓	↑↓	↑☐☐
V	↑↑↑☐☐	↑↓	Ge	↑↓↑↓↑↓↑↓↑↓	↑↓	↑↑☐
Cr	↑↑↑↑↑	↑	As	↑↓↑↓↑↓↑↓↑↓	↑↓	↑↑↑
Mn	↑↑↑↑↑	↑↓	Se	↑↓↑↓↑↓↑↓↑↓	↑↓	↑↓↑↑
Fe	↑↓↑↑↑↑	↑↓	Br	↑↓↑↓↑↓↑↓↑↓	↑↓	↑↓↑↓↑
Co	↑↓↑↓↑↑↑	↑↓	Kr	↑↓↑↓↑↓↑↓↑↓	↑↓	↑↓↑↓↑↓

これまで,第4周期までの電子配置を見てきた.HからCaまでは電子が1個ずつ増えるにしたがって最外殻電子数が順に変化する.このような元素を**主要族元素**または**典型元素**という.ZnからKrまでの元素も同様である.一方,ScからCuまでのように,先に電子が外殻の軌道に入ってから,内殻の軌道の電子数が変化していく元素を**遷移元素**という.遷移元素はすべて金属元素であるので**遷移金属**ともいう.主要族元素では,最外殻にある電子の数が変化するので,電子配置の違いがそのまま元素の性質の違いに反映する.一方,遷移元素では最外殻の電子配置に違いがないので,主要族元素と同じような周期性は示さない.

図8・15は主要族元素と遷移元素の分類を周期表に示したものである.1族,2族と12族から18族は主要族元素であり,3族から11族までは遷移元素である.

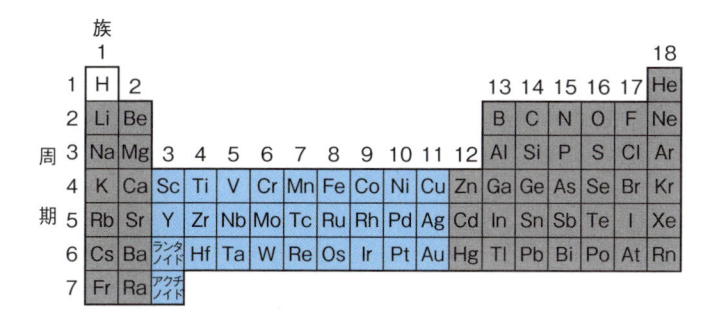

主要族元素 main group element
典型元素 typical element

遷移元素 transition element
遷移金属 transition metal

化学物質の名称を定める国際機関であるIUPACによると,水素を除く1族と2族および13族から18族までが主要族元素であり,3族から11族までは遷移元素である.12族はどちらへの分類も認められている.主要族元素については8・6節で,遷移元素については8・7節で改めて説明する.

図 8・15 主要族元素と遷移元素

8・6 1族,2族と12族から18族の元素:主要族元素

主要族元素の同じ族では最外殻電子数が同じであり,似た性質をもつ.ただし,周期を下にいくほど,軌道が大きくなって最外殻軌道のエネルギーも高くなるため,少しずつ異なる特徴も示す.

ここでは,それぞれの族に見られる特徴とともに,これまでふれなかった第4周期以降の元素についてもその特徴をごく簡単に述べる.

8. さまざまな元素と無機物質

アルカリ金属 alkali metal

1族元素 最外殻のs軌道に電子を1個だけ含む．水素以外の1族の元素 Li, Na, K, Rb, Cs, Fr は**アルカリ金属**とよばれる．最外殻の電子1個を放出しやすいので，1価の陽イオンになりやすい．アルカリ金属の金属片を水に入れると，激しく反応して水素を発生する．この反応はアルカリ金属が水によって酸化される反応である．反応の激しさも，電子を放出しやすい（イオン化エネルギーが小さい）順と同様で，K>Na>Li である（表3・1参照）．

$$H_2O + M \longrightarrow M^+ + OH^- + \frac{1}{2}H_2 \quad (M=Li,\ Na,\ K)$$

例題 Na と H_2O それぞれについて，酸化と還元を半反応式で表せ．
解答 $Na \longrightarrow Na^+ + e^-,\ 2H_2O + 2e^- \longrightarrow H_2 + 2OH^-$

炎色反応 flame reaction

光の"色"はエネルギーによって決まっている．

アルカリ金属の塩を炎の中に入れると，それぞれの元素に固有の色を発する．これを**炎色反応**という．Li は赤，Na は黄，K は紫，Rb は深赤，Cs は青紫である．高温状態で，電子がエネルギーの高い空の軌道に上げられ，また下の軌道に落ちるときに，そのエネルギー差の分だけ光として発するのが炎色反応である．元素によって軌道エネルギーが決まっているので，決まった色を出す．

アルカリ土類金属 alkaline earth metal

アルカリ土類金属も炎色反応を起こす．花火は炎色反応を利用したものであり，黄色は Na, 赤色は Sr, 緑色は Ba, 青色は Cu が用いられている．

2族元素 **アルカリ土類金属**ともよばれる．アルカリ土類金属は最外殻の1s軌道に2個の電子をもち，マグネシウム Mg 以降のアルカリ土類金属は2価の陽イオンになりやすい．Mg は植物中で光合成を行う葉緑素（クロロフィル）などに存在し，カルシウム Ca は骨や歯の成分などとして，生物にとって重要な元素となっている．

12族元素 12族元素は，主要族元素にも遷移金属にも分類されることがある．亜鉛 Zn, カドミウム Cd, 水銀 Hg も最外殻のs軌道に2個の電子をもち，これらを放出して2価の陽イオンになる．その結果，最外殻軌道は電子10個でいっぱいになった d 軌道になる．Hg は常温・常圧で液体の金属である．Zn は生体に必須の微量元素であるが，Cd と Hg は強い毒性がある．

ガリウム Ga とインジウム In は，15族の窒素，リン，ヒ素などと結合して，GaN, GaAs, InP といった半導体結晶を生成する．

13族元素 最外殻電子数が3であり，Al 以降の13族元素は3価の陽イオンになりやすい．ただし，タリウム Tl は1価の状態が安定である．水酸化アルミニウム $Al(OH)_3$ と同様に，水酸化ガリウム $Ga(OH)_3$ も両性化合物である．一方，水酸化インジウム $In(OH)_3$ は塩基性である．

14族元素 最外殻電子数が4である．同じ原子どうしの共有結合は C–C 間（結合エネルギー：$350\ kJ\ mol^{-1}$）がもっとも強く，つぎに Si–Si（$210 \sim 250\ kJ\ mol^{-1}$）であり，周期が下にいくほど弱くなる．このように，炭素どうしの結合が非常に強いため，炭素原子だけがいくつもつながって，多様な有機分子をつくる．ケイ素 Si とゲルマニウム Ge は半導体であり，スズ Sn と鉛 Pb は金属である（図3・5参照）．

カルコゲン chalcogen

"カルコゲン"とは鉱物の素という意味．これらの元素は鉱物に含まれる．

15族元素 最外殻電子数が5である．N と P は共有結合を形成するが，ヒ素 As, アンチモン Sb, ビスマス Bi は金属と非金属の中間の性質を示す．ヒ素には，3種類の同素体が存在する．

16族元素 **カルコゲン**ともよばれる．最外殻電子数が6であり，二組の電子対

を共有して共有結合をつくるか，電子2個を受入れて2価の陰イオンを形成する．SeとTeは金属と非金属の中間の性質を示し，Poは金属である．Seにも多くの同素体が存在する．

17族元素　ハロゲンともよばれる．最外殻に7個の電子をもつので，他の原子から与えられる電子1個を追加してオクテット則を満たし，単結合を形成する．そのため，−1の酸化数をとって，多くの安定なハロゲン化物を形成する．同じハロゲンどうしも単結合を形成し，F_2，Cl_2，Br_2，I_2 といった分子を形成する．常温・常圧で F_2 と Cl_2 は黄緑色の気体であり，Br_2 は赤褐色の液体，I_2 は紫黒色の固体である．

H−Fの結合エネルギー（565 kJ mol^{-1}）が大きいためにHを引きつける力が強く，HFは弱酸となる（pK_a=3.5）．その他の酸 HCl，HBr，HI はいずれも強酸であり，ハロゲンの原子番号が大きくなるにつれて結合エネルギーが小さくなり酸の強さは増加する．

"フロンガス"はハロゲンを含む炭化水素の気体の総称であり，CCl_2F_2，$CClF_3$，CH_2FCF_3，$CHClF_2$ など，冷蔵庫の冷媒や洗浄剤などとして利用され，さまざまなものが製造された．ところが，フロンガスはオゾン層破壊の原因となる物質であることと，CO_2 と同様に温室効果ガスでもあることが問題となっている．

18族元素　最外殻がヘリウムHeは2個，ネオンNeやアルゴンArは8個の電子で満たされているために，他の原子と結合をつくらない．したがって，原子のまま気体として存在し，**貴ガス**とよばれる．ただし，原子の大きいキセノンXeなどでは，フッ素や酸素と結合した化合物が知られている．

8・7　3族から11族の元素：遷移元素

8・7・1　遷移元素の電子配置

図8・1の周期表や表8・3を参照すると，3族から12族までの元素では，電子はそれぞれの殻のd軌道やf軌道に入っていくが，そのときすでにその外殻のs軌道にはすでに電子が存在していることがわかる．

3族から12族が存在する第4周期以降では，最外殻付近の軌道間のエネルギー差が小さいので，電子の入る順番が一部入れ替わることがあるが，ここでは，電子配置の全体的な傾向を見ていこう．

第4周期のスカンジウムScから亜鉛Znまでは，4s軌道がすでに占有された状態で電子は3d軌道に入っていく．3d軌道は5種類あり（図8・16a），電子は10個まで入ることができる．同様に第5周期では，5s軌道がすでに占有された状態で，イットリウムYからカドミウムCdまで，電子は4d軌道に入っていく．

第6周期では，6s軌道がすでに占有された状態で，まず4f軌道が詰まっていく．4f軌道は全部で7種類あり（図8・16b），電子は14個まで入る．この過程にあるランタンLaからルテチウムLuまでの15種類の元素は**ランタノイド**とよばれる．3族のスカンジウムSc，イットリウムYとランタノイドは，あわせて**希土類金属**とよばれる．その後5d軌道が詰まっていく．

ハロゲン halogen

"ハロゲン"とは塩の素という意味．

異なるハロゲンどうしでも化合物を形成する．その多くは，ハロゲンをXとして，XF，XF$_3$，XF$_5$ などのフッ化物である．

大気中に放出されたフロンガスはゆっくりと成層圏に到達し，紫外線（波長が400 nmから10 nmの電磁波）により分解される際に生成するClがオゾン分子を分解し，その結果オゾン層が破壊される．

たとえば，XeF$_2$，XeF$_4$，XeF$_6$，XeO$_3$，XeO$_4$ などで，Xeの酸化数は +2，+4，+6，+8 と変化する．

ランタノイド lanthanoid

希土類金属 rare earth metal

4f軌道には電子は14個まで入るが，ランタノイドに15の元素があるのは，5d軌道に電子が1個入る元素（Lu）も含むためである．

140   8. さまざまな元素と無機物質

アクチノイド actinoid

第7周期も同様で，7s軌道が占有された状態で，5f軌道が詰まっていく．アクチニウム Ac からローレンシウム Lr までの15種類の元素を**アクチノイド**という．

図8・16に3d軌道と4f軌道の形を示す．d軌道は5種類，f軌道は7種類ある．

軌道を"波"と考えると，K, L, M, N殻となるにつれて波の数が一つずつ増えていく．

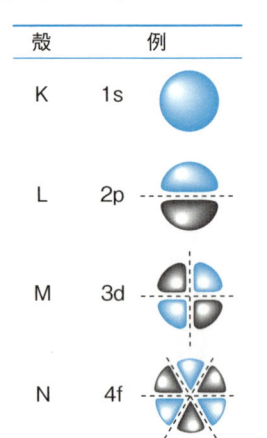

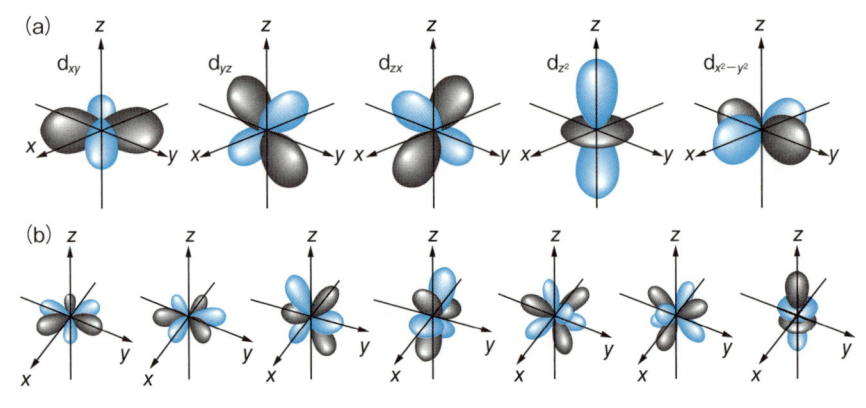

殻	例
K	1s
L	2p
M	3d
N	4f

図 8・16 5種類の3d軌道（a）と7種類の4f軌道（b）

例題　遷移元素の電子配置の特徴を主要族元素との違いから述べよ．
解答　遷移元素ではまず最外殻のs軌道に電子が入り，つづいて内殻のd軌道やf軌道に電子が入っていく．

8・7・2　遷移元素の性質

遷移元素は，周期表において，s軌道が占有されていく1, 2族とp軌道が占有されていく13から18族の間に位置する．1, 2族元素は陽イオンとなってイオン化合物をつくりやすく，13から18族元素はどちらかというと共有結合化合物をつくりやすい．遷移元素はこれらの中間の性質をもっている．

また，遷移元素は完全には占有されないd軌道をもつことによる特徴的な性質を示す．12族のZn, Cd, Hgが遷移元素に分類されないことがあるのは，完全に占有されたd軌道をもつために，他の遷移元素がもつ性質を示さないためである．

これらの値は共有結合半径とよばれる原子の大きさの指標である．

3族の原子の大きさは同じ周期の2族の原子よりも小さい．たとえば，原子半径はCaの0.174 nmに対して，Scは0.144 nmとかなり小さくなっている．これは，2・3・3節で見たように，中心の電荷が大きくなったことと，新たに加わる電子が外殻の軌道ではなく内殻の軌道に入ることにもよる．さらに族が大きくなるほど原子は，核の電荷が大きくなり，より電子を引きつけるために少しずつ小さくなる．

原子半径を同じ族どうしで比べると，第4周期→第5周期→第6周期となるにつれて，3族ではSc（0.144 nm）→Y（0.162 nm）→La（0.169 nm）と増加する．他の族では，第4周期から第5周期になると原子は大きくなるが，第5周期と第6周期ではほとんど変わらない．これは，第5周期と第6周期の間に，LaからLuまで原子番号とともに小さくなるランタノイドの一連の元素があるためである．

遷移元素は一般に密度の高い金属結晶を形成する．ほとんどの遷移金属の密度は $5\,\mathrm{g\,cm^{-3}}$ 以上である．遷移金属の融点はアルカリ金属（数十℃から200℃の間）やアルカリ土類金属（700℃から1300℃の間）と比べて高く，ほとんどが1000℃を超える．タングステンWの融点は約3400℃であり，全金属中で最高である．

遷移元素のイオン化エネルギーは，1, 2族元素と12から17族元素のおおよそ中間的な値をもつ．そして，多くの遷移金属は空気中で安定に存在する．1, 2族元素がイオン化エネルギーが小さいために酸化されやすいのと対照的である．特に，金Auや白金Ptの安定性は際立っている．

また，遷移元素は陽イオンになりやすいが，1族や2族の元素に比べればその傾向は小さく，イオン結合や金属結合だけでなく，共有結合（配位結合，次節参照）も形成する．

主要族元素の化合物ではほとんどの場合，電子はそれぞれの軌道に電子対となって存在していた．それに対し，多くの遷移元素は化合物中でも部分的に満たされたd軌道をもつ．このような場合，電子のスピン（電子の自転）や軌道の角運動量（電子の核のまわりの公転運動）によって磁場が生じる．このような物質を磁石の間などの磁場中におくと，これらの原子がつくる磁場がその方向にそろう．特に鉄Fe，コバルトCo，ニッケルNiなどは，磁場中におかなくても，自分自身で各原子のつくる磁場の方向がそろうことによって磁石となる．

遷移元素は一般に多くの酸化数をとり，さまざまな化合物を形成する．たとえば，マンガンMnでは，$+2$（$\mathrm{Mn^{2+}}$），$+3$（$\mathrm{Mn_2O_3}$），$+4$（$\mathrm{MnO_2}$），$+6$（$\mathrm{MnO_4^{2-}}$），$+7$（$\mathrm{MnO_4^-}$）の酸化数がよく見られる．

過マンガン酸カリウム $\mathrm{KMnO_4}$ や二クロム酸カリウム $\mathrm{K_2Cr_2O_7}$ は，異なる酸化数間の変化を利用して，酸化剤として用いられる（表7・3参照）．

> **例題** $\mathrm{KMnO_4}$ や $\mathrm{K_2Cr_2O_7}$ が酸化剤として働く場合の半反応式は，以下のようになる．反応にともなってMnとCrの酸化数はそれぞれどのように変化するか．
> $$\mathrm{MnO_4^- + 8H^+ + 5e^- \longrightarrow Mn^{2+} + 4H_2O}$$
> $$\mathrm{Cr_2O_7^{2-} + 14H^+ + 6e^- \longrightarrow 2Cr^{3+} + 7H_2O}$$
> **解答** Mnの酸化数は，反応前は $\mathrm{Mn}+4\times(-2)=-1$ より $+7$，反応後は $+2$．Crの酸化数は，反応前は $2\times\mathrm{Cr}+7\times(-2)=-2$ より $+6$，反応後は $+3$．

ちなみに12族の金属亜鉛Zn，カドミウムCd，水銀Hgの融点はそれぞれ，420℃，321℃，-39℃と，他の遷移金属に比べて圧倒的に低い．これらの元素はd軌道がすべて占有された閉殻構造になっているために，金属を形成する結合に関与しないためである．

金や白金は多くの酸に不溶であるが，王水（塩酸と硝酸の混合溶液）には溶解する．

8・7・3 金属錯体

金属イオンを中心にして，そのまわりに他の原子（イオン）や分子が結合した化合物を**金属錯体**といい，結合した原子や分子を**配位子**という．遷移金属は，d軌道やf軌道を使って配位子と結合するので，これらの軌道の形を反映したさまざまな形の金属錯体が存在する（図8・17）．配位子の数（配位数という）は，中心の金属イオンによって異なるが，一般には4個または6個が多い．また，配位子は $\mathrm{F^-}$，$\mathrm{Cl^-}$，$\mathrm{OH^-}$，$\mathrm{CN^-}$ などの陰イオンや，$\mathrm{H_2O}$，$\mathrm{NH_3}$，COなどの中性の分子，またN,

金属錯体 metal complex
配位子 ligand

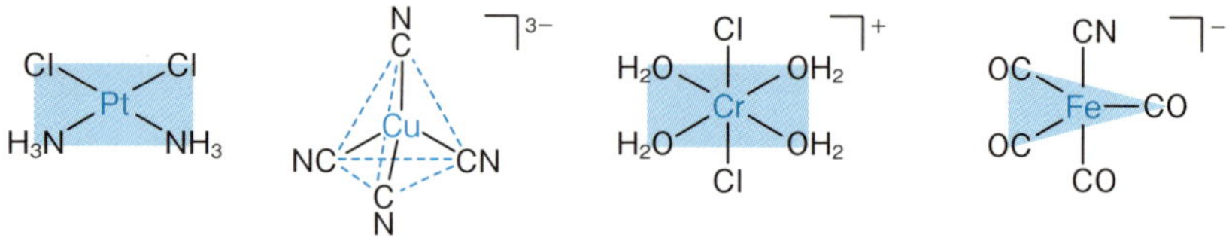

図 8・17 金属錯体の例 平面四角形，正四面体，正八面体，三方両錐など，さまざまな形をとる．

O，Pなどを含むさまざまな有機分子などがある．これらの配位子の共通点は，孤立電子対をもつ原子を含んでいることである．

配位結合 coordinate bond

金属イオンとまわりの原子や分子は**配位結合**によってつながっている．ここではまず，アンモニウムイオン NH_4^+ を例にとって配位結合を見てみよう．NH_4^+ はアンモニア NH_3 の窒素原子にある孤立電子対を，水素イオンの空の1s軌道に供与することで形成される．

同様に，オキソニウムイオン H_3O^+ では，水の孤立電子対と H^+ の空の軌道が配位結合している

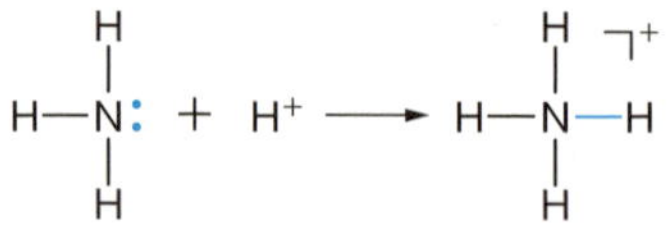

共有結合と配位結合は電子の与え方が異なるだけで，生成した結合は同じものである．

共有結合は原子が互いに1個ずつ電子を出しあって共有してできる結合であったが，配位結合はどちらか一方だけが2個の電子を供与することで形成される結合である．

同様に，金属錯体は遷移金属イオンに，配位子のもつ孤立電子対（電子2個）を与えることで形成される．

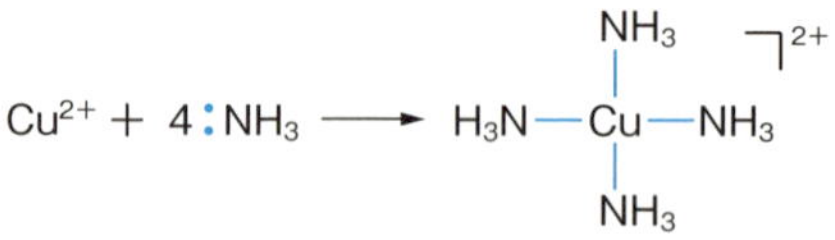

このように，配位結合は電子対のやりとりによって形成される．これは，8・2節で見たルイスの酸塩基と同じことである．この定義では，電子対を受取るのが酸であり，電子対を供与するのが塩基であった．要するに，錯体の形成はルイスの酸塩基反応の一種であり，このとき遷移金属イオンが"酸"となり，配位子が"塩基"の役割を果たす．

金属錯体のもつ一般的な特徴として，鮮やかな色がある．遷移金属イオンや配位子の種類や錯体の構造の違いによって，さまざまな色を呈する．これは金属イオンの電子が，エネルギーの高い空いたd軌道や配位子の軌道へ移る際に可視光（波長が400 nmから800 nmの電磁波）を吸収するからであり，金属イオンと配位子の組合わせによりさまざまなエネルギーの光を吸収する．表8・4には，水を配位子とする金属錯体の色を示した．また金属錯体には，いったんエネルギーの高い軌道へ移った電子がもとに戻る際に発光するもの，酸化還元反応を起こすもの，あるいは磁石の性質を示すものなど，さまざまな機能をもつものが見いだされている．

表 8・4 錯体の色の例

錯　体	色
$[Ti(H_2O)_6]^{3+}$	紫
$[Cr(H_2O)_6]^{2+}$	青
$[Fe(H_2O)_6]^{2+}$	淡緑
$[Co(H_2O)_6]^{2+}$	赤
$[Ni(H_2O)_6]^{2+}$	緑
$[Cu(H_2O)_6]^{2+}$	青

8・8 放射性同位体と放射線

　元素の同位体のなかには，安定に存在せず時間とともに，より安定な他の元素に変化するものがある．このときに，原子核の断片や余分なエネルギーが電磁波として放出される．このような性質をもつ同位体を**放射性同位体**といい，このとき放出される原子核の断片や電磁波を**放射線**という．また，放射線を出す性質（能力）のことを**放射能**という．放射能の強さは単位時間あたりに崩壊する原子核の個数で表され，毎秒1個の崩壊が起こるとき，この放射能を1ベクレル（Bq）と定義する．これに対し，物質の1 kgあたりに吸収される放射線のエネルギー（J）をグレイ（Gy＝J kg^{-1}）という．シーベルト（Sv）はさらに人体に対する影響を考慮した放射線量の単位で，グレイに放射線の種類や年齢などによって異なる補正計数を掛けて求められる．

　放射性同位体は一次反応に従って変化する（6・1節参照）．ある放射性同位体が半分の量になる時間は決まっており，これを**半減期**という．おもな放射性同位体の半減期を表8・5にまとめた．

放射性同位体 radioisotope
放射線 radiation
放射能 radioactivity

半減期についてはp.88でも取上げた．

表8・5　おもな放射性同位体の半減期

	半減期		半減期
^{3}H	12.3 年	^{90}Sr	28.9 年
^{14}C	5730 年	^{125}I	59.4 日
^{32}P	14.3 日	^{131}I	8.021 日
^{35}S	87.5 日	^{137}Cs	30.1 年
^{38}Cl	37.24 分	^{226}Ra	1600 年
^{42}K	12.36 時間	^{232}Th	140 億 5000 万年
^{89}Sr	50.6 日	^{238}U	44 億 6800 万年

例題　ある放射性同位体が16 g存在したが，放射線を出しながら3年で8 g減少し，残り8 gになった．放射線を出さなくなるまで，あと何年かかるか．

解答　放射性同位体はこれから3年後に4 g，6年後に2 g，9年後に1 g，12年後に0.5 g，…と減少していく．最後の1個の同位体が分解するまでは相当時間がかかるが，検出されなくなる時期はもっと速いだろう（検出感度による）．

　たとえば，質量数235のウラン（$^{235}_{92}$U）は安定であるが，これに中性子を照射すると，質量数が一つ増えた不安定な状態の$^{236}_{92}$Uが生成する．そのうちの15 %程度はガンマ（γ）線という波長の短い電磁波（後述）を放出して安定な状態の$^{235}_{92}$Uになるが，残りの$^{236}_{92}$Uはさまざまな形に分裂する．たとえば，バリウム$^{139}_{56}$Baとクリプトン$^{94}_{36}$Krに分裂し，中性子3個を放出する．

$$^{236}_{92}U \longrightarrow {}^{139}_{56}Ba + {}^{94}_{36}Kr + 3{}^{1}_{0}n$$

この3倍に増えた中性子がまた$^{235}_{92}$Uに衝突すると，同様に**核分裂反応**をひき起こし，連続的に反応が起こる．この反応によって大きな熱の放出が起こり，これを利用して水蒸気を加熱しタービンをまわして発電する方式が"原子力発電"である．

　代表的な放射線にはアルファ（α）線，ベータ（β）線，ガンマ（γ）線がある．アルファ線は中性子2個と陽子2個からなるヘリウム$^{4}_{2}$Heの原子核と同じものが

元素記号の左上の数字は質量数を，左下の数字は原子番号を表す．また，$_{0}^{1}$nは中性子を示す．この崩壊での原子番号（陽子数）の関係は92＝56＋36＋0であり，質量数（陽子数＋中性子数）の関係は236＝139＋94＋3×1である．

核分裂反応
nuclear fission reaction

分裂で生じた核は放射性同位体であるものが多いので，発電が終わった使用済み核燃料も長期間放射線を出しながら発熱し続ける．したがって，長期間にわたって冷却し続けなければならない．

核反応にともなって放出されたものである．ベータ線は高速の電子の流れであるが，核反応にともなって放出されるベータ線は，中性子が陽子に変化する際に発生する電子である．ガンマ線は核反応にともなって放出される波長の短い電磁波である．

一般に核反応のエネルギーは莫大で，たとえば $^{235}_{92}$U の核分裂の際に発生するエネルギーは 2×10^{13} J mol^{-1} 程度である．原子間結合の結合エネルギーは 10^5 J mol^{-1} 程度であるから，その組換えである化学反応のエネルギーの1億倍程度にもなる．核反応では反応の前後で原子の種類，数が変化するが，通常の化学反応でこれらが変化しないのは，扱っているエネルギーが文字通り"桁違い"に違うからである．

> 波長が 10 nm から 1 pm の電磁波をエックス線（X 線）あるいはガンマ線という．その区別は発生機構による．核反応の場合はガンマ線といい，それ以外ではエックス線という．

練 習 問 題

8・1 つぎの化合物中で水素は正電荷を帯びるか，負電荷を帯びるか．
(a) H$_2$O, (b) NaH, (c) CaH$_2$

8・2 反応 N$_2$+3H$_2$→NH$_3$ で生成するアンモニアも気体である．定温，定圧でこの反応が起こると体積はどうなるか．

8・3 8・1・1 節の例題にならって，つぎの反応を表せ．(a) F+F→F$_2$, (b) H+F→HF

8・4 図 8・8 のフラーレンの構造に二重結合を書き込め．

8・5 以下，それぞれの反応式を書け．(a) リン酸 1 モルと水酸化ナトリウム 3 モルの反応，(b) 硫酸 1 モルと水酸化ナトリウム 1 モルの反応，(c) 硫酸 1 モルと水酸化ナトリウム 2 モルの反応．

8・6 第一イオン化エネルギーの大きい順に並べよ．(a) He, Ne, Ar, (b) Be, Mg, Ca

8・7 ケイ素（シリコン）半導体につぎの原子をドープしたら，p 型になるか n 型になるか．(a) ヒ素，(b) アルミニウム

8・8 つぎの錯体中の金属は何価のイオンか．d 電子をいくつもつか．遷移金属が陽イオンになるときには最外殻の s 軌道の電子から抜けることに注意せよ．(a) [Fe(CN)$_6$]$^{3-}$ (CN$^-$ は 1 価の陰イオン)，(b) [Co(H$_2$O)$_6$]$^{2+}$

発 展 問 題

8・9 つぎの物質は，身近に使われていて，化学とは違った視点から名前が付けられている．どのような化学物質からできていて，どのような性質が使われているか調べよ．
(a) 石膏，(b) 消石灰，(c) 生石灰，(d) 重曹，(e) 苛性ソーダ

9 炭素原子を含む分子：有機分子と生命

- 有機分子は炭素原子どうしがさまざまな形でつながってできた分子である．
- 分子式が同じで，原子のつながる順序が違う分子を構造異性体という．
- 分子式も原子のつながり方も同じであるが，立体的な配置が違う分子を立体異性体という．
- 鏡像の関係にある立体異性体を鏡像異性体（エナンチオマー）という．
- 特徴的な性質をもつ原子のグループを官能基といい，有機分子の性質を決める．
- カルボン酸は酸であり，アミンは塩基である．
- ある単位が繰返し多数つながって（重合して）できた分子を高分子（ポリマー）という．
- アミノ基とカルボキシ基をもつ分子をアミノ酸といい，これらが重合してタンパク質ができる．
- 糖は主として炭素，水素，酸素からなり，ヒドロキシ基を多くもつ分子である．
- 脂質は，いわゆる油であり，極性の低い溶媒に溶ける極性の低い物質の総称である．
- トリアシルグリセロールのケン化によってセッケンができ，これらの分子が集合してミセルになる．
- 遺伝情報は，核酸塩基 A，T，G，C の配列として DNA に保存される．

　この章では，炭素を含む分子について学ぶ．炭素を含む分子を**有機分子**といい，有機分子を扱う化学を**有機化学**という．

　炭素原子は，炭素原子どうしでつぎつぎと結合してさまざまな形につながり，さらに水素や窒素，酸素などの原子と結合して分子をつくる．分子をつくる際の原子の組合わせとつながり方が多様なので，できあがる有機分子の種類はきわめて多い．

　人工の有機分子も身のまわりに多くあり，色素，薬品など数え切れないほどである．さらに，同じ小さな分子がたくさんつながった高分子は材料として，プラスチックや衣類などに広く使われている．

　生物をつくる分子も大部分が有機分子である．生物は，もっとも単純な単細胞生物でさえ大変複雑なシステムをもち，多くの有機分子が組合わさって構造体をつくり，そこで化学反応や情報処理を行い，自己複製して増殖をする．

　ここでは，基本的な有機分子および有機化学の基礎事項について理解し，より先を学ぶための基礎を身につけよう．

有機分子　organic molecule
有機化学　organic chemistry

現在，アメリカ化学会のデータベース CAS には 7 千万以上の化合物が登録されているが，その 9 割以上は有機分子である．

9・1　炭化水素

9・1・1　メタン，エタン，エテン，エチン

　ほとんどの有機分子には炭素以外に水素が含まれる．炭素と水素だけからなる分子を**炭化水素**というが，炭化水素が有機分子の基本的な骨格を形成する場合が多い．前章で炭素原子が 3 種類の混成軌道を形成することがわかったが，それぞれの混成軌道をもつ炭素を含む図 9・1 に示した簡単な炭化水素分子を例にして，具体的にその特徴を見てみよう．

炭化水素　hydrocarbon

9. 炭素原子を含む分子：有機分子と生命

メタン　エタン　エテン（エチレン）　エチン（アセチレン）

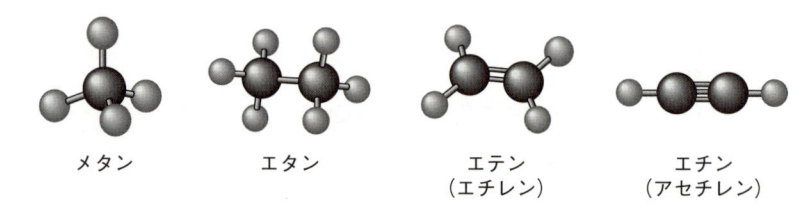

図 9・1　簡単な炭化水素　黒が炭素で，灰色が水素

メタン methane

有機化合物の名称については，古くから慣用的に使われてきたものもあるが，莫大な数の有機化合物を扱うことは困難であるため，IUPAC（国際純正および応用化学連合）で定められた体系的な命名法によって整理されている．

メタンは，炭素1個と水素4個からできたもっとも簡単な構造の有機分子で，分子式は CH_4 である．炭素原子は4個の原子に囲まれていることから，sp^3 混成軌道をとっており，4個の水素原子は炭素原子を中心とした正四面体状に配置されている．炭素-水素間は，単結合で，σ結合であり，結合距離は0.11 nm である．

単結合あるいは共有電子対は1本の線で表すので，メタンの構造式はつぎのようになる．

$$\begin{array}{c} H \\ | \\ H-C-H \\ | \\ H \end{array}$$

エタン ethane

エタンは，分子式が C_2H_6 であり，それぞれの炭素は4個の原子で囲まれている（1個の炭素と3個の水素）から，炭素原子の軌道は sp^3 混成である．それぞれの炭素原子を中心として，まわりの4個の原子は四面体状に配置されているが，正確な正四面体ではない．炭素と炭素の間の距離は0.15 nm で，炭素と水素の間の距離は0.11 nm である．

例題　(a) エタン中の原子が価電子を共有し，オクテット則を満たしている様子を図で表せ．(b) エタンの構造式を描け．

解答　(a) 炭素の4個の価電子と水素の1個の電子が共有結合にかかわり，すべての原子がオクテット則を満たす．

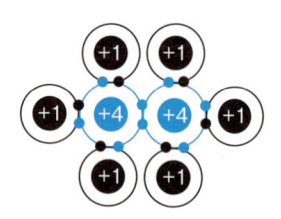

(b) すべての結合は単結合なので，1本の線で表す．

$$\begin{array}{c} H\ \ H \\ |\ \ \ | \\ H-C-C-H \\ |\ \ \ | \\ H\ \ H \end{array}$$

エテン ethene
エチレン ethylene

C_2H_4 は**エテン**というが，**エチレン**という名称も慣用的に使われている．それぞれの炭素原子は3個の原子で囲まれている（1個の炭素と2個の水素）から，sp^2 混成をとっており，その3個の原子は炭素原子を中心とした三角形状（正三角形で

はない）に配置されている．エテンは，構成原子がすべて同一平面上にある分子である．

炭素どうしの結合は，sp² 混成軌道間の重なりによる σ 結合と p 軌道間の重なりによる π 結合からなる二重結合である（図 9・2）．このために，炭素どうしは単結合より強く結合しており，炭素間の距離は 0.13 nm と，エタンの炭素間の距離よりも少し短い．炭素と水素の結合距離は 0.11 nm である．

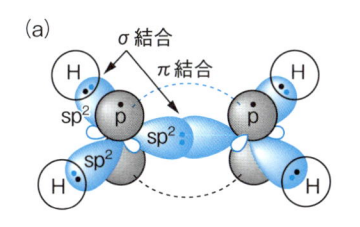

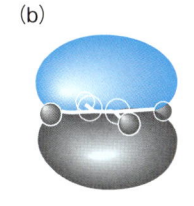

図 9・2 エテン（エチレン）
(a) 原子の軌道の重なりと電子の共有，(b) π 軌道

エテンの構造式は，つぎのようになる．

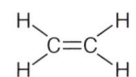

$$H_2C=CH_2$$

C₂H₂ は**エチン**というが，**アセチレン**という名称も慣用的に使われている．それぞれの炭素は 2 個の原子（水素と炭素一つずつ）にはさまれているので，sp 混成軌道をとっている．エチンのすべての原子は一直線上に並んでいる．

エチン ethyne
アセチレン acetylene

sp 混成軌道中の電子はそれぞれ相手の原子の電子と対をなして σ 軌道を形成し，p_y 軌道と p_z 軌道はそれぞれが重なりあって，2 個の π 軌道を形成する（図 9・3）．炭素-炭素間は，σ 結合 1 本，π 結合 2 本の合計 3 本で，三重結合である．炭素-炭素間の距離は，二重結合よりさらに短く 0.12 nm である．炭素と水素の結合距離は，やはり 0.11 nm である．

C–C 結合を x 軸にとった場合．

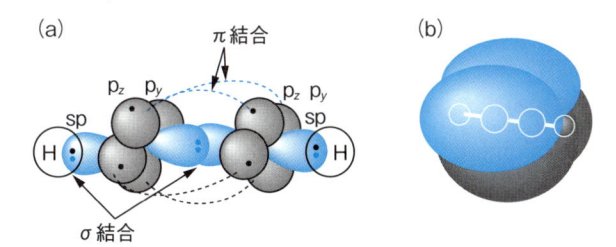

図 9・3 エチン（アセチレン）
(a) 原子の軌道の重なりと電子の共有，(b) π 軌道

エチンの構造式は，つぎのようになる．

$$H-C\equiv C-H$$

結局，炭素には他の原子が，4 個，3 個，あるいは 2 個結合する場合があり，4 個の場合はすべて単結合，3 個の場合は二重結合を一つ含み，2 個の場合は三重結合を一つ含む．したがって，構造式中で炭素は，つぎのいずれかのように書き表される．どの炭素からも「手」が 4 本出ると覚えればよい．

sp³ 炭素   sp² 炭素   sp 炭素

炭化水素のうち，メタンやエタンのように単結合だけからなるものを**アルカン**（分子式は C_nH_{2n+2}），エテンのように二重結合を一つだけ含むものを**アルケン**（C_nH_{2n}），エチンのように三重結合を一つだけ含むものを**アルキン**（C_nH_{2n-2}）と総称する．

9・1・2 炭化水素の異性体

今度は，炭素を3個以上含む炭化水素のとりうる構造を考えよう．

プロパン propane

炭素3個からなる炭化水素には，**プロパン**がある．

シクロプロパン
cyclopropane

環状の炭化水素のうち，シクロプロパンのように単結合だけからなるものを**シクロアルカン**（分子式はC_nH_{2n}）と総称する．

炭素3個からなる炭化水素には，これ以外に，環になった分子も存在する．環を表す「シクロ」をつけて**シクロプロパン**という．シクロプロパン中の炭素原子は4個の原子に囲まれているので，sp^3混成のように思われるが，通常のsp^3混成軌道とは異なる特徴をもつ．それは，3個の原子で三角形をつくっているので，炭素－炭素－炭素の結合角が60°とならざるをえず，通常のsp^3混成軌道の110°から大きくずれていることである．このために，この分子は通常の炭化水素より安定性に乏しく，反応性が高い．

炭素4個からなる炭化水素には，直鎖の分子に加えて，枝分かれした分子，四角形の環状分子，三角形の環状構造から枝分かれした分子がある．

構造異性体 structural isomer

上記の分子のうち，左二つはともに分子式がC_4H_{10}であるが，明らかに異なった分子である．このように，分子式が同じ（つまり，構成する原子の種類と数が同じ）で，原子のつながる順序が異なる分子を互いに**構造異性体**であるという．右二つはともにC_4H_8であり，これらも互いに構造異性体である．

炭素4個からなる炭化水素は，二重結合や三重結合をもつものを含めるとまだ多くの種類ある．そのうち，図9・4(a)に示した二つの分子を考えよう．中央の2個の炭素はsp^2混成であり，色アミ部分の6個の原子は同一平面上にある．もし中央の二重結合が回転することができたら，これらの二つの分子は同一分子であることになる．ところが，二重結合というのは，図9・4(b)に示すように平面の上下につ

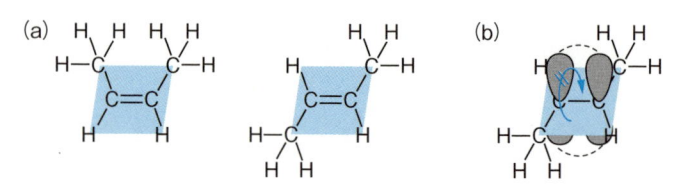

図9・4　幾何異性体　(a) 幾何異性体の例，(b) 二重結合は回転しない

ながった π 結合があるために回転できない．したがって，図 9・4(a) の 2 分子は異なった分子である．このように，分子式が同じで，原子のつながる順序も同じであるが，立体的な配置が異なる分子を互いに**立体異性体**であるという．立体異性体のうちで，図 9・4 のように二重結合に対する位置の異なるものを**シス-トランス異性体**あるいは**幾何異性体**という．(a) のように二重結合の同じ側が同じ基（9・2 節参照）の分子を**シス**（*cis*）体といい，そうでない分子を**トランス**（*trans*）体という．

立体異性体 stereoisomer

幾何異性体 geometrical isomer

> **例題** 図 9・4 の例のほかに，分子式 C$_4$H$_8$ で二重結合をもつ構造異性体をすべてあげよ．
> **解答** 以下の 2 種類である．C$_4$H$_8$ の構造異性体には，前ページの二つの環状の分子を含めて，合計 5 種類がある．

そのほかの立体異性体として鏡像異性体（エナンチオマー）などがある（9・4・1 節参照）．

図 9・4 の 2 種類のシス-トランス異性体は，構造異性体としては 1 種類である．

9・1・3　ベンゼン

炭素 6 個が環状になった炭化水素に，図 9・5(a) に示した**ベンゼン** C$_6$H$_6$ がある．すべての炭素は sp^2 混成であり，すべての原子が同一平面上にある分子である．グラフェンから六角形の部分を切り出して，そのまわりに水素が結合した構造ともいえる．したがって各炭素は p 軌道をもっており，それを示すと図 9・5(b) のようになる．

構造式中では，二重結合と単結合が交互に並んでいるように見えるが，すべての p 軌道は均等に相互作用し，すべての結合は等価である．p 軌道は対になって結合をつくるというよりは，6 個の p 軌道が全体として大きな π 軌道をつくる．その様子を図 9・5(c) に示した．このようにベンゼンは分子平面の上下に広がった π 軌道をもっている．

広がった π 軌道をもつ分子は，紫外線を吸収する性質をもつ．ベンゼンよりもさらに多くの p 軌道からなる広がった π 軌道をもつ分子は，可視光を吸収する性質をもち，そのような分子は色づいて見える．ほとんどの色素は大きな π 軌道をもっている．

ベンゼン benzene

グラフェンについては 8・2 節および 8・3 節参照．

6 個の p 軌道の組合わせによって六つの π 軌道ができる．図 9・5(c) に示したのはそのうちでもっとも安定な軌道である．安定なほうから三つの π 軌道に 6 個の電子が 2 個ずつ入る．

ベンゼンのような環状化合物で分子全体に広がった π 軌道をもつ分子を**芳香族化合物**という．

代表的な芳香族化合物としてベンゼンの水素 1 個を他の基（官能基，後述）で置き換えた分子がある．

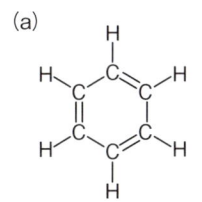

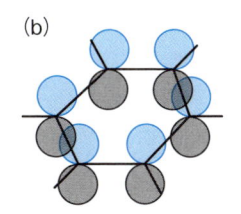

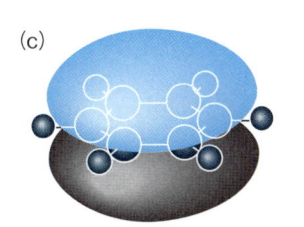

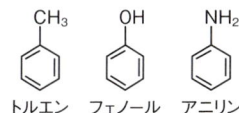

図 9・5　ベンゼン　(a) 分子構造，(b) p 軌道，(c) π 軌道

9・2 官能基

基 group	有機分子のなかには，特定の原子がつながったグループがしばしば現れる．こうしたグループのことを**基**という．たとえば，CH_3 を**メチル基**という．エタンはメチル基が二つ単結合でつながったとみることもできるので，メチル基をまとめて書いて，H_3C-CH_3 あるいは CH_3-CH_3 とも表される．さらにメチル基は単結合で他の原子に結合することは明らかであるので，結合の線も省略して CH_3CH_3 と書くこともある（図9・6）．
メチル基 methyl group	

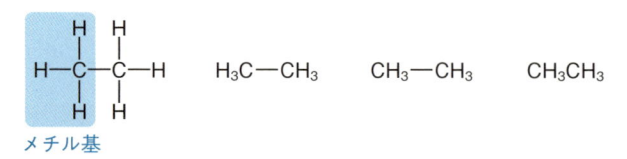

図 9・6 エタンの表し方

メチレン基 methylene group	プロパンの中央の炭素は CH_2 というグループと見ることができて，これを**メチレン基**という．この表記を使うと，プロパンは $CH_3-CH_2-CH_3$ あるいは $CH_3CH_2CH_3$ と表される．

　二重結合や三重結合は省略しないで，エテン（エチレン）は $CH_2=CH_2$，エチン（アセチレン）は $CH\equiv CH$ などと書く．

官能基 funcitonal group	特に，特徴的な性質をもつ基を**官能基**という．よく現れる官能基の構造と名称，略記法を表9・1にまとめた．ある官能基をもつ分子は特定の名称でよばれることがある．たとえば，ヒドロキシ基（-OH）をもつ分子は"アルコール"，ホルミル基（-CHO）をもつ分子は"アルデヒド"，カルボニル基（>C=O）をもつ分子は"ケトン"とよばれる．分子の名称もあわせて表にのせておいた．

表 9・1 官能基の例

構造	略記法	名称	分子名	構造	略記法	名称	分子名
-Cl		クロロ基	塩化物		-CHO	ホルミル基	アルデヒド
-Br		ブロモ基	臭化物		-COOH -CO$_2$H	カルボキシ基	カルボン酸
-O-H	-OH	ヒドロキシ基	アルコール			カルボニル基	ケトン
	-NH$_2$	アミノ基	アミン			フェニル基	芳香族化合物
	-NO$_2$	ニトロ基	ニトロ化合物				

フェニル基の略記法ではCやHの記号も省略されている．すべての角にはCが存在し，必要な数のHが結合していると判断する．このような略記法は複雑な有機分子の構造を見やすくするためによく用いられる．

9·2 官能基

官能基によってその分子の性質が決まる. たとえば, **アミノ基**（-NH$_2$）をもつ分子を**アミン**というが, アミンは塩基である. なぜアミノ基があると塩基になるかは, アミノ基中の窒素の電子数から理解できる. 窒素は価電子を5個もつので, そのうち3個をまわりの原子との共有に使ったときに, 2個余る. 余った電子は非共有電子対としてN上に存在する. この非共有電子対を使って, 水素イオンH$^+$と結合することができるので, アミンは, 水素イオンを受取る物質, すなわち塩基である.

アミノ基 amino group
アミン amine

$$H_3C-\underset{H}{\underset{|}{N}}:+H^+ \rightleftharpoons H_3C-\underset{H}{\overset{H}{\underset{|}{\overset{|}{N^+}}}}-H$$

電子2個（電子対）の移動は曲がった両羽矢印によって表される.

分子中に**カルボキシ基**がある分子を**カルボン酸**というが, カルボン酸は酸として水素イオンを放出しやすい. カルボキシ基（-COOH）が水素イオンを放出しやすいのは, 水素イオンを放出した後の形（COO$^-$, カルボキシラートイオンという）が安定であるからである. カルボキシラートイオンが安定であるのは, 正電荷をもつ水素イオンがはずれることによって分子に生じた負電荷を, 電気陰性度の大きい2個の酸素原子が受入れるからである.

カルボキシ基については7·1·1節も参照.
カルボン酸 carboxylic acid

$$H_3C-\overset{O}{\underset{O-H}{\overset{\|}{C}}} \rightleftharpoons H_3C-\overset{O}{\underset{O}{\overset{\|}{C}}}^- + H^+$$

カルボン酸　　　　カルボキシラートイオン

反応式左辺のカルボン酸では, Cと二つのOの結合は二重結合と単結合であるが, 右辺のカルボキシラートイオンでは, 両方のCとOの結合はまったく等価になる. 実線と点線の二重線は, CとOの結合が単結合と二重結合の中間であることを示している. 形式的には, 以下のように書くことが多い.

$$-C\overset{O}{\underset{O^-}{}}$$

例題 つぎの分子の中から官能基を見つけ, 名称を述べよ.

解答 以下のようになる.

アミノ基, カルボニル基, カルボキシ基, アミノ基

9・3 合成高分子

高分子 macromolecule
ポリマー polymer
モノマー monomer
重合 polymerization

「モノ」は 1,「ポリ」は多数という意味である.

ある単位が繰返し多数つながった分子がある．枝分かれしないでつながると鎖状になり，枝分かれして互いにつながれば網目状になる．このような大きな分子を**高分子**あるいは**ポリマー**という．高分子は繰返し単位となる**モノマー**とよばれる分子が多数結合してできる．モノマーがつぎつぎと結合していくことを**重合**という.

鎖状につながった分子の形は，パスタから類推すればよい（図 9・7 a）．分子間で接触できる面積が大きいので，分子間に働くファンデルワールス力が大きく，あるいはまた分子どうしがからみあったりするために，引き伸ばして繊維状にしたり，薄いフィルム状に加工することができる．網目状につながった分子（図 9・7 b）は，強度の大きい丈夫な板やブロックになる.

メロンの模様は二次元であるが，高分子の網は三次元である.

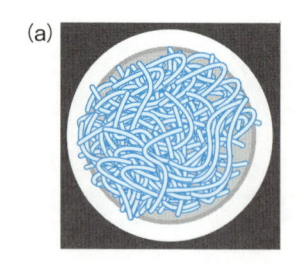

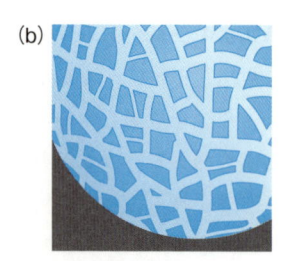

図 9・7　高分子はパスタかメロンの網のような分子である

人工的に合成された高分子は身のまわりにあふれている．衣類などをつくるポリエステル繊維やいわゆるプラスチックとよばれる材料などは合成高分子である.

多種多様な高分子がつくられているが，モノマーとそれからできる高分子のほんの一部を表 9・2 に示した．**ポリエチレン**（ポリエテン）は，構造的にはメチレン基 CH_2 が連続してつながった高分子であるが，図 9・8 のように，エチレン（エテン）を原料として合成されるので，そのようによばれる．ポリエチレンは，ポリ袋やラップに用いられ，合成高分子のなかでポリプロピレンと並んでもっとも多く生産されている．ポリプロピレンはポリエチレンの一つおきの炭素にメチル基が結合した高分子である.

ポリエチレン polyethylene
ポリプロピレン polypropylene

電子 1 個の移動は曲がった片羽矢印によって表される.

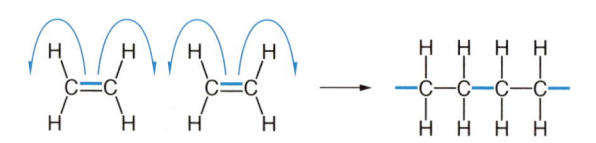

図 9・8　エチレンからポリエチレンの合成　二重結合部分から新しい結合に電子が供給される.

ポリアミド polyamide

ポリアミドは，モノマー中のカルボキシ基からの OH と，アミノ基からの H が H_2O となって脱水して重合した高分子である．重合によってできた CONH の単位をグループとみなすときは**アミド基**，結合とみなすときは**アミド結合**という.

アミド基 amide group
アミド結合 amide bond

アミド結合には C，O，N，H が含まれるが，このうち電気陰性度は O と N が大

表 9・2 モノマーと高分子

モノマー	高分子
H₂C=CH₂ エチレン	····-CH₂-CH₂-CH₂-CH₂-CH₂-CH₂-···· ポリエチレン
HC=CH₂ │ CH₃ プロペン	-CH-CH₂-CH-CH₂-CH-CH₂- │ │ │ CH₃ CH₃ CH₃ ポリプロピレン
HOCCH₂CH₂CH₂CH₂COH (両端 =O) アジピン酸 H₂NCH₂CH₂CH₂CH₂CH₂CH₂NH₂ ヘキサメチレンジアミン	─(CCH₂CH₂CH₂CH₂C-NHCH₂CH₂CH₂CH₂CH₂CH₂NH)ₙ─ ←アミド結合 ポリアミド（ナイロン66）
HOCH₂CH₂OH エチレングリコール HOC─⟨⟩─COH テレフタル酸	─(C─⟨⟩─COCH₂CH₂O)ₙ─ ←エステル結合 ポリエステル （ポリエチレンテレフタラート（PET））

ポリエチレンはポリ袋，包装フィルム，各種容器などに広く利用されている．

ポリプロピレンは硬く，耐熱性もあるので，保存容器，家電製品，自動車部材など多くの分野で利用されている．

ナイロン66は世界で最初につくられた合成繊維であり，強度が高いので工業用としても使われている．

ポリエチレンテレフタラートも合成繊維として衣料品に，また飲料用の容器（ペットボトル）に使われている．

きく，CとHは小さい．したがって，アミド結合は図 9・9(a)のように分極している．正電荷と負電荷は引きあうので，アミド基の間に図 9・9(b)に示したような水素結合ができる．水素結合は，共有結合よりは弱いがファンデルワールス力よりも強い．ポリアミドは，アミド基どうしの水素結合によって，分子と分子がそれだけ強固に結びつけられ，丈夫な高分子材料になるという特徴がある．

水素結合については，すでに 3・5 節で述べた．

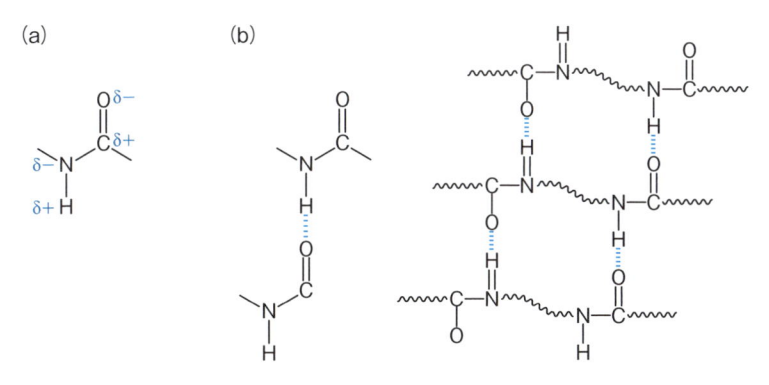

図 9・9 ポリアミドはアミド基間の水素結合（……）によって分子が離れにくくなる

　ポリエステルは，モノマーのカルボン酸とアルコールから脱水して形成するエステル結合（-COO-）でつながった高分子である．ポリエステルは衣料に用いられる代表的な合成高分子である．また，ポリエステルでできた身近な製品に PET ボトルがある．PET は**ポリエチレンテレフタラート**の略号である．

ポリエステル polyester
エステル結合 ester bond

ポリエチレンテレフタラート
polyethylene terephthalate

9・4 生命の有機分子

有機化学は生物に由来する分子の研究から始まった．やがて生物がつくる分子も人工の分子も同じ法則に従っていることがわかり，無数の新しい種類の人工の有機分子が合成されているが，それでもやはり，生物中に見られる有機分子には，きわめて複雑な構造を形づくったり，高度な機能を発揮したり，人工の分子ではなかなか実現できない特徴がある．

生物中には無数の種類の有機分子があり，それらをすべて紹介することはできない．本書では，生物中に見られる代表的な分子のほんの一部を紹介し，それらの分子における基礎的な化学を解説しよう．

9・4・1 アミノ酸とタンパク質

アミノ酸 amino acid

アミノ酸とは，分子の中にアミノ基（$-NH_2$）とカルボキシ基（$-COOH$）をもつ有機分子の総称である．生物中に見られる代表的なアミノ酸は，炭素原子を中心とした立体構造をとり，その様子を構造式で表すと以下のようになる．ここで，Xはさまざまな基であり，Xの違いによってアミノ酸の種類が異なる．

紙面上にある原子の結合を実線で，紙面より手前に出ている結合を▬で，紙面の後方にある結合を┉┉で表している．

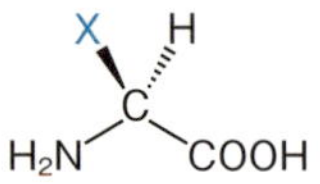

図9・10に，具体的なアミノ酸の例をいくつか示す．

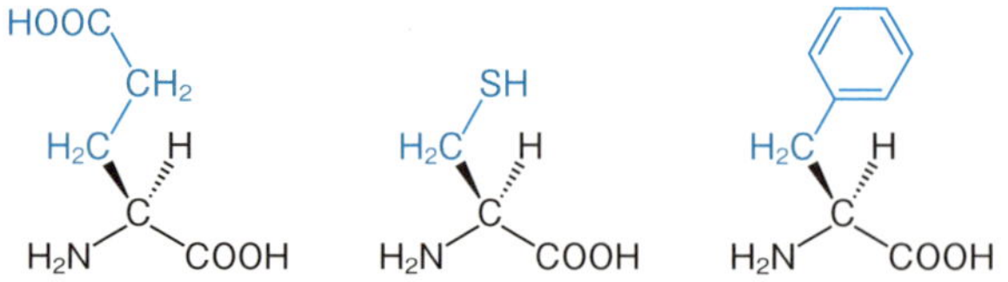

グルタミン酸　　システイン　　フェニルアラニン

図9・10 アミノ酸の例

通常のアミノ酸は，アミノ基を左下，カルボキシ基を右下に描いたときに，水素が奥に，Xが手前にくる．このようなアミノ酸をL-アミノ酸という（図9・11）．L-アミノ酸を鏡に映して，鏡の中の分子を取出せたとしよう．鏡の中の分子では，水素が奥，Xが手前というのは変わらず，アミノ基とカルボキシ基が左右逆になる．このようなアミノ酸をD-アミノ酸という（図9・11）．

キラル chiral

エナンチオマー enantiomer

L-アミノ酸とD-アミノ酸はどのように向きを変えても重ねあわせることはできない．このように，ある分子と，それを鏡に映した分子が重なりあわない場合，それぞれの分子を**不斉**あるいは**キラル**であるといい，それらの分子どうしを互いに**鏡像異性体**または**エナンチオマー**であるという．鏡像異性体は立体異性体の一種である．一般に，図9・11中の＊印を付けた炭素のように，四つすべて異なる置換基が付いている炭素を含む分子はキラルである．

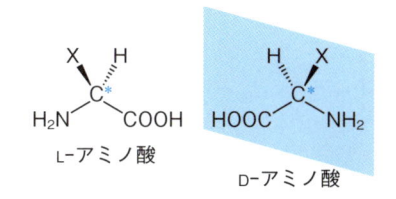

図 9・11 鏡像異性体（エナンチオマー）

　鏡像異性体の物理的性質や化学的性質は互いにまったく同じである．ただし，ある鏡像異性体と別の鏡像異性体が相互作用するときには，その仕方が異なる．右手と左手は鏡像異性体の関係にある．右手と右手で握手はできるが，右手と左手では同じように握手をすることはできない．生物の体内に存在する分子の多くはキラルであり，それらは一方の鏡像異性体として存在する．したがって，ある分子がキラルである場合，どちらの鏡像異性体であるかによって体内での作用がまったく異なる．そのために，薬に用いる分子では鏡像異性体を区別することがきわめて重要である．

　タンパク質は，アミノ酸どうしが脱水して，**ペプチド結合**（−CONH−）によって重合した高分子である（図 9・12）．X の部分が異なる 20 種類のアミノ酸がタンパク質に含まれる．それらのアミノ酸がさまざまにつながった多様なタンパク質が存在する．ある 1 種類のタンパク質は，20 種類のアミノ酸が決まった順番で決まった数だけつながってできている．

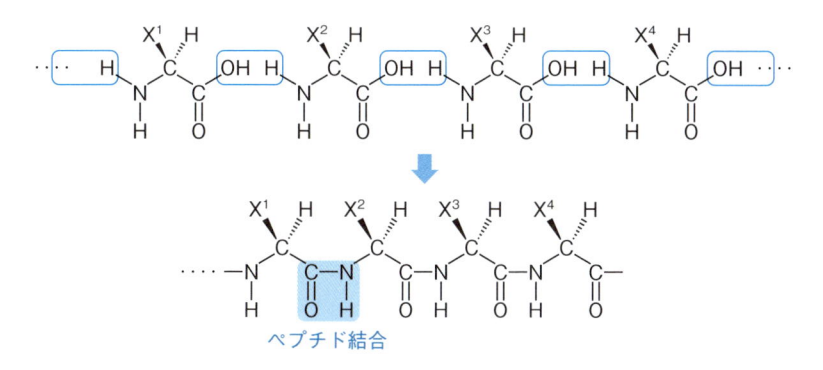

図 9・12 **アミノ酸が重合してタンパク質ができる** X^1, X^2, ... はそれぞれ 20 種類の可能性がある．

　多くのアミノ酸がつながったものを**ポリペプチド**といい，1 本の鎖のようなものであるが，タンパク質中ではきちんと折りたたまれて一定の立体構造をもつ．ポリペプチドの立体構造はさまざまな官能基が相互作用することにより決まるが，そのなかで代表的な相互作用が水素結合である．

　たとえば，ペプチド結合間の水素結合が図 9・13(a)のようにできて，ポリペプチドはタンパク質中でらせん状になることがしばしばある．このようならせん構造を**αヘリックス**という．

鏡像異性体を"光学異性体"とよぶこともある．光学異性体は光学活性をもつ，すなわち旋光性を示すという特徴がある．旋光性とは入射した直線偏光（一定の面においてのみ電場が振動している光）の偏光面を回転させる性質をいう．L-アミノ酸と D-アミノ酸では偏光面を回転させる方向が左右逆になる．

タンパク質 protein
ペプチド結合 peptide bond

ペプチド結合はアミド結合とまったく同じものである．アミノ酸に対してはペプチド結合とよばれ，他の合成高分子に対してはアミド結合とよばれることが多い．

αヘリックス α helix

タンパク質中では，ポリペプチド鎖がいくつも平行に並んでシート状の構造を形成することもある．ポリペプチド鎖どうしは水素結合により結ばれており，安定な構造を保っている．このような構造を**β シート**（β sheet）という．

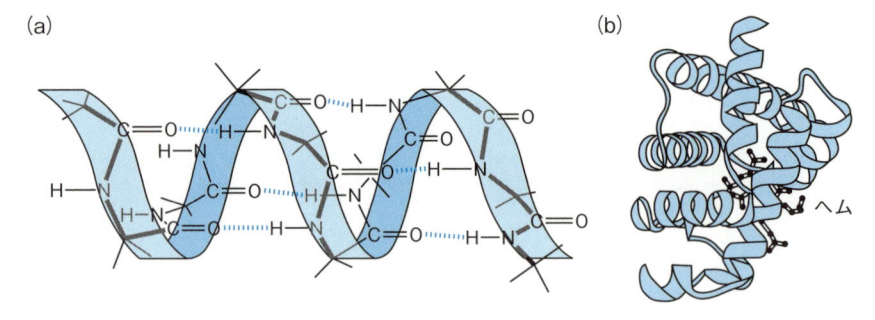

図 9・13　α ヘリックスとタンパク質の例　(a) α ヘリックス．ペプチド結合間の水素結合（┈）でタンパク質の形が保たれる．(b) ミオグロビンの構造

このような α ヘリックスなどが組合わさってタンパク質はできている．図 9・13(b) に α ヘリックスを多く含むミオグロビンというタンパク質の構造を示した．ミオグロビンは筋肉に酸素を供給する役割があり，中心に鉄原子をもつヘムという部分が存在し，このヘムの鉄原子に酸素を結合することができる．

タンパク質は生物のなかで主要な成分であり，さまざまな役割を果たしている．なかでも"触媒"として働くタンパク質は**酵素**とよばれ，生命活動に必要な化学反応を促進する．酵素には，多種多様な分子が存在する細胞のなかで，特定の分子のみに関する化学反応だけを選択的に促進する仕組みが備わっている．

酵素 enzyme
触媒については 6・1・5 節で述べた．

9・4・2　糖

糖 sugar
炭水化物 carbohydrate

糖は**炭水化物**ともいい，分子式が炭素，水素，酸素からなる $C_n(H_2O)_m$ で表される構造を基本とし，ヒドロキシ基 OH を多く含む分子の総称である．もっともなじみのある糖は砂糖である．「砂糖」は食品の名前であって，砂糖の主成分の分子は**ショ糖**または**スクロース**という．ショ糖は**グルコース**（ブドウ糖）という糖と**フルクトース**（果糖）という糖から脱水反応によってできる．グルコースもフルクトースもその分子式は $C_6H_{12}O_6$ であり，$C_6(H_2O)_6$ と表すことができる．グルコースやフルクトースのように，もっとも単純な糖を"単糖"といい，ショ糖のように2個の単糖からできたものを"二糖"という．

スクロース sucrose
グルコース glucose
フルクトース fructose

グルコース ＋ フルクトース ⇌ ショ糖 ＋ H_2O

デンプン starch

デンプンは，グルコースがつぎつぎに脱水して重合した高分子である．ご飯を噛みつづけると甘みが増してくるのは，唾液に含まれるアミラーゼという酵素によってデンプンが少数のグルコースからなる断片に分解されるからである．このよう

に，多数の糖がつながってできた高分子を"多糖"という．

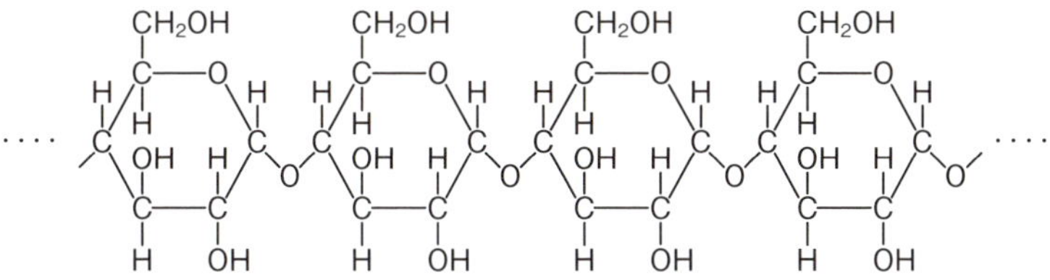

デンプン

セルロースは植物細胞を取囲む細胞壁や植物繊維の成分であるが，デンプンと同じくグルコースの高分子である．ただし，★印を付けた炭素への酸素と水素の結合の仕方がデンプン中のグルコースと異なる．ヒトはセルロースを分解する酵素をもたないので，セルロースを消化することができない．

セルロース cellulose

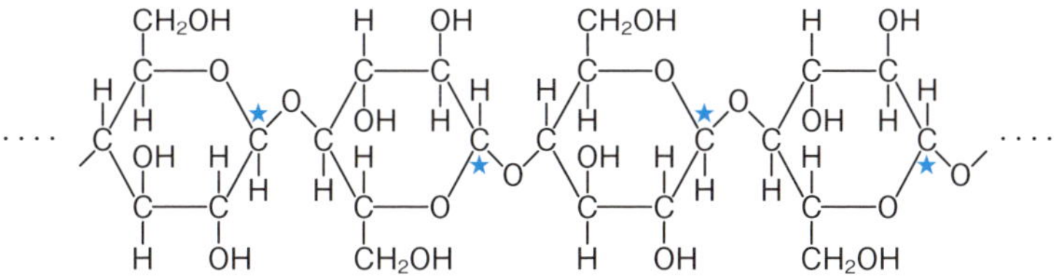

セルロース

セルロースの図で，2番目と4番目のグルコース分子は上下逆で描いてあることに注意しよう．

9・4・3 脂　質

脂質は，いわゆる「油」で，生物の中に存在し，水に溶けずにヘキサン $CH_3CH_2CH_2CH_2CH_2CH_3$ などの極性の低い溶媒に溶ける極性の低い物質のことをいう．構造に基づく分類ではないので，脂質にはさまざまな構造の分子が含まれる．代表的な脂質であるトリアシルグリセロールとよばれる分子の構造を示す．

脂質 lipid

トリアシルグリセロールは中性脂肪の一種である．

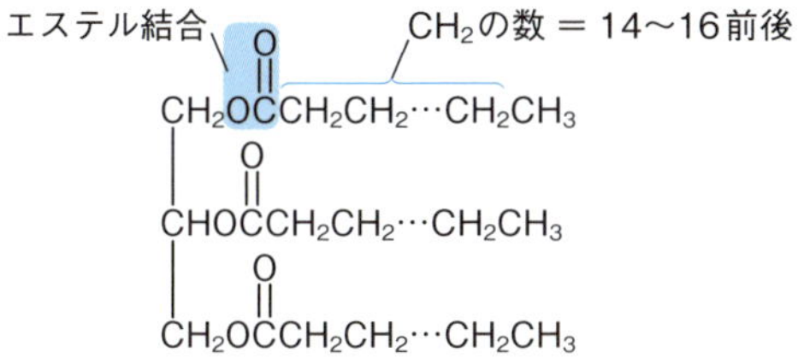

エステル結合　　CH₂の数 = 14〜16前後

$CH_2OCCH_2CH_2\cdots CH_2CH_3$
       $\|$
       O
$CHOCCH_2CH_2\cdots CH_2CH_3$
      $\|$
      O
$CH_2OCCH_2CH_2\cdots CH_2CH_3$
       $\|$
       O

トリアシルグリセロール

トリアシルグリセロールは，グリセロールと3分子の脂肪酸（$CH_3CH_2CH_2\cdots CH_2COOH$）から脱水してできるエステルである（図9・14）．NaOH水溶液などの塩基性の水溶液中ではエステル結合は切断され，トリアシルグリセロールはグリセロールと脂肪酸の塩（えん）に分解する（図9・14）．

脂肪酸については7・1・2節参照．

脂肪酸の塩（セッケン）ができるこの反応を「けん化」という．「塩（えん）(salt)」というのは，陽イオンと陰イオンの組のこと．いわゆる「塩（しお）」は塩化ナトリウム NaCl であり，ナトリウムイオン Na⁺ と塩化物イオン Cl⁻ の塩（えん）である．

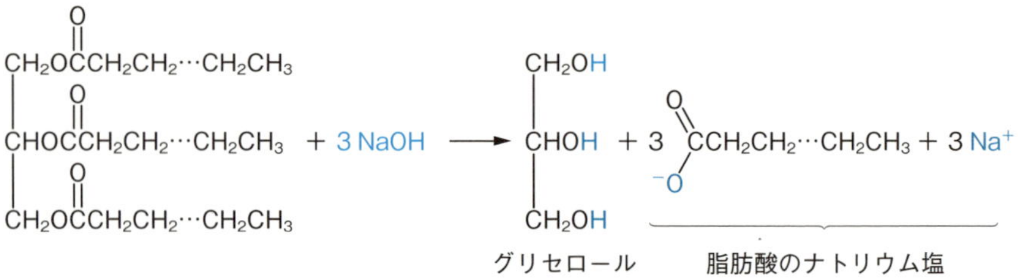

図 9・14　トリアシルグリセロールのけん化

脂肪酸のナトリウム塩は，セッケンの主成分である．この分子は極性の低い炭化水素の長い鎖と，極性の高いカルボキシラートイオン COO⁻ の部分からなる．このような分子を水に溶かすと，極性の低い部分は水となじまず（**疎水性**という），極性の高い部分は水となじみやすい（**親水性**という）ので，炭化水素鎖が水を避けて内側に集まって COO⁻ の部分を外側の水に向けるように分子が集合する．図 9・15 に示した，このような構造の分子集合体を**ミセル**という．

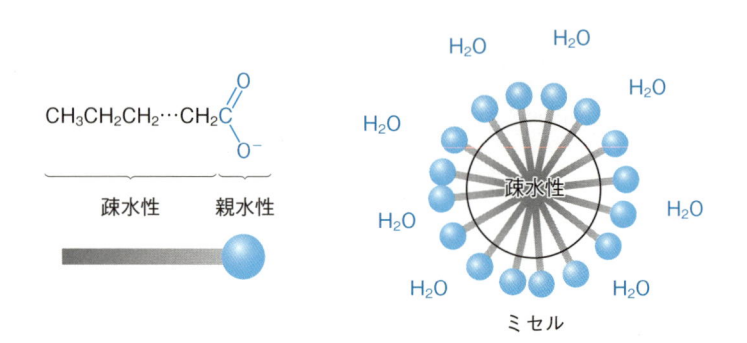

疎水性 hydrophobicity
親水性 hydrophilicity

ミセル micelle

図 9・15　セッケン分子とミセル

脂質は細胞膜を構成する重要な材料であり，下記のように疎水性部分どうしが向いあって重なった二分子膜となっている．

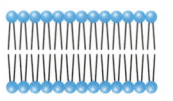

ミセルの内側は極性が低いので，極性の低い疎水性の分子を溶かすことができる．これが，セッケンが水洗いでは落ちにくい油汚れをきれいに洗いながすことができる仕組みである．

9・4・4　DNA：遺伝情報の記録

私たちヒトがヒトとして成長するのは，どのような仕組みによるのだろうか．まだ，科学的にわかっていないことも多いが，もとになる設計図がどういうものであるかはわかっている．生物をつくる設計図は**遺伝子**とよばれ，細胞から細胞へ，親から子へとひき継がれる．

遺伝子 gene

デオキシリボ核酸
deoxyribonucleic acid
二重らせん double helix

遺伝子は **DNA**（**デオキシリボ核酸**）という分子でできている．図 9・16 に示したように，DNA の 2 本の鎖は互いに巻きあって**二重らせん**を形成している．それぞれの鎖は，デオキシリボースという糖とリン酸が交互につながってできている．そして，糖の部分には"核酸塩基"とよばれる部分が付いており，それがらせんの内側を向いている．両方の鎖に由来する核酸塩基どうしが対を形成している．

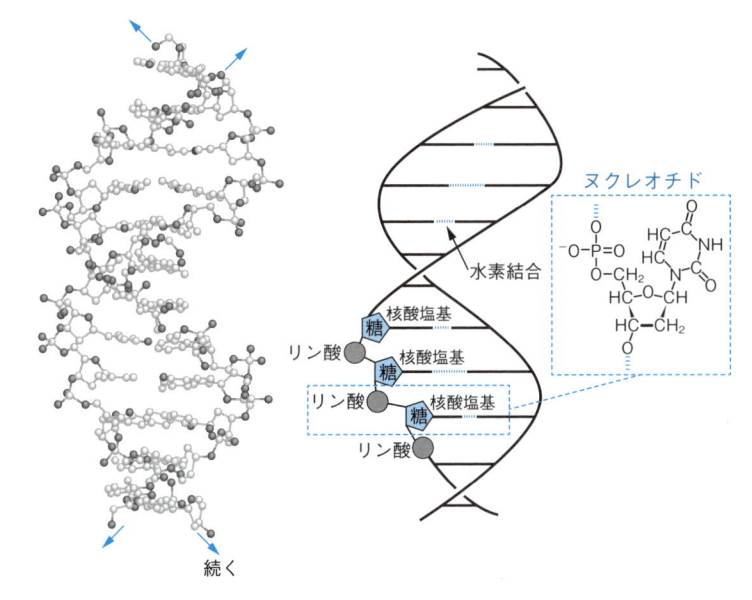

図 9・16　遺伝情報を保存する DNA

このように，DNA はリン酸と糖と核酸塩基の組合わせを基本単位としている．この基本単位を"ヌクレオチド"という．

　DNA の核酸塩基には，アデニン（A, adenine），チミン（T, thymine），グアニン（G, guanine），シトシン（C, cytosine）の 4 種類があり，A と対をなすのは T，G と対をなすのは C と決まっている．この 4 種類の核酸塩基が並ぶ順番が「遺伝情報」そのものであり，この並び方によって，どのようなタンパク質が合成されるかが決まる仕組みになっている． 
　なぜ，A と T が対をなし，G と C が対をなすかは，その分子構造から理解することができる．核酸塩基対の構造を図 9・17 に示した．A と T は 2 箇所で水素結合し，G と C は 3 箇所で水素結合している．水素結合にかかわるのは，電気陰性度の大きい窒素に結合した水素である．N−H 結合は窒素の電気陰性度が大きいために，電子は窒素側に偏り，

$$\overset{\delta-}{\text{N}}-\overset{\delta+}{\text{H}}$$

のように分極している．そして，N−H の向かい側にいる原子は，電気陰性度の大きい酸素か窒素である．A と T は二重の水素結合を，G と C は三重の水素結合を形成することによって，互いに相手の分子を「認識」しているわけである．

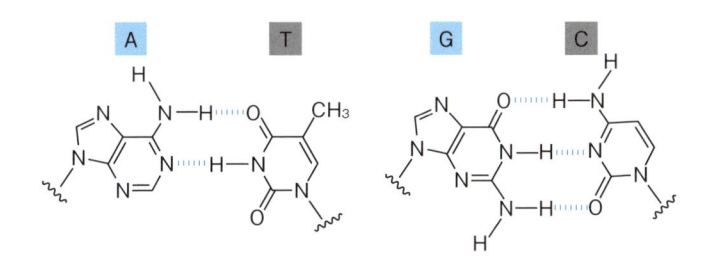

図 9・17　核酸塩基対　A と T は二重の水素結合，G と C は三重の水素結合で結合する．

練 習 問 題

9・1　炭素には「手」が4本あるとはどういうことか．炭素原子の電子数から説明せよ．

9・2　sp^3 炭素原子5個を含む炭化水素で，環を含まない構造異性体をすべて書け．

9・3　下記に水素を書き入れて構造式を完成せよ．
(a) C=C−C　　(b) C=C−C=C　　(c) ベンゼン環構造

9・4　下記に多重結合を書き入れて構造式を完成せよ．
(a) CH₂−C−CH₃ ∣ CH₃　　(b) CH−C−CH−CH₂　　(c) 六員環構造 (HC−CH, H₂C−CH₂, HC−CH)

9・5　プロペンからポリプロピレンが生成する反応式を書け．

9・6　アミノ酸は pH によってどのように変化するか．

9・7　フェニルアラニンの構造を炭素や水素を省略しないで書け．

9・8　図 9・11 で，X=H のアミノ酸はキラルか．

9・9　図 9・17 の水素結合している原子に δ+ と δ− を書き込め．

発 展 問 題

9・10　6個の炭素原子のp軌道から，ベンゼン全体に広がったπ軌道が6個できる．どのような軌道か調べよ．

9・11　価電子数を数えて，つぎのように＋と−の記号が付けられる意味を説明せよ．これらの記号を形式電荷という．

(a) H₃C−N⁺(=O)(O⁻)　　(b) H₃C−N⁺H₃ 構造

9・12　DNA が複製されるとき，もとと同じ塩基配列の DNA ができる．その仕組みを調べてみよう．

9・13　つぎの物質は，有機分子そのものか，有機分子を主成分として含んでいる．分子構造，特徴，用途を調べよ．(a) ビタミン C, (b) 片栗粉, (c) 酢, (d) アスピリン

練習問題の解答

1章

1・1 (a) 液体⇄気体，(b) 固体⇄液体

1・2 $6×10^{23}$ 個 → $6×10^{22}$ 個 → $6×10^{21}$ 個 → …と，23回まで繰返すことができ，最後は6個になる．

1・3 (a) 17, (b) 35, (c) 17, (d) 37, 同位体

1・4 $9.03×10^{23}$ 個

1・5 $5.00×10^{-4}$ mol

1・6 $24×0.79+25×0.10+26×0.11=24.3$

1・7 (a) CH_4O, (b) H_2SO_4, (c) C, (d) C

1・8 Na^+: $+1.60×10^{-19}$ C, Cl^-: $-1.60×10^{-19}$ C

1・9 (a) モル質量 32.0 g mol^{-1}，分子量 32.0
(b) モル質量 98.1 g mol^{-1}，分子量 98.1
(c) モル質量 12.0 g mol^{-1}，式量 12.0
(d) モル質量 12.0 g mol^{-1}，式量 12.0

1・10 (a) $C_2H_6O+3O_2 \rightarrow 2CO_2+3H_2O$
(b) $C_6H_{12}O_6+6O_2 \rightarrow 6CO_2+6H_2O$
(c) $4HCl+MnO_2 \rightarrow MnCl_2+2H_2O+Cl_2$
(d) $H_2SO_4+2NaOH \rightarrow Na_2SO_4+2H_2O$

1・11 (a) 質量保存則に反する．
(b) 析出した AgCl と溶液中に残っている $NaNO_3$ をあわせた質量が，$AgNO_3$ と NaCl の質量の和に等しい．

2章

2・1 (a) $(\pi a^3)^{-1}$, (b) $(\pi a^3)^{-1}\exp(-2)$, (c) $(\pi a^3)^{-1}\exp(-4)$

2・2 (a) He が異なる，(b) 2, (c) Ca>Mg>Be, (d) Be>Mg>Ca, (e) Ca>Mg>Be, (f) Ne>Al>He>K

2・3 (a) 核の正電荷が大きくなるから，(b) 核の正電荷が大きくなるから，(c) 外側の軌道が最外殻になるから，(d) 外側の軌道が最外殻になるから，(e) 核の正電荷が大きくなるから．

3章

3・1 Al のほうが B より最外殻軌道のエネルギーが高いため．

3・2 族が進むと軌道エネルギーが下がるため，イオン化エネルギーは大きくなり，周期が進むとよりエネルギーの高い軌道が最外殻になるのでイオン化エネルギーは下がる．

3・3 省略

3・4 (a) NaH, (b) H_2S, (c) LiF, (d) MgO

3・5 (a) Cl−Cl, (b) O=C=O, (c) H−C≡C−H

3・6 H−F がより極性．沸点は HF のほうが高い．F の電気陰性度が Cl より大きく，H−F⋯H−F の分子間水素結合がより強いため．

4章

4・1 $F=mg=3.0×10^{-26}$ kg $×9.81$ m s$^{-2}=2.9×10^{-25}$ N

4・2 PE $=mgh=2.9×10^{-25}$ N $×1$ m $=2.9×10^{-25}$ J

4・3 $N_A mgh=6.02×10^{23}$ mol$^{-1}×2.9×10^{-25}$ J $=0.17$ J mol^{-1}

4・4 (a) 意味がない，(b) 良い

4・5 KE $=(3/2)RT=(3/2)×8.31$ J K^{-1} mol$^{-1}×298$ K $=3.71×10^3$ J mol^{-1}．PE に比べて圧倒的に大きい．

4・6 $(1/2)Mv^2=$ KE より (M: モル質量)，$v=(2\mathrm{KE}/M)^{1/2}=(2×3.71×10^3$ J mol$^{-1}/18×10^{-3}$ kg mol$^{-1})^{1/2}=640$ m s^{-1}

4・7 省略

4・8 $V=nRT/p=1$ mol $×8.31$ J K^{-1} mol$^{-1}×298$ K$/1.0×10^5$ Pa $=0.025$ m$^3=25$ L

4・9 50 g$/(500$ g $+50$ g$)×100$ % $=9.1$ %

4・10 溶液 1 L の質量は 1200 g．そのうち HCl の質量が 1200 g $×30/100=360$ g．これは 360 g$/36.5$ g mol$^{-1}=9.9$ mol．したがって，モル濃度は 9.9 mol L^{-1}

4・11 1 L 中に 342 g mol$^{-1}×1.0×10^{-3}$ mol L$^{-1}=0.342$ g L^{-1} 含まれる．質量モルパーセント濃度は，0.342 g$/(1000$ g $+0.342$ g$)×100=0.034$ %．希薄溶液では溶液の体積と用いた溶媒の体積はほとんど変わらない．

4・12 342 g mol$^{-1}×1×10^{-6}$ mol L$^{-1}×0.01$ L $=3.42×10^{-6}$ g

4・13 窒素は 0.49 mmol L^{-1}，二酸化炭素は 0.013 mmol L^{-1}

5章

5・1 $2NaHCO_3(s) \rightarrow Na_2CO_3(s)+H_2O(l)+CO_2(g)$
$\Delta H° = +85$ kJ

5・2　$-w = p\Delta V = 10^5 \text{ Pa} \times 10^{-3} \text{ m}^3 = 100 \text{ J}$

5・3　-727 kJ mol^{-1}

5・4　(a) 1 mol の気体，(b) 溶液

5・5　$G = U + pV - TS$

5・6　$\Delta U = w$ より内部エネルギーが増えるので，上昇する．

5・7　圧力がゼロであるので，仕事をしなかった．

5・8　$\Delta U = -100 \text{ kJ} - 10^5 \text{ Pa} \times 0.1 \text{ m}^3 = -110 \text{ kJ}$, $\Delta H = -100 \text{ kJ}$

5・9　氷から水：$\Delta S = 6.0 \text{ kJ mol}^{-1}/273 \text{ K} = 22 \text{ J K}^{-1} \text{ mol}^{-1}$，水から水蒸気：$\Delta S = 41 \text{ kJ mol}^{-1}/373 \text{ K} = 110 \text{ J K}^{-1} \text{ mol}^{-1}$

6章

6・1

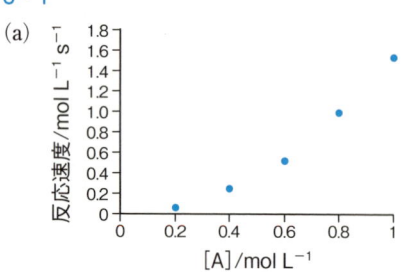

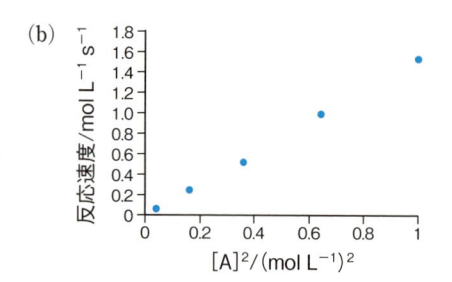

(a) [グラフ: 反応速度/mol L^{-1} s^{-1} vs [A]/mol L^{-1}]

(b) [グラフ: 反応速度/mol L^{-1} s^{-1} vs [A]^2/(mol L^{-1})^2]

(c) 反応速度は濃度の2乗に比例する（二次反応）

(d) $r = 1.5 \text{ L mol}^{-1} \text{ s}^{-1} \times [A]^2$

6・2　$A = A_0 e^{-kt} = (1/2)A_0$ より $t = (\ln 2)/k = 0.69/k$

6・3　下図傾きより $E_a/R = 7127 \text{ K}$, $E_a = 59 \text{ kJ mol}^{-1}$

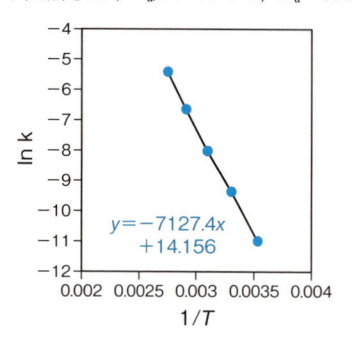

[グラフ: ln k vs 1/T, $y = -7127.4x + 14.156$]

6・4　(a) 正：NaCl が Na$^+$ と Cl$^-$ になって水に溶ける．逆：固体の NaCl の表面で Na$^+$ と Cl$^-$ が結合して NaCl として析出する，(b) 正：液体の水の表面から分子が飛び出して気体になる．逆：気体の水分子が液体表面でつかまって液体の一部になる．

6・5　$K = [\text{AcOH}]/([\text{AcOEt}][\text{H}_2\text{O}])$

6・6　(a) $+5.70 \text{ kJ mol}^{-1}$, 0 kJ mol^{-1}, (b) 3.4×10^{17}

6・7　省略．ル・シャトリエの原理と一致する．

7章

7・1　(a) $\text{CH}_3\text{COOH} + \text{NH}_3 \rightleftharpoons \text{CH}_3\text{COO}^- + \text{NH}_4^+$
　　　　　　　　　　（または $\text{CH}_3\text{COONH}_4$）

(b) $\text{HCl} + \text{NaOH} \rightleftharpoons \text{Cl}^- + \text{Na}^+ + \text{H}_2\text{O}$
　　　　　　　　　　（または $\text{NaCl} + \text{H}_2\text{O}$）

(c) $\text{CH}_3\text{COOH} + \text{NaOH} \rightleftharpoons \text{CH}_3\text{COO}^- + \text{Na}^+ + \text{H}_2\text{O}$
　　　　　　　　　　（または $\text{CH}_3\text{COONa} + \text{H}_2\text{O}$）

(d) 何も起こらない

7・2　(a) 0.3, (b) 0, (c) -0.3, (d) 14, (e) $x^2/(0.1-x) = 1.8 \times 10^{-4}$ から $x = 0.0041$, $\text{pH} = -\log x = 2.4$

7・3　(a) $K_a = [\text{CH}_3\text{COO}^-][\text{H}^+]/[\text{CH}_3\text{COOH}]$

(b) $K_b = [\text{CH}_3\text{COOH}][\text{OH}^-]/[\text{CH}_3\text{COO}^-]$

(c) $K_a K_b = K_w = 10^{-14}$

7・4　(a) 酸化剤．O の酸化数が -1 から -2 に減る，(b) 酸化剤．N の酸化数が $+5$ から $+4$ に減る．

7・5　(a) Cu^{2+} の式と NO$_3^-$ の式を電子数をそろえて組合わせる．

$3\text{Cu} + 2\text{NO}_3^- + 8\text{H}^+ \longrightarrow 3\text{Cu}^{2+} + 2\text{NO} + 4\text{H}_2\text{O}$
　　　　　　　　　または
$3\text{Cu} + 8\text{HNO}_3 \longrightarrow 3\text{Cu(NO}_3)_2 + 2\text{NO} + 4\text{H}_2\text{O}$

(b) H$_2$O$_2$ の式と O$_2$ の式から，$\text{H}_2\text{O}_2 \longrightarrow \text{O}_2 + 2\text{H}^+ + 2e^-$ がわかる．これと MnO$_4^-$ の式を組合わせて，

$2\text{MnO}_4^- + 6\text{H}^+ + 5\text{H}_2\text{O}_2 \longrightarrow 2\text{Mn}^{2+} + 8\text{H}_2\text{O} + 5\text{O}_2$
　　　　　　　　　または
$2\text{KMnO}_4 + 3\text{H}_2\text{SO}_4 + 5\text{H}_2\text{O}_2$
　　$\longrightarrow 2\text{MnSO}_4 + 8\text{H}_2\text{O} + 5\text{O}_2 + \text{K}_2\text{SO}_4$

7・6　$U = G - pV + TS$ から，定温，定圧では，$\Delta U = \Delta G - p\Delta V + T\Delta S$ である．反応にともなって，体積変化（右辺第2項）や発熱（右辺第3項）が起こるかもしれず，その場合，そのぶん内部エネルギー変化は $\Delta G = -nFE$ からはずれる．

8章

8・1 (a) 正, (b) 負, (c) 負

8・2 1/4になる.

8・3
(a) [F + F → F₂ の電子配置図]
(b) [H + F → H–F の電子配置図]

8・4 [C₆₀ フラーレンの構造図]

8・5
(a) $H_3PO_4 + 3NaOH \longrightarrow Na_3PO_4 + 3H_2O$
(b) $H_2SO_4 + NaOH \longrightarrow NaHSO_4 + H_2O$
(c) $H_2SO_4 + 2NaOH \longrightarrow Na_2SO_4 + 2H_2O$

8・6 (a) He > Ne > Ar, (b) Be > Mg > Ca

8・7 (a) n型, (b) p型

8・8 (a) +3価, d電子 5個, (b) +2価, d電子 7個

9章

9・1 手(線)1本は電子2個に対応する. 炭素は価電子を4個もち, この4個がそれぞれ他の原子からの電子と対になり, 共有結合を形成し, オクテット則を満たす.

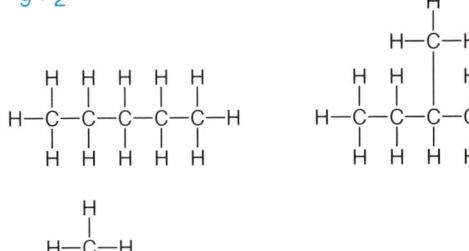

9・2 [ブタン, イソブタン, ネオペンタンの構造式]

9・3
(a) $H_2C=CH-CH_3$ (b) $H_2C=CH-CH=CH_2$
(c) [シクロヘキセンの構造式]

9・4
(a) $CH_2=C-CH_3$ (with CH_3 分岐) (b) $CH\equiv C-CH=CH_2$
(c) [1,4-シクロヘキサジエンの構造式]

9・5 $n\ H_2C=CH(CH_3) \longrightarrow -[CH_2-CH(CH_3)]_n-$ (ポリプロピレン)

9・6 低pHから高pHにいくにつれて,
$H_3N^+-R-COOH \rightleftharpoons H_3N^+-R-COO^-$
$\rightleftharpoons H_2N-R-COO^-$

9・7 [フェニルアラニンの構造式]

9・8 キラルでない

9・9 [アデニン–チミン, グアニン–シトシンの水素結合による塩基対の構造図]

索　引

あ 行

亜　鉛　138
アクチノイド　140
アセチレン　147
圧　縮
　　気体の——　99
圧　力　53
　　——と温度の関係　58
　　——と体積の関係　57
アデニン　159
アニオン　9
アノード　115, 118, 119
アボガドロ定数　10
アボガドロ数　10
アミド基　152
アミド結合　152
アミノ基　150, 152, 154
アミノ酸　154, 155
アミン　151
アルカリ金属　138
アルカリ性　106
アルカリ土類金属　138
アルカン　147
アルキン　147
アルケン　147
アルコール　150
アルゴン　5, 139
アルデヒド　150
アルファ線　143
αヘリックス　155, 156
アルミニウム　132
アレニウスの酸塩基　101
アレニウスの式　90
アンチモン　138
アンペア（A）　114
アンモニア　43, 45, 49, 60, 102～105, 122, 124, 128, 142
アンモニウムイオン　102, 142

硫　黄　134
イオン　6, 9, 62
イオン化エネルギー　34, 35, 141
イオン化傾向　116
イオン結合　34, 49
1s軌道　22, 26
位置エネルギー　54
一次反応　87
一酸化炭素　127
遺伝子　158

色
　　錯体の——　142
陰イオン　9, 36
陰　極　118, 119
インジウム　138

ウラン　143
運動エネルギー　54, 58, 70, 79, 82

液　化　3
液　体　3
エステル結合　153
sp混成軌道　130, 147
sp³混成軌道　130, 146
sp²混成軌道　130, 147, 149
エタノール　4, 89
エタン　146
エチレン　146, 147, 152
エチン　147
エテン　146, 147, 152
エナンチオマー　154, 155
N殻　27
n型半導体　135
エネルギー　54, 88
　　原子軌道の——　26
　　最外殻軌道の——　28
　　電子の——　113
f軌道　140
M殻　27
L殻　27, 43
エレクトロンボルト（eV）　26, 113
塩　107, 157
塩化水素　102, 103, 105, 122, 135
塩化ナトリウム　6, 34, 62, 133
塩化物イオン　9, 34, 63, 102, 135
塩　基　101, 103, 151
塩基性度定数　104
塩　酸　102, 106, 135
炎色反応　138
塩　素　135
エンタルピー　73
エントロピー　79, 80

黄リン　134
オキソニウムイオン　102, 106, 121
オクテット則　41, 123, 124, 125, 133
オゾン　128
オゾン層　128, 139
オングストローム（Å）　16
温室効果ガス　127, 139
温　度　55, 79
　　——と圧力の関係　58
　　——と体積の関係　58

か 行

外　界　71, 81
化　学　2
科　学　2
化学エネルギー　70
化学反応　13
化学反応式　13
化学変化　13
化学量論係数　13
　　——の求め方　14
可逆過程　80, 117
可逆反応　94
核　7, 19, 33
殻　27
核酸塩基　158, 159
核分裂反応　143
過酸化水素　85, 93, 128
過酸化物　128
加水分解　89, 91, 92
価　数　9
加速度　52
カソード　115, 118, 119
カチオン　9
活性化エネルギー　90, 92, 119
価電子　27, 45
果　糖　156
カドミウム　138
カーボンナノチューブ　126
過マンガン酸イオン　112
過マンガン酸カリウム　141
ガラス　6, 134
ガリウム　138
カルコゲン　138
カルシウム　138
カルボキシ基　102, 151, 154
カルボキシラートイオン　151, 158
カルボニル基　150
カルボン酸　151
カルボン酸イオン　102, 103
還　元　109, 111, 115, 118, 119, 133
還元剤　111, 116
完全気体　57
官能基　150
ガンマ線　143, 144

基　150
幾何異性体　148, 149
貴ガス　43, 123, 139
技　術　2

キセノン 139
気体 3
　——の圧力と体積の関係 57
　——の温度と圧力の関係 58
　——の温度と体積の関係 58
　——の溶解度 67
気体定数 56, 59, 89
起電力 115
軌道 22
希土類金属 139
ギブズエネルギー 82, 97, 98, 117
逆反応 94
吸熱反応 70
強塩基 105, 132
凝結 6
凝固 3
強酸 105, 122, 134, 139
凝縮 3
鏡像異性体 154, 155
共役塩基 103
共役酸 103
共有結合 39, 43, 49, 122
共有電子対 42
極性 46
キラル 154
金属 6, 36
金属結合 36, 49
金属錯体 141

グアニン 159
空気 5
クエン酸 102
クラウジウスの不等式 117
グラファイト 76, 83, 126, 131
グラフェン 126
グルコース 156
グレイ 143
クーロン（C） 7, 113
クーロンポテンシャル 20, 70
クーロン力 19, 33, 69

系 71, 81
ケイ素 6, 134, 135, 138
K 殻 27, 42
結合エネルギー 128, 139
結合角 129
結合性軌道 40, 123
結晶 6
結晶構造
　金属の—— 37
ケトン 150
ゲルマニウム 138
けん化 158
原子 1
　——の大きさ 28, 29
　——の構造 7, 19, 33
　——の種類 6
原子価 27
原子核 7
原子軌道 22, 23, 25
　——のエネルギー 26
原子半径 140
原子番号 7, 29

原子量 11
原子力発電 143
元素 6
元素記号 6

光学異性体 155
構成原理 25
合成高分子 152
酵素 156
構造異性体 148
構造式 42, 146
高分子 152
氷 3, 75
固化 3
黒鉛 126
固体 3
　——の溶解度 66
孤立電子対 43, 124, 142
混成軌道 129

さ 行

最外殻電子 27
最密充填構造 38
酢酸 89, 102, 104, 105
酢酸エチル 89, 91, 92
砂糖 62, 156
酸 101, 102, 151
酸・塩基反応 101
酸化 109, 111, 115, 118, 119, 133
酸解離定数 104
酸化・還元反応 101, 109
酸化剤 111, 116, 128, 141
酸化数 110, 111, 141
酸化銅 110
酸化物 128
三重結合 44, 147
酸性 106
酸性度定数 104
酸素 5, 25, 43, 128

式量 12
σ 軌道 40, 130
σ 結合 130, 131, 146
シクロアルカン 148
シクロプロパン 148
仕事 54, 56, 71, 74, 117
四酸化二窒素 94
脂質 157
磁石 141
シス-トランス異性体 149
実在気体の状態方程式 60
質量 7, 52
　原子の—— 11
質量数 8, 143
質量パーセント濃度 65
質量保存の法則 15
シトシン 159
シーベルト 143
脂肪酸 102, 157
ジボラン 125

ジーメンス（S） 135
弱塩基 105
弱酸 105, 127, 135, 139
シャルルの法則 58
周期 29
周期表 29, 30
重合 152
収縮
　気体の—— 72
自由電子 36
出発物 13
主要族元素 137
ジュール（J） 19, 113
昇華 6
状態量 74
蒸発 3
蒸発エンタルピー 75
蒸発エントロピー 80
食塩 6, 62, 133
触媒 92, 93, 156
ショ糖 62, 66, 156
シリコン 135
C_{60} 126, 127
親水性 158

水銀 138
水酸化アルミニウム 132
水酸化ナトリウム 102, 105, 106, 132
水酸化物イオン 102, 105
水酸化マグネシウム 132
水素 7, 20, 42, 121
水素イオン 34, 42, 92, 101, 102, 103, 105, 121, 151
水素イオン濃度 106
水素化物イオン 36, 43, 122
水素結合 48, 153, 155, 159
水素分子
　——の形成 39
水溶液 62
水和 63
スクロース 156
スズ 138
スピン 24

正極 115, 119
正孔 135
生成エンタルピー 76
生成物 13
静電力 19
正反応 94
セッケン 102, 158
摂氏温度 55
絶対温度 55
セルロース 157
遷移金属 137
遷移元素 137, 139
遷移状態 90, 91, 92
センチメートル（cm） 16

相 75
走査トンネル顕微鏡 126
族 29
速度定数 87, 90

索 引

速度論的な安定性 83
疎水性 158
組成式 9

た 行

体心立方格子 37
体 積
　──と圧力の関係 57
　──と温度の関係 58
ダイヤモンド 83, 125, 126, 130
多 糖 157
ダニエル電池 114
タリウム 138
炭化水素 48, 102, 145
単結合 44, 146, 149
炭 酸 104, 127
炭酸水素ナトリウム 71
炭水化物 156
炭 素 25, 43, 125
単 糖 156
タンパク質 155

力 52
逐次反応 93
窒 素 5, 25, 43, 127
チミン 159
中 性 106
中性子 7
中 和 106
超酸化物 128

定圧熱容量 75
DNA 158
d 軌道 140
デオキシリボ核酸 158
デシメートル (dm) 16
鉄 6
電 圧 113
電 位 113
電位差 113
電 荷 7, 9, 19, 113
電気陰性度 46, 110
電気素量 19
電気伝導率 135
電気分解
　NaCl 水溶液の── 133
　水の── 15, 118
典型元素 137
電 子 7, 19, 33, 109, 135
　──の存在確率 21, 39, 41
電子雲 21
電子殻 27
電子親和力 36
電子配置 25, 26, 28
　水素からネオンまでの── 26
　遷移元素の── 139
　第 3 周期元素の── 132
　第 2 周期元素の── 124
　第 4 周期元素の── 136
電子不足化合物 125

電 池 114
デンプン 156
電 流 113

糖 156
銅 110
同位体 8, 11
同素体 125, 128, 134, 138
ドーピング 135, 136
ドライアイス 6, 127
トリアシルグリセロール 157
ドルトンの分圧の法則 61

な 行

内部エネルギー 71
ナイロン 66 153
ナトリウム 132
ナトリウムイオン 9, 34, 63, 102
ナノテクノロジー 16
ナノメートル (nm) 16
鉛 138

2s 軌道 22, 27
二クロム酸カリウム 141
二酸化ケイ素 8, 134
二酸化炭素 5, 67, 76, 127
二酸化窒素 94
二酸化マンガン 85, 91
二次反応 87
二重結合 44, 131, 147, 148, 149
二重らせん 158
二 糖 156
2p 軌道 22, 23, 27
ニュートン (N) 53
ニュートンの第二法則 52

ヌクレオチド 159

ネオン 25, 44, 139
熱 56, 71, 74, 80
熱容量 75
熱力学的な安定性 83
熱力学の第一法則 71, 72, 74, 117
熱力学の第二法則 79
燃 焼 14, 69
燃料電池 122
濃 度 63
ノックス 127

は 行

場合の数 79
配位結合 142
配位子 141
π 軌道 130, 131, 149
π 結合 130, 131, 147
パウリの排他原理 24

白リン 134
パスカル (Pa) 53
発熱反応 70
波動関数 21, 41
バール (bar) 53
ハロゲン 139
反結合性軌道 41, 123
半減期 88, 143
半導体 134, 135, 138
反応エンタルピー 74, 77
反応ギブズエネルギー 116
反応速度 85, 90, 95
反応物 13
半反応 111

pH 106, 108
p 型半導体 135
p 軌道 130, 131, 147, 149
非共有電子対 43
pK_a 104
ビスマス 138
ヒ 素 138
ヒドロキシ基 150, 156
標準ギブズエネルギー 97
標準状態 74
標準水素電極 115
標準電極電位 111, 115, 116, 119, 133
標準反応エンタルピー 98
標準反応エントロピー 98
標準反応ギブズエネルギー 97, 117

ファラデー定数 114
ファンデルワールス力 48, 126, 152
ファントホッフの式 99
負 極 115, 119
不 斉 154
フッ化水素 44, 46
フッ化物イオン 44, 128
物 質 1
物質量 10
フッ素 25, 44, 128
沸 点 3, 80
　炭化水素の── 48
物理変化 13, 69
物理量 16
ブドウ糖 156
フラーレン 126
フルクトース 156
ブレンステッドの酸塩基 101, 125
プロトン化 105
プロパン 148
フロンガス 128, 139
分 圧 61, 67, 99
分 子 4, 39
分子間相互作用 47
分子間力 47
分子軌道 40, 123
分子式 8
分子量 12
フントの規則 25

平衡状態 94
平衡定数 95~99, 104, 117

168 索引

ベクレル 143
ヘスの法則 77
βシート 156
ベータ線 144
ペプチド結合 155
ヘリウム 7, 23, 43, 123, 139
ベリリウム 25, 43, 123
ベンゼン 149
ヘンリーの法則 67

ボーア半径 21
ボイル・シャルルの法則 59
ボイルの法則 57
芳香族化合物 149
放射性同位体 143
放射線 143
放射能 143
ホウ素 25, 124, 135
膨　張
　気体の―― 72, 99
飽和溶液 66
ポテンシャルエネルギー 20, 54, 70, 82, 113
ボラン 124
ポリアミド 152
ポリエステル 153
ポリエチレン 152, 153
ポリエチレンテレフタラート（PET） 153
ポリエテン 152
ポリプロピレン 152, 153
ポリペプチド 155
ポリマー 152
ホール 135
ボルツマン定数 79
ボルツマン分布 88
ボルト（V） 113
ホルミル基 150

ま　行

マイクロメートル（μm） 16

マグネシウム 132, 138

ミオグロビン 156
水 2, 13, 75, 105, 122
　――の電気分解 15, 118
水のイオン積 105, 108
水分子 4, 43, 45, 49, 63, 91
ミセル 158
密度 56
ミリメートル（mm） 16

無機物質 121
無極性 46

メスフラスコ 66
メタン 14, 43, 45, 49, 69, 76, 122, 146
メチル基 150
メチレン基 150, 152
メートル（m） 16
面心立方格子 37, 39
メンデレーエフ 29

モノマー 152
モル 10
モル質量 11, 12
モル濃度 64, 65
モル分率 60

や　行

融解 3, 62
融解エンタルピー 75
融解エントロピー 80
有機化学 43, 145
有機物質 121
有機分子 145
有効数字 17
融点 3, 80

陽イオン 9, 34
溶液 62

溶解 62
溶解度
　気体の―― 67
　固体の―― 66
ヨウ化カリウム 93
ヨウ化水素 99
陽極 118, 119
陽子 7, 19, 121
溶質 62
ヨウ素 99
溶媒 62
溶媒和 62

ら　行

ランタノイド 139

理想気体 57
理想気体の状態方程式 57, 59
リチウム 7, 24, 43, 123
律速段階 93
立体異性体 149
硫化水素 135
硫酸 107, 134
硫酸銅 112, 114
硫酸ナトリウム 118
量子化学 19
量子力学 19
両性化合物 105, 133, 138
リン 134, 135
リン酸 104, 134, 158
リン酸イオン 134

ルイス塩基 101, 124, 133, 142
ルイス構造 45
ルイス酸 101, 124, 133, 142
ル・シャトリエの原理 98

六方最密充填構造 37

大 月 穣
おお つき じょう

　1963 年　岡山県に生まれる
　1986 年　東京大学工学部 卒
　1991 年　東京大学大学院工学系研究科博士課程 修了
　現　日本大学理工学部 教授
　専攻　超分子化学，分子機能化学
　工 学 博 士

第 1 版 第 1 刷 2014 年 3 月 10 日 発行
第 4 刷 2022 年 6 月 21 日 発行

基 礎 の 化 学

Ⓒ 2014

著　者　　大　月　　　穣
発行者　　住　田　六　連
発　行　　株式会社 東京化学同人
東京都文京区千石3丁目36-7(〒112-0011)
電話 03-3946-5311・FAX 03-3946-5317
URL：http://www.tkd-pbl.com/

印刷・製本　美研プリンティング株式会社

ISBN978-4-8079-0846-2
Printed in Japan
無断転載および複製物（コピー，電子データなど）の無断配布，配信を禁じます．